机床电气控制技术

曹祥 主编
张亚坤 等编著

国防工业出版社
·北京·

内容简介

本书共分6章，分别讲解了机床控制线路的基本环节、实际机床电气控制线路的分析、机床电气控制线路的设计及电气元件的选择、直流自动调速系统、交流调速系统和可编程序逻辑控制器(PLC)及其应用。

本书可供大专院校及职业学校机电一体化、机床电气及相关专业作教材使用，也适合工厂电工及从事机电一体化、机床电气控制的技术人员使用。

图书在版编目(CIP)数据

机床电气控制技术/曹祥主编.—北京：国防工业出版社，2009.1
ISBN 978-7-118-05943-4

Ⅰ.机… Ⅱ.曹… Ⅲ.机床-电气控制 Ⅳ.TG502.35

中国版本图书馆CIP数据核字(2008)第137967号

※

国防工業出版社出版发行
(北京市海淀区紫竹院南路23号 邮政编码100048)
国防工业出版社印刷厂印刷
新华书店经售

*

开本787×1092 1/16 印张13½ 字数307千字
2009年1月第1版第1次印刷 印数1—4000册 定价25.00元

(本书如有印装错误，我社负责调换)

国防书店：(010)68428422 发行邮购：(010)68414474
发行传真：(010)68411535 发行业务：(010)68472764

前　言

在生产实践中，广大的电气技术人员和电气工人，都要接触到各种各样的电气控制电路，而且随着我国工农业生产的迅速发展，各种电气设备也随之增加，技术含量越来越高，其电气控制电路也越来越复杂。这就要求广大电气技术人员和电气工人，不但要有扎实的理论基础，还要有丰富的实践经验。为此我们编写了本书，以满足提高广大电气技术人员的技术水平、适应实际工作的需要。

本书简明扼要、通俗易懂。按照理论联系实际、突出系统性、完整性、实用性的编写原则，分别讲解了机床控制线路的基本环节、实际机床电气控制线路的分析、机床电气控制线路的设计及电气元件的选择、直流自动调速系统、交流调速系统和可编程序逻辑控制器(PLC)及其应用技术。

本书可供大专院校及职业学校的机电一体化、机床电气及相关专业作教材使用，也适合工厂电工及从事机电一体化、机床电气控制的技术人员使用。

由于编者学识水平有限，书中难免有错误和不妥之处，恳请广大读者批评指正。

编　者

目　录

第 1 章　机床控制线路的基本环节

机床一般都是由电动机来拖动的,电动机则是通过某种自动控制方式来进行控制的。在普通机床中多数都由继电接触器来实现其控制的,尤其是三相异步电动机拖动系统更是如此。

电器控制线路是由各种有触点的接触器、继电器、按钮、行程开关等组成的。

电器控制线路的作用是实现对电力拖动系统的启动、正运转\制动和调速等运行性能的控制,实现对拖动系统的保护,满足生产工艺要求,实现生产加工自动化。各种机床的加工对象和生产工艺要求不同,电器控制线路就不同,有比较简单的,也有相当复杂的。但任何复杂的电器控制线路,也都是由一些比较简单的基本环节按照需要组合而成的。本章主要介绍电器控制线路的基本环节。

1.1　电气原理图识图方法

电力拖动电气控制线路主要由各种电器元件(如接触器、继电器、电阻器、开关)和电动机等用电设备组成。为方便设计、研究分析和安装维修,在绘制电气控制线路图时,尽可能使用国家标准规定的电气图形符号和文字符号,不同年代有不同的标准符号,需参阅有关标准统一绘制。为了查找方便,在书后附录有统一标准的电工设备图形和文字符号。

电气设备图样有 3 类。

1. 电气原理图

电气原理图表示电气控制线路的工作原理、各电器元件的作用和相互关系,而不考虑各电路元件实际安装的位置和实际连线情况。一般遵循下面的规则:

(1) 电气控制线路分主电路和控制电路。主电路用粗线绘出,而控制线路用细线画。一般主电路画在左侧,控制电路画在右侧。

(2) 电气控制线路中,同一电器的各导电部件(如线圈和触点)常常不画在一起,但用同一文字标明。

(3) 电气控制线路的全部触点都按“平常”状态绘出。“平常”状态对接触器、继电器等是指线圈未通电时的触点状态;对按钮、行程开关是指没有受到外力时的触点位置;对主令控制器则指手柄置于“零位”时各触点位置。图 1 - 1 为卧式车床电气控制线路的工作原理图。

2. 电气设备安装图

电气设备安装图表示各种电气设备在机床机械设备和电气控制柜的实际安装位置。各电气元件的安装位置是由机床的结构和工作要求决定的,如电动机要和被拖动的机械

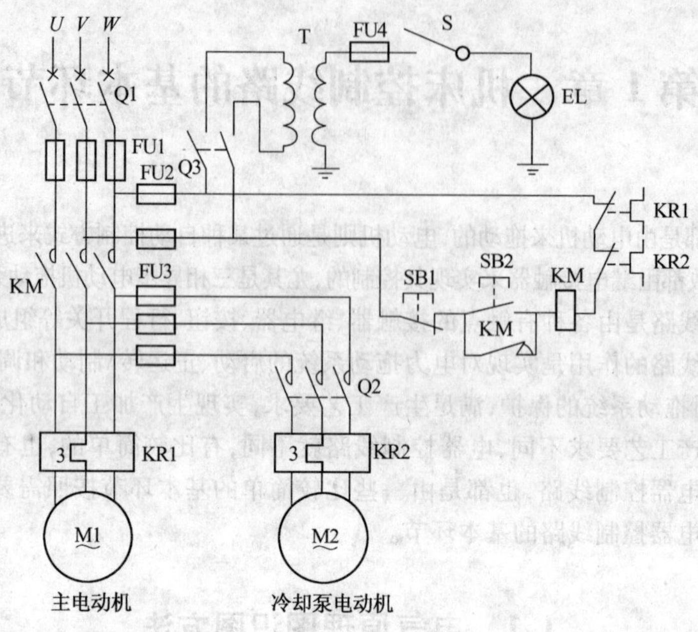

图 1-1 C620 卧式车床电气控制线路

部件在一起,行程开关应放在要取得信号的地方,操作元件放在操作方便的地方,一般电气元件应在控制柜内。

3. 电气设备接线图

电气设备接线图表示各电气设备之间实际接线情况。绘制接线图时应把各电器元件的各个部分(如触点与线圈)画在一起;文字符号、元件连接顺序、线路号码编制必须与电气原理图一致。电气设备安装图和接线图是用于安装接线、检查维修和施工的。

1.2 笼型电动机的启动控制线路

笼型异步电动机有直接启动和降压启动两种方式。电工学课程中已讲述了决定启动方式,这里只讨论电气控制线路如何满足各种启动要求。

1.2.1 直接启动控制线路

图 1-1 中,主电动机和冷却泵电动机都采用了直接启动的线路。冷却泵是用开关直接启动的,一般小型台钻和砂轮机等都直接用开关启动,如图 1-2 所示。

图 1-3 是电动机采用接触器直接启动线路,许多中小型卧式车床的主电动机都采用这种启动方式。

控制线路中的接触器辅助触点 KM 是自锁触点。其作用是,当放开启动按钮 SB2 后,仍可保证 KM 线圈通电,电动机运行。通常将这种用接触器本身的触点来使其线圈保持通电的环节称为自锁环节。

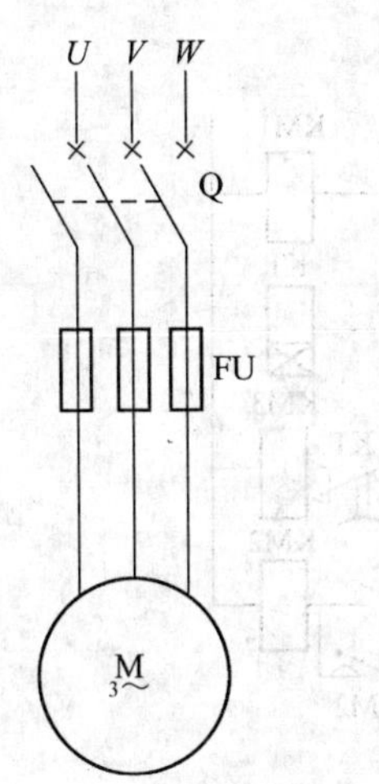

图1－2　用开关直接启动线路图

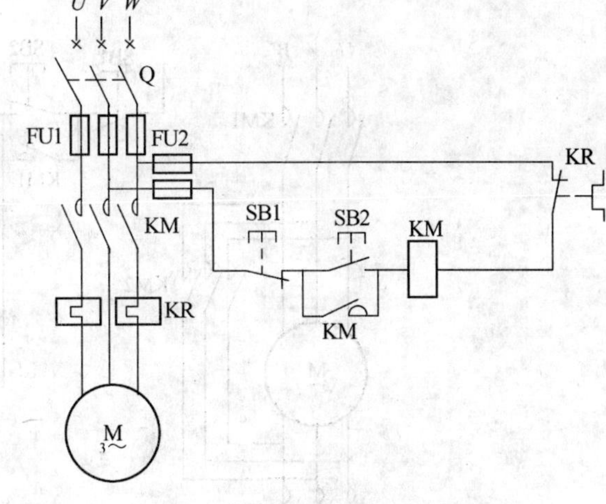

图1－3　用接触器直接启动线路

1.2.2　降压启动控制线路

较大容量的笼型异步电动机一般都采用降压启动的方式启动。

1. 星形－三角形降压启动控制线路

在正常运行时，电动机定子绕组是连成三角形的，启动时把它联接成星形，启动即将完毕时再恢复成三角形。目前4kW以上的J02、J03系列的三相异步电动机定子绕组在正常运行时，都是接成三角形的，对这种电动机就可采用星形－三角形（Y－△）降压启动。

图1－4是一种Y－△启动线路。从主回路可知，如果控制线路能使电动机接成星形（即KM2主触点闭合），并且经过一段延时后再接成三角形（即KM2主触点打开，KM8主触点闭合），则电动机就能实现降压启动，而后再自动转换到正常速度运行。控制线路的工作过程如下：

按SB2→ KM1通电（Y启动）、KM2通电、KT通电 → KM2断电、KM3通电、KM1仍通电（△运行）

KM2与KM8的动断触点是保证接触器KM2与KM3不会同时通电，以防电源短路。KM3的动断触点同时也使时间继电器KT断电（启动后不需要KT得电）。

图1－5是用两个接触器和一个时间继电器进行Y－△转换的降压启动控制线路。电动机连成Y或△都是由接触器KM2完成的。KM2断电时，电动机绕组由其动断触点连接成Y；KM3通电时，电动机绕组由其动合触点连接成△。对4kW～13kW的电动机，可采用图1－5两个接触器的控制线路；电动机容量大时，可采用三个接触器控制线路。图1－5与图1－4的工作原理基本相同，可自行分析。

2. 定子串电阻降压启动控制线路

图1－6是定子串电阻降压启动控制线路。电动机启动时在三相定子电路中串接电阻，使电动机定子绕组电压降低，启动后再将电阻短路，电动机仍然在正常电压下运行。这种启动方式由于不受电动机接线形式的限制，设备简单，因而在中小型机床中也有应

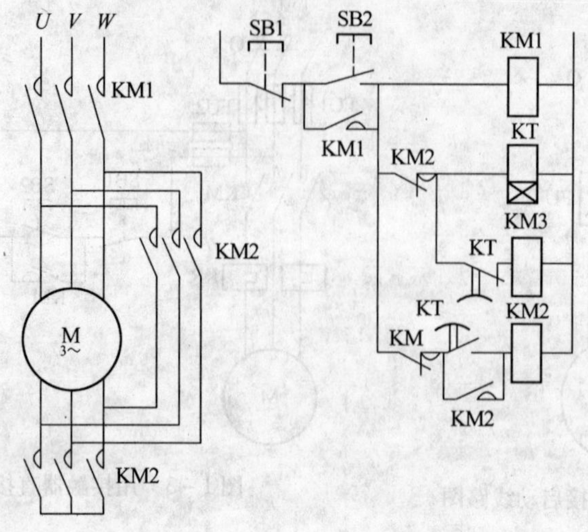

图 1－4　Y－△降压启动控制线路(1)

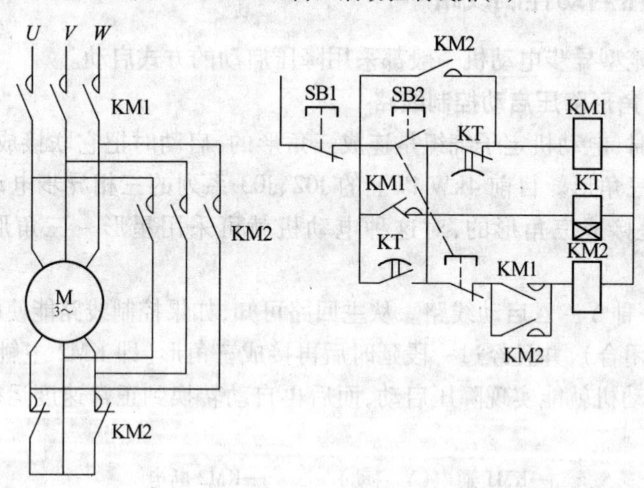

图 1－5　Y－△降压启动控制线路(2)

用。机床中也常用这种串接电阻的方法限制点动调整时的启动电流。图 1－6 控制线路的工作过程如下：

按 SB2→ →KM1 得电(电动机串电阻启动)
　　　　 →KT 得电，延时一段时间 KM2 得电(短接电阻，电动机正常运行)

只要 KM2 得电就能使电动机正常运行。但线路图 1－6(b)在电动机启动后，KM1 与 KT 一直得电动作，这是不必要的。线路图 1－6(c)就能解决这个问题，接触器 KM2 得电后，其动断触点将 KM1 及 KT 断电，KM2 自锁。这样，在电动机启动后，只要 KM2 得电，电动机便能正常运行。

补偿器 QJ3、QJ5 系列是手动操作，XJ01 系列则是自动操作的自耦降压启动器。补偿器降压启动适用于容量较大和正常运行时定子绕组接成 Y 形、不能采用 Y－△启动的笼型电动机。这种启动方式设备费用大，通常用来启动大型和特殊用途的电动机，机床上应用得不多。

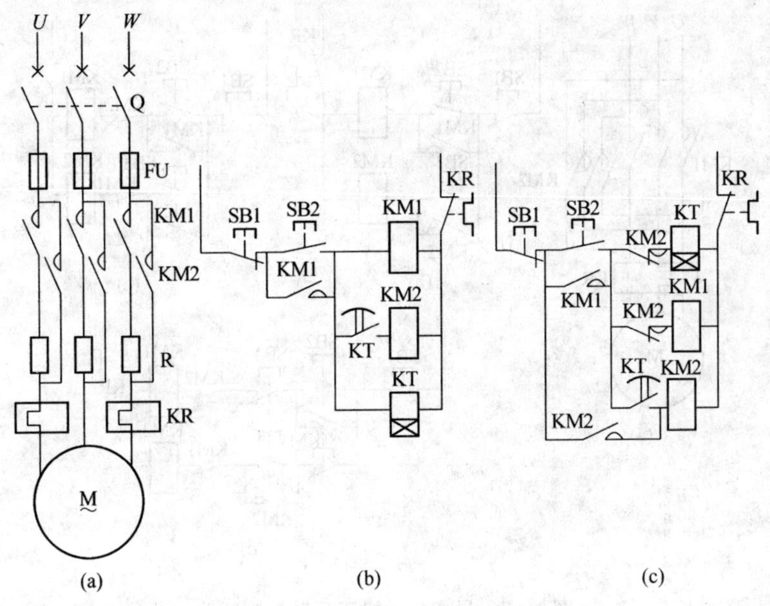

图 1－6　电动机定子串电阻降压启动控制线路

1.3　电动机正反转控制线路

控制线路能对电动机进行正、反向控制是生产机械的普遍需要。因大多数机床的主轴或进给运动都需要两个方向运行，故要求电动机能够正反转。在电工学课程中我们知道，只要把电动机定子三相绕组任意两相调换一下接到电源上去，电动机定子相序即可改变，从而改变电动机的运转方向。

如果用两个接触器 KM1 和 KM2 来完成电动机定子绕组相序的改变，那么由正转与反转启动线路组合起来就成了正反转控制线路。

1.3.1　电动机正反转线路

从图 1－7(b)可知，按下 SB2，正向接触器 KM1 得电动作，主触点闭合，使电动机正转。按停止按钮 SB1，电动机停止。按下 SB2，反向接触器 KM2 得电动作，其主触点闭合，使电动机定子绕组与正转时相比相序相反，则电动机反转。

从主回路看，如果 KM1、KM2 同时通电动作，就会造成主回路短路。在线路图 1－7(b)中，如果按了 SB2 又按了 SB3，就会造成上述事故，因此这种线路是不能采用的。线路图 1－7(c)，把接触器的动断辅助触点互相串联在对方的控制回路中进行联锁控制。这样当 KM1 得电时，由于 KM1 的动作触点打开，使 KM2 不能通电。此时即便按下 SB2 按钮，也不能造成短路；反之也是一样。接触器辅助触点这种互相制约关系称为联锁或互锁。

在机床控制线路中，这种联锁关系应用极为广泛。凡是有相反动作，如工作台上下、左右移动；机床主轴电动机必须在液压泵电动机工作后才能启动，工作台才能移动等，都需要有类似这种联锁控制。

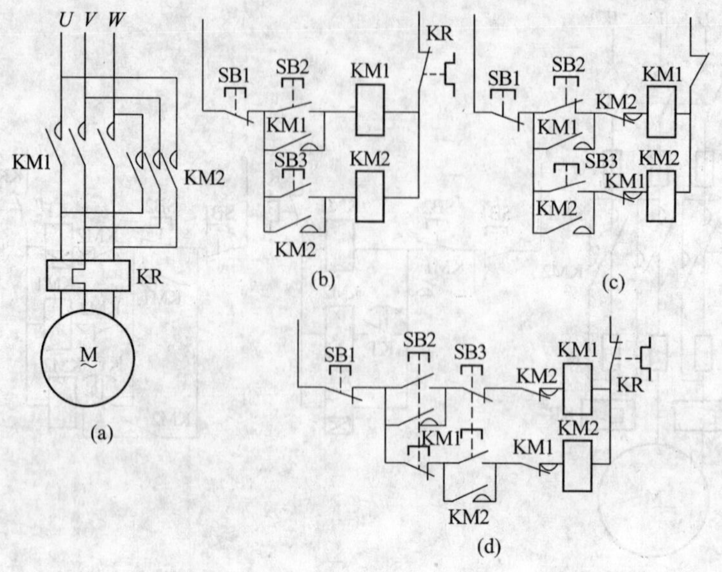

图 1－7　异步电动机正反转控制线路

如果现在电动机正在正转,想要反转,则线路图 1－7(c)必须先按停止按钮 SB1 后,再按反向按钮 SB2 才能实现,显然操作不方便。线路图 1－7(d)利用复合按钮 SB2,就可直接实现电动机由正转变成反转。

很显然采用复合按钮,还可以起到联锁作用。这是由于按下 SB2 时,只有 KM1 可得电动作,同时 KM2 回路被切断;同理按下 SB2 时,只有 KM2 得电,同时 KM1 回路被切断。

但只用按钮进行联锁,而不用接触器动断触点之间的联锁,是不可靠的。在实际中可能出现这样情况,由于负载短路或大电流的长期作用,接触器的主触点被强烈的电弧"烧焊"在一起,或者接触器的机构失灵,使衔铁卡住总是处于吸合状态,这都可能使主触点不能断开,这时如果另一接触器动作,就会造成电源短路事故。

如果用的是接触器动断动作,不论什么原因,只要一个接触器是吸合状态,它的联锁动断触点就必将另一接触器线圈电路切断,这就能避免事故的发生。

1.3.2　正反转自动循环线路

图 1－8 是机床工作台往返循环的控制线路,实质上是用行程开关来自动实现电动机正反转的。组合机床、龙门刨床、铣床的工作台常用这种线路实现往返循环。

ST1、ST2、ST3、ST4 为行程开关,按要求安装在固定的位置上,当撞块压下行程开关时,其动合触点闭合,动断触点打开。其实这是按一定的行程用撞块压行程开关,代替了人按按钮。

按下正向启动按钮 SB2,接触器 KM1 得电动作并自锁,电动机正转使工作台前进。当运行到 ST2 位置时,撞块压下 ST2,ST2 动断触点使 KM1 断电,但 ST2 的动合触点使 KM2 得电动作自锁,电动机反转使工作台后退。当撞块又压下 ST1 时,使 KM2 断电,KM1 又得电动作,电动机又正转使工作台前进,这样可一直循环下去。

SB1 为停止按钮。SB2 与 SB3 为不同方向的复合启动按钮。之所以用复合按钮,是为了满足改变工作台方向时,不按停止按钮可直接操作。限位开关 ST2 与 ST4 安装在极

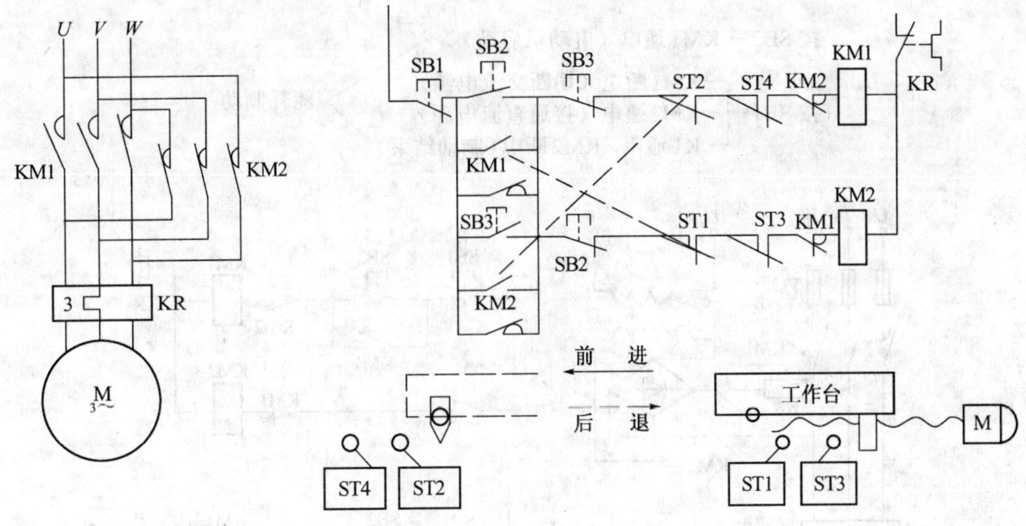

图 1－8 行程开关控制的正反转线路

限位置，当由于某种故障，工作台到达 ST1（或 ST2）位置时，未能切断 KM2（或 KM3）时，工作台将继续移动到极限位置，压下 ST3（或 ST4），此时最终把控制回路断开，使得 ST3、ST4 起限位保护作用。

上述这种用行程开关按照机床运动部件的位置或机件的位置变化所进行的控制，称为按行程原则的自动控制，或称行程控制。行程控制是机床和生产自动线应用最为广泛的控制方式之一。

1.4 电动机制动控制线路

许多机床，如万能铣床、卧式镗床、组合机床等，都要求能迅速停车和准确定位。这就要对电动机进行制动，强迫其立即停车。制动停车的方式有两大类，即机械制动和电气制动。机械制动采用机械抱闸或液压装置制动；电气制动实质是使电动机产生一个与原来转子的转动方向相反的制动转矩。机床中经常应用的电气制动是能耗制动和反接制动。

1.4.1 能耗制动控制线路

能耗制动是在三相异步电动机要停车，切除三相电源的同时，把定子绕组接通直流电源，在转速为零时切除直流电源。

控制线路就是为实现上述过程而设计的，这种制动方法，实质上是把转子原来储存的机械能转变成电能，又消耗在转子的制动上，所以称做能耗制动。

图 1－9(b)、(c)分别是复合按钮与时间继电器实现能耗制动的控制线路。图中整流装置由变压器和整流元件组成，KM2 为制动用接触器，KT 为时间继电器。图 1－9(b)是一种手动控制的简单能耗制动线路。要停车时按下 SB1 按钮，到制动结束放开按钮。图 1－9(c)可实现自动控制，简化了操作。控制线路工作过程如下：

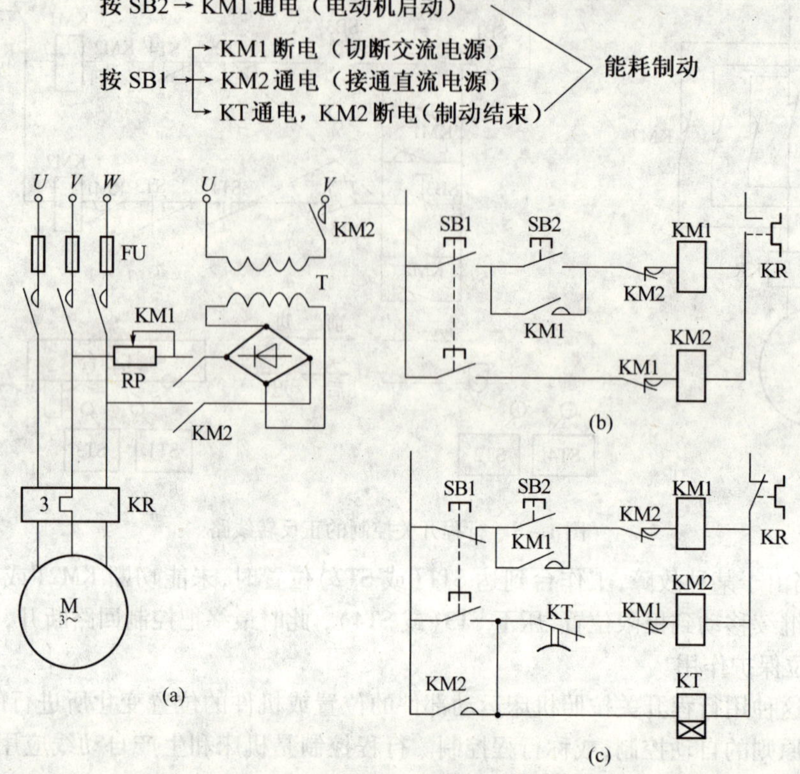

图 1-9　能耗制动控制线路

制动作用的强弱与通入直流电流的大小和电动机转速有关，在同样的转速下电流越大制动作用越强。一般取直流电流为电动机空载电流的 3 倍 ~4 倍，过大会使定子过热。图 1-9 直流电源中串接的可调电阻 RP，可调节制动电流的大小。很显然，图 1-9(c) 能耗制动控制线路是用时间继电器按时间控制的原理组成的。

1.4.2　反接制动控制线路

电工学课程中已经讲过，反接制动实质上是改变异步电动机定子绕组中的三相电源相序，产生与转子转动方向相反的转矩，从而起制动作用。

反接制动过程为：当想要停车时，首先将三相电源切换，然后当电动机转速接近零时，再将三相电源切除。控制线路就是要实现这一过程。

图 1-10(b)、(c) 都为反接制动的控制线路。我们知道电动机在正方向运行时，如果把电源反接，电动机转速将由正转急速下降到零。如果反接电源不及时切除，则电动机又要从零速反向启动运行。所以必须在电动机制动到零速时，将反接电源切断，电动机才能真正停下来。控制线路是用速度继电器来“判断”电动机的停与转的。电动机与速度继电器的转子是同轴连接在一起的，电动机转动时，速度继电器的动合触点闭合，电动机停止时动合触点打开。

线路图 1-10(b) 的工作过程如下：

按 SB2→KM1 通电(电动机正转运行)→BV 的动合触点闭合

按 SB1→ →KM1 断电

→KM2 通电(开始制动)→n ≈ 0,BV 复位 → KM2 断电(制动结束)

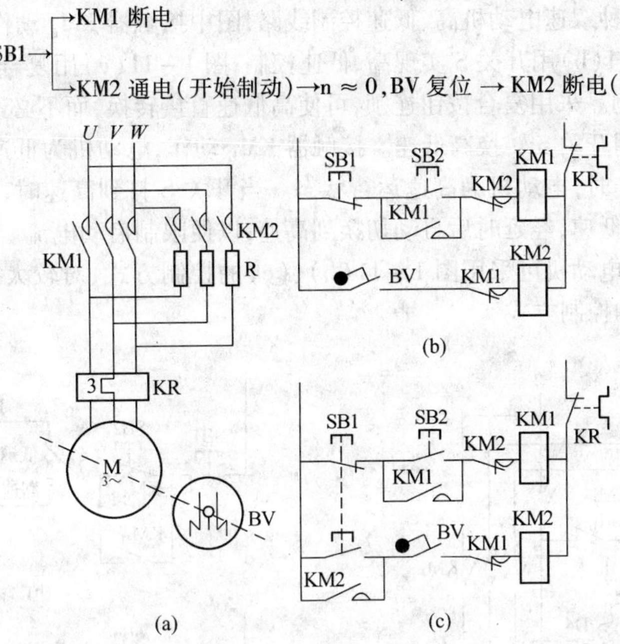

图 1 - 10　反向制动控制线路

线路图 1 - 10(b)有这样一个问题:在停车期间,如为调整工作,需要用手转动机床主轴时,速度继电器的转子也将随着转动,其动合触点闭合,接触器 KM2 得电动作,电动机接通电源发生制动作用,不利于调整工作。线路图 1 - 10(c)中,X62W 铣床主轴电动机的反接制动线路解决了这个问题。控制线路中,停车按钮使用了复合按钮 SB,并在其动合触点上并联了 KM2 的动合触点,使 KM2 能自锁。这要在用手转动电动机时,BV 的动合触点闭合,但只要不按停车按钮 SB1,KM2 不会得电,电动机也就不会反接于电源,只有操作停止按钮 SB1 时,KM2 才能得电,制动线路才能接通。

因电动机反接制动电流很大,故在主回路中串入电阻 R,可防止制动时电动机绕组过热。

反接制动时,旋转磁场的相对速度很大,定子电流也很大,因此制动效果显著。但在制动过程中有冲击,对传动部件有害,能量消耗较大,故用于不太经常制动的场合,如铣床、镗床、中型车床主轴的制动。

能耗制动与反接制动相比较,具有制动准确、平稳、能量消耗小等优点,但制动力较弱,特别是在低速时尤为突出。另外它还需要直充电源,故适用于要求制动准确、平稳的场合,如磨床、龙门刨床及组合机床的主轴定位等。这两种方法在机床中都有较广泛的应用。

1.5　双速电动机高低速控制线路

双速电动机在机床中,如车床、铣床、镗床等都有较多应用。双速电动机是由改变定子绕组的磁极对数来改变其转速的。如图 1 - 11 所示,将出线端 D1、D2、D3 接电源,D4、D5、D6 端悬空,则绕组为三角形接法,每相绕组中 2 个线圈串联,成 4 个极,电动机为低速;当出线端 D1、D2、D3 短接,而 D4、D5、D6 接电源,则绕组为双星形,每相绕组中 2 个线圈并联，成2个极，电动机为高速。

图1－11是3种双速电动机高、低速控制线路，图中接触器KM_L动作为低速，KM_H动作为高速。图1－11(b)用开关S实现高、低速控制；图1－11(c)用复合按钮SB2和SB3来实现高、低速控制。采用复合按钮连锁，可使高低速直接转换，而不必经过停止按钮。

图1－11(d)用开关S转换高低速。接触器KM_L动作，电动机为低速运行状态；接触器KM_H和KM动作时，电动机为高速运行状态。当开关S打到高速时，由时间继电器的两个触点首先接通低速，经延时后自动切换到高速，以便限制启动电流。

对功率较小的电动机可采用图1－11(b)、(c)的控制方式，对较大容量的电动机可采用图1－11(d)的控制方式。

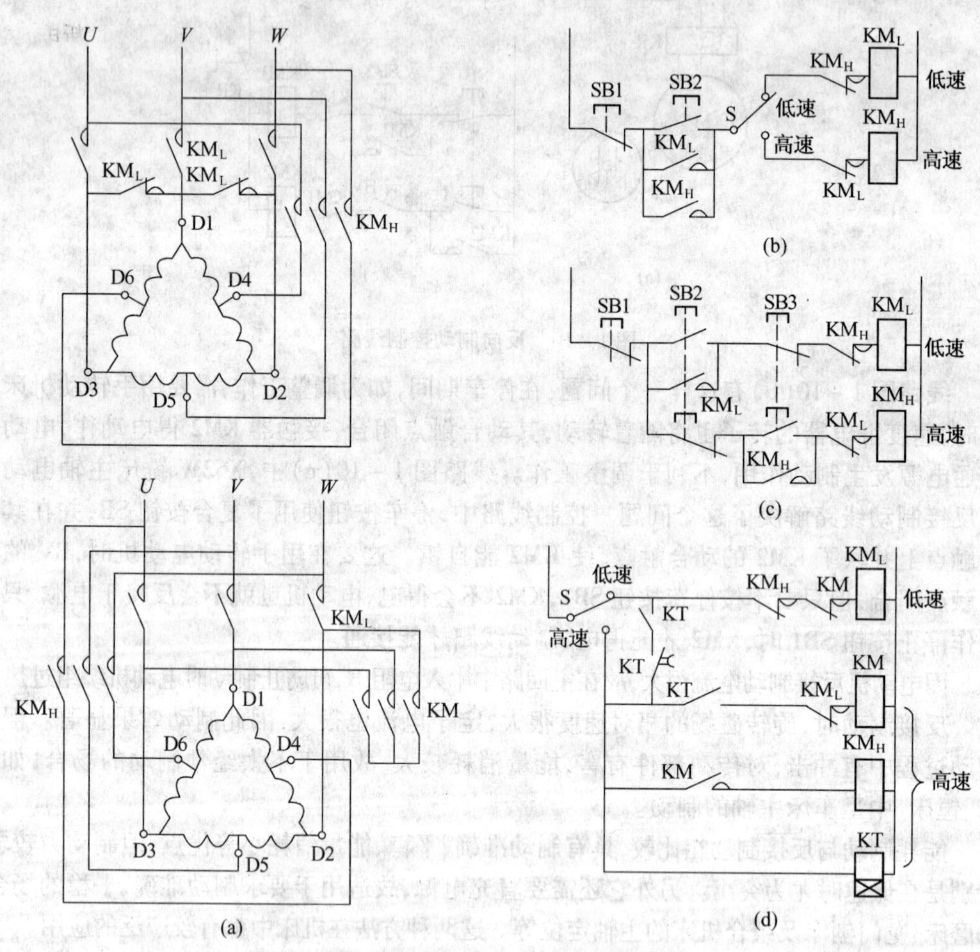

图1－11　双速电动机高、低速控制线路

1.6 电液控制

液压传动系统和电气控制线路相结合的电液控制系统，在组合机床、自动化机床、生产自动线、数控机床等的应用越来越广泛。

液压传动系统易获得很大的力矩,运动传递平稳、均匀,准确可靠,控制方便易实现自动化。

1.6.1 电磁换向阀

液压传动系统由4部分组成:

动力装置(液压泵),执行机构(液压缸或液压马达),控制调节装置(溢流阀、节流阀、换向阀等),辅助装置(油箱、油管、滤油器、压力计等)。

换向阀在机床液压系统中用以改变液流方向,实现运动换向,接通或关断油路。在电液控制中,常用电磁铁推动换向阀来改变液流方向,电磁换向阀就是利用电磁铁推动滑阀移动来控制液流流动方向的。

图1-12为二位四通电磁阀结构及符号图。它有4个阀口,阀口O和P均为压力油口(进油口),A、B为工作油口,接液压缸右、左两个腔。图中所示的位置,是电磁铁断电时阀芯在弹簧作用下被推向左边的情况,即阀口P与A通,B与O通。当电磁铁得电时,阀芯被推向右边,P与B通,A与O通,即改变了压力油进入液压缸的方向,实现了油路的换向。

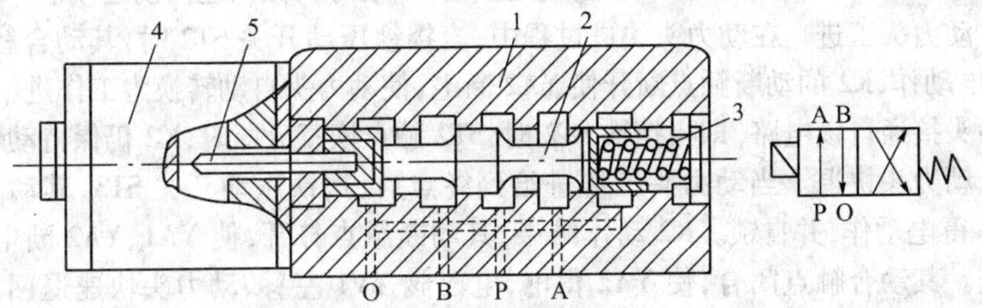

图1-12 电磁换向阀

1—阀体;2—阀芯;3—弹簧;4—电磁铁;5—推杆。

图1-13为各种换向阀的符号图。下面以23D-10B型二位三通电磁换向阀为例说明其符号的意义。型号中23表示二位三通,D表示直流电源,10表示流量为10L/min,B表示板式连接。符号中方格表示滑阀的位,图1-13中上边三个阀都是两个方格表示二位,下边两阀为三位,箭头表示阀内液流方向,符号⊥表示阀内通道堵塞。电磁阀有交流电磁阀和直流电磁阀两种,以电磁铁所用电源而定。

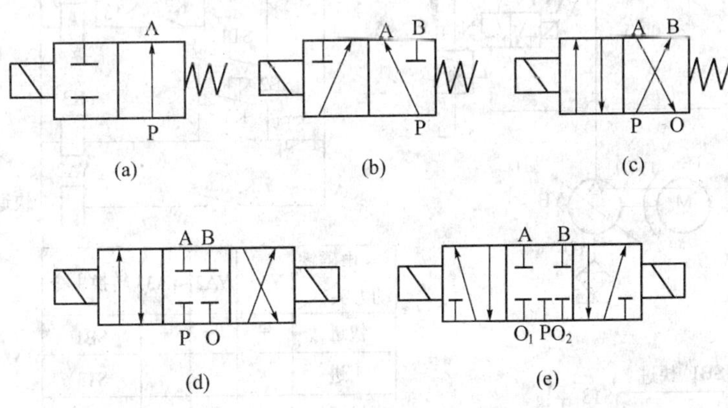

图1-13 换向阀的位置和通路符号图

(a)二位二通;(b)二位三通;(c)二位四通;(d)三位四通;(e)三位五通。

1.6.2 液压动力头控制线路

动力头是既能完成进一运动，又能同时完成刀具切削运动的动力部件。

液压动力头的自动工作循环是由控制线路控制液压系统来实现的。图1－14是一次工作进给液压系统电气控制线路图。这种线路的启动工作循环是：动力头快进，工作进给，快速退回到原位。其工作过程如下：

（1）动力头原位停止。动力头由液压缸YG带动，可做前后进给运动。当电磁铁YA1、YA2、YA3都断电时，电磁阀YV1处于中间位置，动力头停止不动。动力头在原位时，ST1由挡铁压动，其动合触点闭合，动断触点断开。

（2）动力头快进。把转换开关S放在"1"位置。按动按钮SB1，中间继电器K1得电动作，并自锁，其动合触点闭合使电磁铁YA1、YA3通电。YA1通电使电磁阀YV2推向右端，动力头向前运动。由于YA1、YA3同时通电，除了接通工作油路外，还经阀YV2，将液压缸小腔内的回油排入大腔，加大了油的流量，所以动力头做快速向前运动。

（3）动力头工进。在动力头快进过程中，当挡铁压动开关ST2时，其动合触点闭合，使K2得电动作，K2的动断触点断开使YA2断电，使动力头自动转换为工作进给状态，K2的动合触头接通自锁电路（即当挡铁ST2时，ST2触点恢复分断时，K2仍保持动作）。

（4）动力头快退。当动力头工作进给到终点后，挡铁压动开关ST3，其动合触点闭合，使K2得电动作，并自锁。K2动作结果，其动断触点打开，使YA1、YA2断电，动力头停止工进。其动合触点闭合，使YA2得电，电磁阀YV1左移，动力头快速退回。动力头

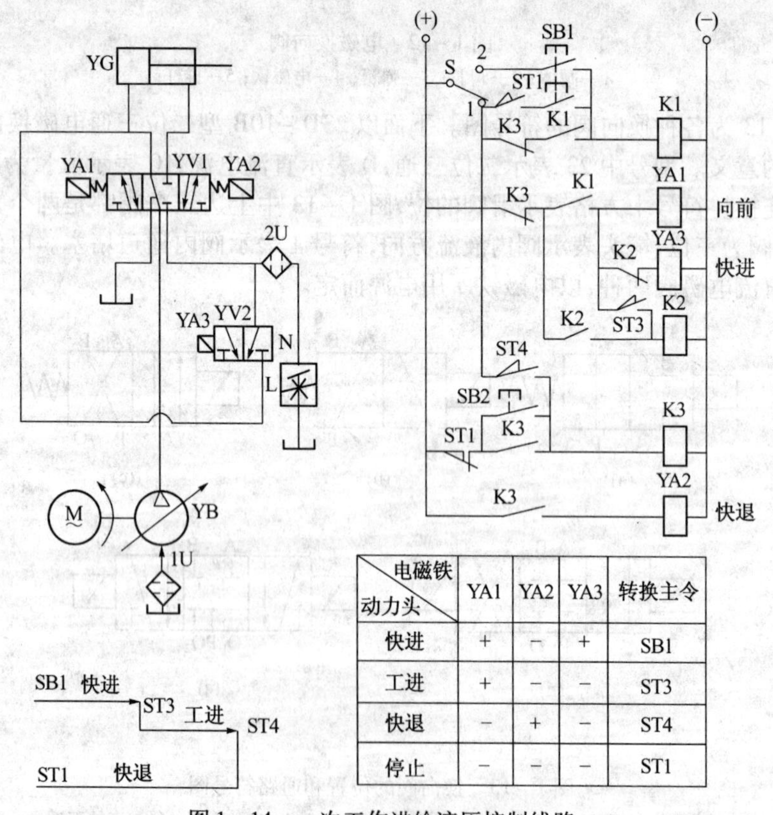

电磁铁 / 动力头	YA1	YA2	YA3	转换主令
快进	+	−	+	SB1
工进	+	−	−	ST3
快退	−	+	−	ST4
停止	−	−	−	ST1

图1－14 一次工作进给液压控制线路

退回原位后，ST1 被压动，其动断触点断开，使 K2 断电，因此 YA2 也断电，动力头停止。

（5）动力头“点动动调整”。将转换开关 YT 在“2”位置，按动按钮 SB1 也可接通 K1，使电磁铁 YA1、YA2 通电，动力头可向前快进。但由于 K1 不能自锁，因此放松 SB1 后，动力头立即停止，故动力头可点动向前调正。

当动力头不在原位（ST1 原状），需要快退时，可按动按钮 SB2，使 K2 得电动作，YA2 得电，动力关做快退运动，直到退回原位，ST1 被压下，K3 断电，动力头停止。

在上述控制线路的基础上，加一延时线路，就可得到这样的自动工作循环：快进→工进→延时停留→快退。控制线路如图 1－15 所示，实际上就多加了一个时间继电器 KT。当工进到终点后，压动开关 ST4，使时间继电器 KT 通电，其瞬间动断触点 KT 断开，使 YA1、YA2 断电，动力头停止工进，由于时间继电器的延时闭合触点的延时闭合作用，使继电器 K3 延时接通得电，即 YA2 通电后，才开始快进。实现工进后有一段停留再快退。

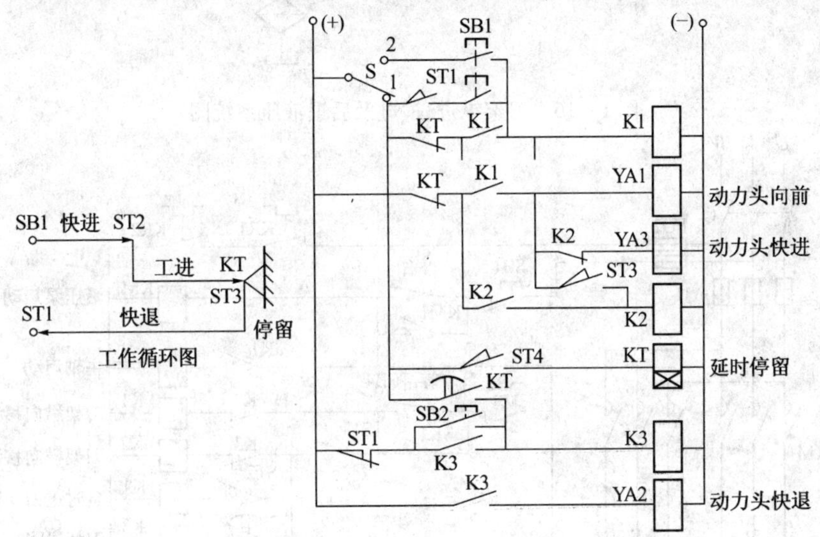

图 1－15　具有“延时停留”的控制线路

1.6.3　半自动车床刀架纵进、横进、快退电液控制线路

图 1－16 和图 1－17 是液压系统和电气控制线路图。图中 YG_1 及 YG_2 分别为纵向液压缸的横向液压缸，由电磁换向阀 YA1、YA2 控制，实现刀架纵向移动和横向移动及后退。M2 为液压泵电动机，M1 为主电动机，分别由接触器 KM1、KM2 控制。KT 是时间继电器，为了进行无进刀切削而设。

其工作过程如下：

（1）按 SB2，液压泵启动，开始工作，按 SB4，中间继电器 K1 得电，接通 KM2，主轴转动。K1 一动合触点同时接 YA1 电磁阀，刀架纵向移动。

（2）当刀架移动到预定位置，压合行程开关 ST1，使 K2 通电，其动合触点接通 YA1，刀架横向移动进行切削。

（3）当横向刀架移至预定位置，压合行程开关 ST2，时间继电器 KT 通电，这时进行无进刀切削，经过预定延时时间后，KT 的动合延时闭合触点接通 K3，K1、K2 断电，其动合触点使 YA1、YA2 断电，刀架后退。

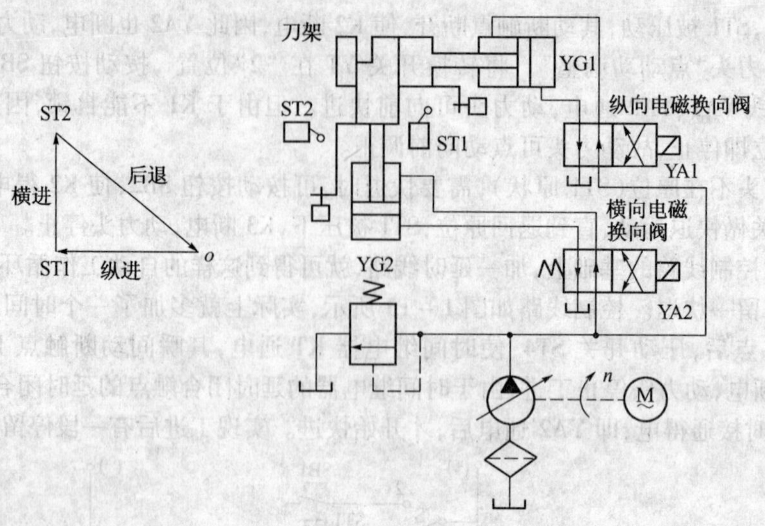

图 1-16　刀架纵进、横进及后退液压系统图

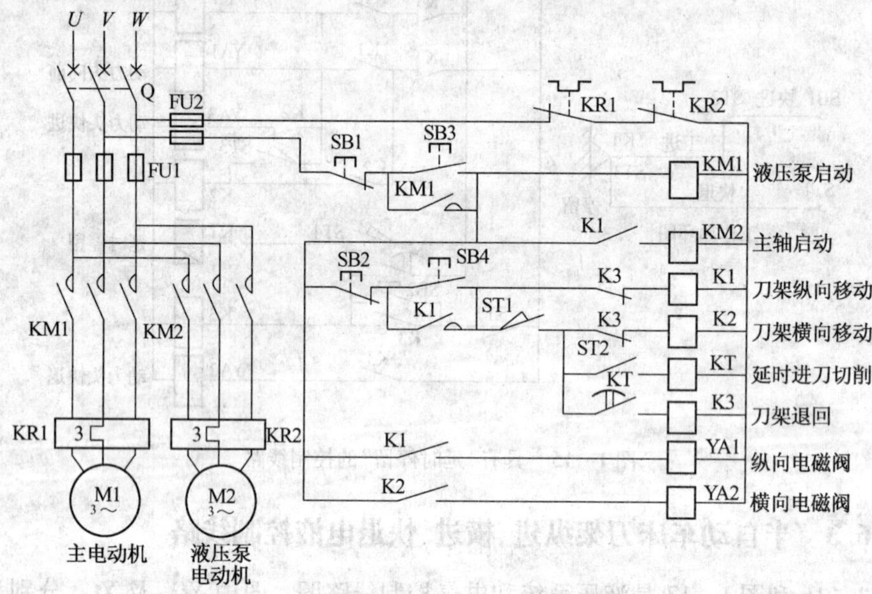

图 1-17　刀架纵进、横进及后退控制线路图

（4）当 K1 断电后，其一动合触点使 KM2 断电，主电动机停转。

1.7　控制线路的其他基本环节

1.7.1　点动控制

机床在正常加工时需要连续不断工作，即所谓长动。所谓点动，即按按钮时电动机转动工作，手放开按钮时，电动机即停止工作。点动用于机床刀架、横梁、立柱的快速移动，机床的调整对刀等。

长动与点动的主要区别是控制电器能否自锁。

图 1－18(a)为用按钮实现点动的控制线路,图(b)用开关实现点动的控制线路,图(c)用中间继电器实现点动的控制线路。

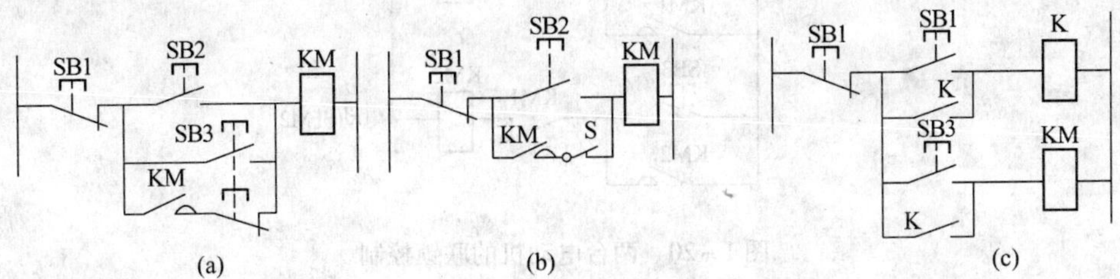

图 1－18　点动控制线路

1.7.2　联锁或互锁

1. 联锁

在机床控制线路中,经常要求电动机有顺序地启动,如某些机床主轴必须在液压泵工作后才能工作,龙门刨床工作台移动时,导轨内必须有足够的润滑油;在铣床的主轴旋转后,工作台方可移动,都要求有联锁关系。

如图 1－19 所示,接触器 KM2 必须在接触器 KM1 工作后才能工作,即满足了液压泵电动机工作后主电动机才能工作的要求。

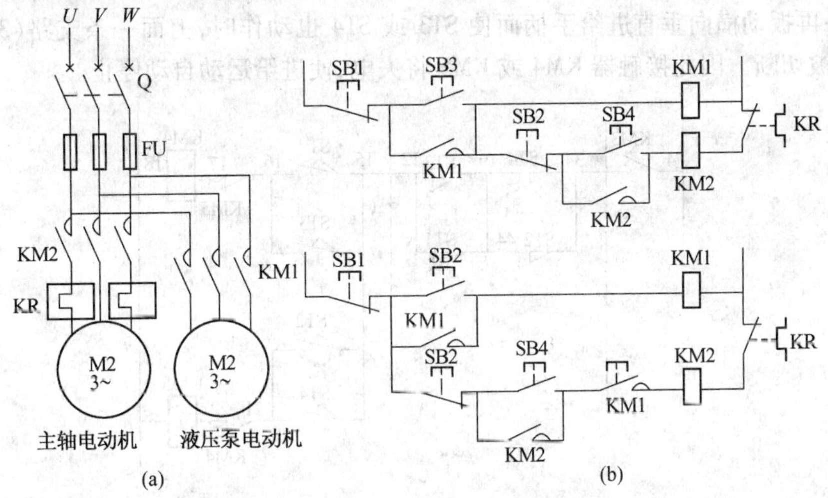

图 1－19　电动机的联锁

2. 互锁

互锁实际上是一种联锁关系,之所以这样称谓,是为了强调触点之间的互锁作用。例如,常常有这种要求,两台电动机 M1 和 M2 不准同时接通,如图 1－20 所示,KM1 动作后,它的动断触点将 KM2 接触器的线圈断开,这样就抑制了 KM2 再动作,反之也一样,此时,KM1 和 KM2 的两对动断触点,常称做"互锁"触点。

这种互锁关系在电动机正反转线路中,可保证正反向接触器 KM1 和 KM2 主触点不能同时闭合,以防止电源短路。

在操作比较复杂的机床中,也常用操作手柄和行程开关形成联锁。下面以 X62W 铣

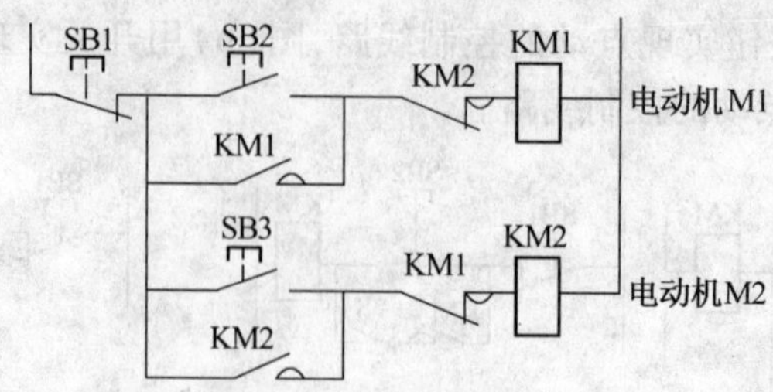

图1-20　两台电动机的联锁控制

床进给运动为例讲述这种联锁关系。

铣床工作台可做纵向(左右)、横向(前后)和垂直(上下)方向的进给运动。由纵向进给手柄操作纵向运动,横向与垂直方向的运动由另一进给手柄操纵。

铣床工作时,工作台的各向进给是不允许同时接通的,因此各方向的进给运动必须互相联锁。实际上,操纵进给的两个手柄都只能扳向一种操作位置,即接通一进给,因此只要使两个操作手柄没有同时起到操作的作用,就达到了联锁的目的。通常采取的电气联锁方案是:当两个手柄同时扳动时,就立即切断进给电路,可避免事故。

图1-21是有关进给运动的联锁控制线路。图中KM4、KM5是进给电动机正反转接触器。现假如纵向进给手柄已经扳动,则ST1或ST2已被压下,此时虽将下面一条支路(34-44-12)切断,但由于上面一条支路(34-12-12)仍接通,故KM4或KM5仍能得电。如果再扳动横向垂直进给手柄而使ST3或ST4也动作时,上面一条支路(34-12-12)也将被切断。因此接触器KM4或KM5将失电,使进给运动自动停止。

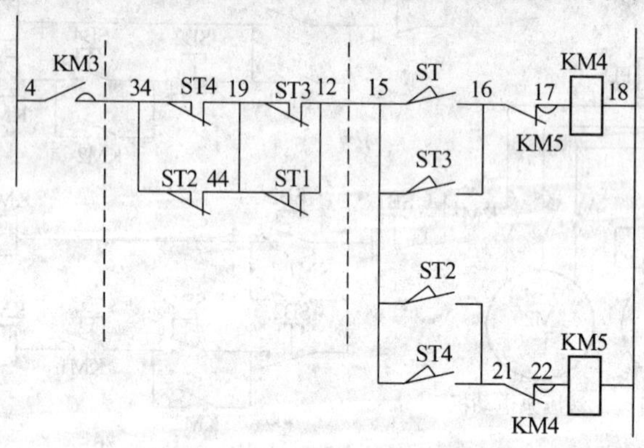

图1-21　X62W铣床进给运动的联锁控制线路

KM5是主电动机接触器,只有KM3得电主轴旋转后,KM3动合辅助触点(4-34)闭合才能接通进给回路。主电动机停止,KM3(4-34)打开,进给也自动停止。这种联锁以防止工作或机床受到损伤。

1.7.3　多点控制

在大型机床设备中,为了操作方便,常要求能在多个地点进行控制。如图1-22(a)中,把启动按钮并联连接,停止按钮串联连接,分别装置在三个地方,就可三地操作。

在大型机床上,为了保证操作安全,要求按钮压下时,几个操作者都发出主令信号

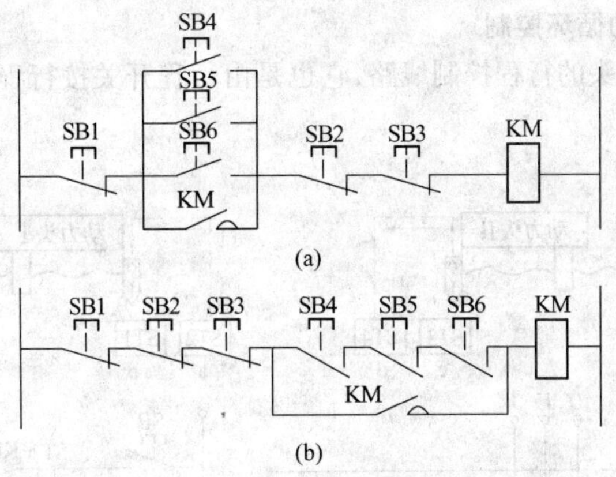

图 1－22　多点控制线路

(按启动按钮),设备才能工作,如图 1－22(b)所示。

1.7.4　工作循环自动控制

1. 正反向自动循环控制

许多机床的自动循环控制都是靠行程控制来完成的。某些机床的工作台要求正反向运动自动循环,图 1－23 是龙门刨工作台自动正反向控制线路,用行程开关 ST1、ST2 作主令信号进行自动转换。

线路工作过程如下:按启动按钮 SB2,KM1 得电,工作台前进,当达到预定行程后(可通过调整挡块位置来调整行程),挡块 1 压下 ST1,ST1 动断触点断开,切断接触器 KM1,同时 ST1 动合触点闭合,反向接触器 KM2 得电,工作台反向运行。当反向到位,挡块 2 压下 ST2,工作台又转到正向运动,进行下一个循环。

行程开关 ST3、ST4 分别为正向、反向终端保护行程开关,以防 ST1、ST2 失灵时,工作台从床身上滑出。

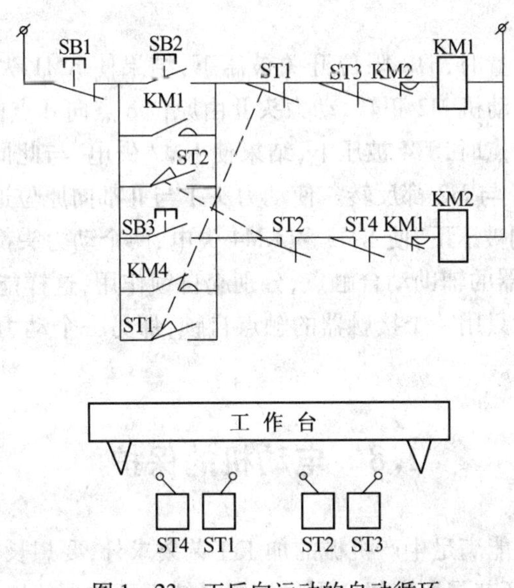

图 1－23　正反向运动的自动循环

2. 动力头的自动循环控制

图1-24是动力头的行程控制线路，它也是由行程开关按行程来实现动力头的往复运动的。

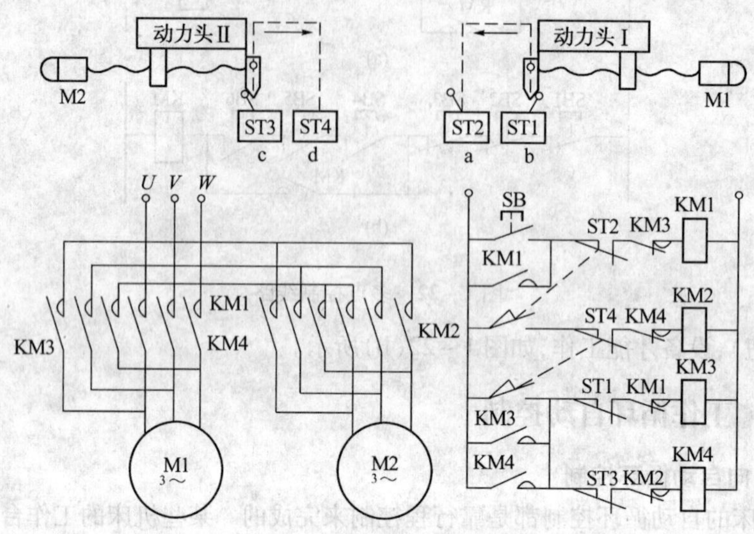

图1-24 动力头行程控制线路

此控制线路完成了这样一个工作循环，首先使动力头Ⅰ由位置b移到位置a停下，然后动力头Ⅱ由位c移到位置d停住；接着使动力头Ⅰ和动力头Ⅱ同时退回原位停下。

限位开关ST1、ST2、ST3、ST4分别装在床身的a、b、c、d处。电动机M1带动动力头Ⅰ，电动机M2带动动力头Ⅱ。动力头Ⅰ和Ⅱ在原位时分别压下ST1和ST3。线路的工作过程如下：

按启动按钮SB，接触器KM1得电并自锁，使电动机M1正转，动力头Ⅰ由原位b点向a点前进。

当动力头到a点位置时，ST2限位开关被压下，结果使KM1失电，动力头Ⅰ停止，同时使KM2得电动作，电动机M2正转，动力头Ⅱ由原位c点向d点前进。

当动力头Ⅱ到达d点时，ST4被压下，结果使KM2失电，与此同时KM3与KM4得电动作并自锁，电动机M1与M2都反转。使动力头Ⅰ与Ⅱ都向原位退回，当退回到原位时，限位开关ST1、ST3分别被压下，使KM3和KM4失电，两个动力头都停在原位。

KM3和KM4接触器的辅助动合触点，分别起自锁作用，这样能够保障动力头Ⅰ和Ⅱ都确实退到原位。如果只用一个接触器的触点自锁，那另一个动力头就可能导致没退回到原位接触器就已失电。

1.8 电动机的保护

电气控制系统除了能满足生产机械的加工工艺要求外，要想长期无故障运行，还必须有各种保护措施，保护环节是所有机床电气控制系统不可缺少的组成部分，利用它来保护电动机、电网、电气控制设备以及人身安全等。

电气控制系统中常用的保护环节有短路保护、过载保护、过电流保护、零电压和欠电压保护以及弱磁保护等。

1.8.1 短路保护

电动机绕组的绝缘、导线的绝缘损坏或线路发生故障时,造成短路现象,产生短路电流并引起电气设备绝缘损坏和产生强大的电动力使电气设备损坏。因此在产生短路现象时,必须迅速地将电源切断,常用的短路保护元件有熔断器和自动开关。

1. 熔断器保护

熔断器的熔体串联在被保护的电路中,当电路发生短路或严重过载时,它自动熔断,从而切断电路,达到保护的目的。

2. 自动开关保护

自动开关又称自动空气熔断器,它有短路、过载和欠压保护,这种开关能在线路发生上述故障时快速切断电源。它是低压配电重要保护元件之一,常作低压配电盘的总电源开关及电动机变压器的合闸开关。

通常熔断器比较适用于对动作准确度和自动化程度较差的系统中,如小容量的笼型电动机、一般的普通交流电源等。在发生短路时,很可能造成一相熔断器熔断,造成单相运行,但对于自动开关,只要发生短路就会自动跳闸,将三相同时切断。自动开关结构复杂,操作频率低,广泛用于要求较高的场合。

1.8.2 过载保护

电动机长期超载运行,电动机绕组温升超过其允许值,电动机的绝缘材料就会变脆,寿命降低,严重时使电动机损坏。过载电流越大,达到允许温升的时间就越短,常用的过载保护元件是热继电器。热继电器可以满足这样的要求,当电动机为额定电流时,电动机为额定温升,热继电器不动作;在过载电流较小时,热继电器要经过较长时间才动作;过载电流较大时,热继电器则短时间就会动作。

由于热惯性的原因,热继电器不会受电动机短时过载冲击电流或短路电流的影响而瞬时动作,所以在使用热继电器作过载保护的同时,还必须设有短路保护。并且选作短路保护的熔断器熔体的额定电流不应超过 4 倍热继电器发热元件的额定电流。

当电动机的工作环境温度和热继电器工作环境温度不同时,保护的可靠性就受到影响。现有一种用热敏电阻作为测量元件的热继电器,它可将热敏元件嵌在电动机绕组中,能更准确地测量电动机绕组的温升。

1.8.3 过电流保护

过电流保护广泛用于直流电动机或绕线转子异步电动机,对于三相笼型电动机,由于其短时过电流不会产生严重后果,故不采用过流保护而采用短路保护。

过电液压往往是由于不正确的启动和过大的负载转矩引起的,一般比短路电流要小。在电动机运行中产生过电流要比发生短路的可能性更大,尤其是在频繁正反转起制动的重复短时工作制动的电动机中更是如此。直流电动机和绕线转子异步电动机线路中,过电流继电器也起着短路保护的作用,一般过电流的强度值约为启动电流的 1.2 倍。

1.8.4 零电压和欠电压保护

当电动机正在运行时,如果电源电压因某种原因消失,那么在电源电压恢复时,电动机就要自行启动,这就可能造成生产设备的损坏,甚至造成人身事故。对电网来说,同时有许多电动机及其他用电设备自行启动也会引起过电流及瞬间网络电压下降,为了防止电压恢复时电动机自行启动的保护叫零压保护。

当电动机正常运转时,电源电压过分地降低将引起一些电器释放,造成控制线路不正常工作,可能产生事故;电源电压过分地降低也会引起电动机转速下降甚至停转。因此需要在电源电压降到允许值以下时将电源切断,这就是欠电压保护。

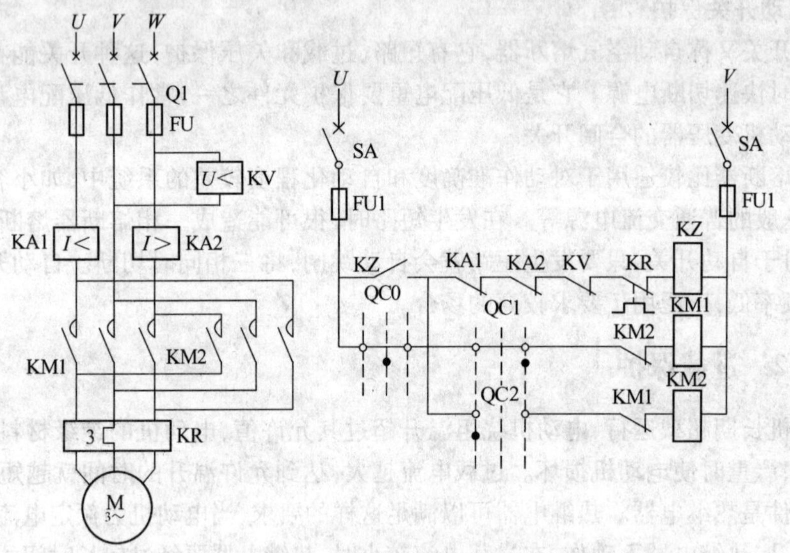

图 1-25 电动机常用保护接线图

一般常用磁式电压继电器实现欠压保护。如图 1-25 所示,电压继电器 KZ 起零压保护作用,在该线路中,当电源电压过低或消失时,电压继电器 KZ 就要释放,接触器 KM1 或 KM2 也马上释放,因为此时主令控制器 QC 不在零位(即 QC0 未闭合),所以在电压恢复时,KZ 不会通电动作,接触器 KM1 或 KM2 就不能通电动作。若使电动机重新启动,必须先将主令开关 QC 打回零位,使触点 QC0 闭合,KZ 通电并自锁,然后再将 QC 打向正向或反向位置,电动机才能启动。这样就通过 KZ 继电器实现了零压保护。

在许多机床中不是用控制开关操作,而是用按钮操作的。利用按钮的自动恢复作用和接触器的自锁作用,可不必另设零压保护继电器了。如图 1-26 所示,当电源电压过低或断电时,接触器 KM 释放,此时接触器 KM 的主触点和辅助触点同时打开,使电动机电源切断并失去自锁。当电源恢复正常时,操作人员必须重新按下启动按钮 SB2,才能使电动机启动。所以像这样带有自锁环节的电路本身已兼备了零压保护环节。

图 1-25 是电动机常用保护的接线。

短路保护:熔断器 FU;

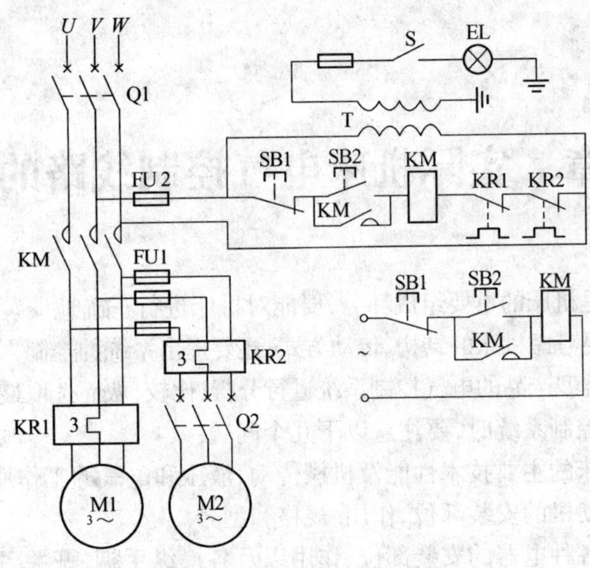

图 1-26　CW6140 车床控制线路

过载保护(热保护)：热继电器 KR；

过流保护：过流继电器 KA1、KA2；

零压保护：电压继电器 KZ；

低压保护：欠电压继电器 KV；

联锁保护：通过正向接触器 KM1 与反向接触器 KM2 的动断触点实现。

1.8.5　弱磁保护

直流电动机在一定强度的磁场下才能启动，如果磁场太弱，电动机的启动电流就会很大，直流电动机正在运行时磁场突然减弱或消失，电动机转速就会迅速升高，甚至发生飞车。因此需要采取弱励磁保护。弱励磁保护是通过电动机励磁回路串入弱磁继电器(电流继电器)来实现的，在电动机运行中，如果励磁电流消失或降低很多，弱磁继电器就释放，其触点切断主回路接触器线圈的电源，使电动机断电停车。

第2章 实际机床电气控制线路的分析

电气控制系统是机床的重要组成部分，要能对机床进行正确地安装、使用和维护，机械工程技术人员不仅要考虑机床的结构、传动方式，还要提出系统的控制方案。这些都要求在设计前对国内外同类型产品的电气控制系统进行分析、比较，从而选取最佳的控制方案。

分析机床电气控制系统时，要注意以下几个问题：

（1）要了解机床的主要技术性能及机械传动、液压和电气的工作原理。

（2）弄清各电动机的安装部位、作用、规格和型号。

（3）初步掌握各种电器的安装部位、作用以及各操纵手柄、开关、控制按钮的功能和操纵方法。

（4）注意了解与机床的机械、液压直接发生联系的各种电器的安装部位及作用，如：行程开关、撞块、压力继电器、电磁离合器、电磁铁等。

（5）分析电气控制系统时，要结合说明书或有关的技术资料对整个电气线路划分成几个部分逐一进行分析，例如：各电动机的启动、停止、变速、制动、保护及相互的联锁等。

本章以几种典型机床的电气控制线路进行分析，从而进一步掌握控制线路的组成、典型环节的应用及分析控制线路的方法，从中找出规律，逐步提高阅读电气原理图的能力，为独立设计打下基础。

2.1 卧式车床的电气控制线路

卧式车床是机床中应用最广泛的一种，它可用于切削各种工件的外圆、内孔、端面及螺纹。车床在加工工件时，随着工件材料和材质的不同，应选择行之有效的主轴转速及进给速度。但目前中小型车床多采用不变速的异步电动机拖动，它的变速是靠齿轮箱的有级调速来实现的，所以它的控制线路比较简单。为满足加工需要，主轴的旋转运动有时需要正转或反转，这个要求一般是通过改变主轴电动机的转向或采用离合器来实现的。进给运动多半是通过主轴运动分出一部分动力，通过挂轮箱传给进给箱配合来实现刀具的进给。有的为了提高效率，刀架的快速运动由一台单独的进给电动机来拖动。车床一般都设有交流电动机拖动的冷却泵，来实现刀具切削时的冷却，有的还专设一台润滑泵对系统进行润滑。

主电动机有直接启动和降压启动。启动方式的选取不仅要考虑电动机的容量（一般5kW 以下电动机用直接启动，10kW 以上电动机用降压启动），还要考虑电网的容量。不经常启动的电动机可直接启动的容量为变压器容量的30%，经常启动的电动机可直接启动的容量为变压器容量的20%。

主电动机的制动也有两种方式，即电气方法实现的能耗制动和反接制动、机械的摩擦离合器制动。

2.1.1 CW6163B 型万能卧式车床的控制线路

图 2－1 为 CW6163B 型以万能卧式车床的电气原理图，床身最大工件的回转半径为 630mm，工件的最大长度可根据床身的不同分为 1500mm 或 3000mm 两种。

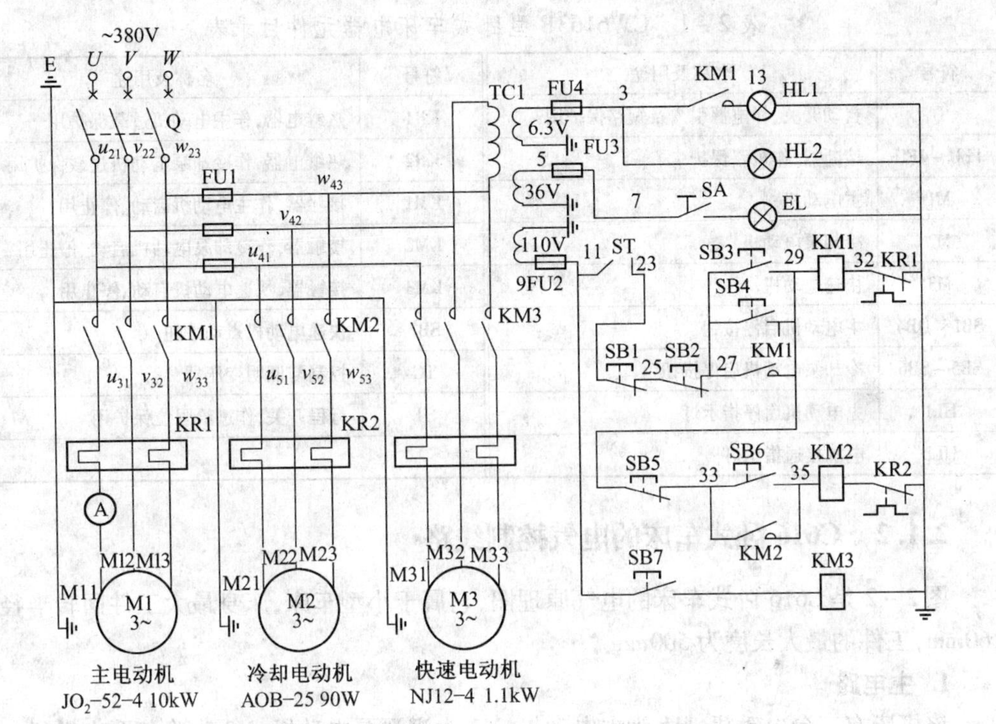

图 2－1 CW6163B 型万能卧式车床电气原理图

1. 主电路

整机的电气系统由 3 台电动机组成，M1 为主运动和进给运动电动机，M2 为冷却泵电动机，M3 为刀架快速移动电动机。三台电动机均为直接启动，主轴制动采用液压制动器。

三相交流电通过自动开关 Q 将电源引入，交流接触器 KM1 为主电动机 M1 的启动用接触器，热继电器 KR1 为主电动机 M1 的过载保护电器，M1 的短路保护由自动开关中的电磁脱扣器来实现。电流表 A 监视主电动机的电流。机床工作时，可调整切削用量，使电流表的电流等于主电动机的额定电流来提高功率因数的生产效率，以便充分利用电动机。

熔断器 FU1 为 M2、M3 电动机的短路保护。M2 电动机的启动由交流接触器 KM2 来完成，KR2 为它的过载保护，同样 KM3 为 M3 电动机的启动用接触器，因快速电动机 M2 短期工作可不设过载保护。

2. 控制、照明及显示电路

控制变压器 TC 二次侧 110V 电压作为控制回路的电源。为便于操作和事故状态下紧急停车，主电动机 M1 采用双点控制，即它的启动和停止分别由装在床头操纵板上的按钮 SB2 和 SB1 及装在刀架拖板上的 SB4 和 SB2 进行控制。当主电动机过载时 KR1 的动断触点断开,切断了交流接触器 KM1 的通电回路,电动机 M1 停止,行程开关 ST 为机床的限位保护。

冷却泵电动机的启动和停止由装在床头操纵板上的按钮 SB6 和 SB5 控制。快速电动机由安装在进给操纵手柄顶端的按钮 SB7 控制,它与交流接触器 KM8 组成点动控制环节。

信号灯 HL2 为电源指示灯,HL1 为机床工作指示灯,EL 为机床照明灯,SA 为机床照明灯开关。表 2-1 为该机床的电气元件目录表。

表 2-1　CW6163B 型卧式车床电器元件目录表

符号	名称及用途	符号	名称及用途
Q	自动开关,作电源引入及短路保护用	KR1	热继电器,作主电动机过载保护用
1FU-4FU	熔断器,作短路保护	KR2	热继电器,作冷却泵电动机过载保护用
M1	主电动机	KM1	接触器,作主电动机启动、停止用
M2	冷却泵电动机	KM2	接触器,作冷却泵电动机启动、停止用
M3	快速电动机	KM3	接触器,快速电动机启动、停止用
SB1-DB4	主电动机启停按钮	SB7	快速电动机点动按钮
SB5-SB6	冷却泵电动机启停按钮	TC	控制与照明变压器
HL1	主电动机启停指示灯	ST	行程开关,作进给限位保护用
HL2	电源接通指示灯		

2.1.2　C616 卧式车床的电气控制线路

图 2-2 是 C616 卧式车床的电气原理图,它属于小型车床,床身最大工件回转半径为 160mm,工件的最大长度为 500mm。

1. 主电路

该机床有三台电动机,M1 为主电动机,M2 为润滑泵电动机,M3 为冷却泵电动机。

三相交流电源能过组合开关 Q1 将电源引入,FU1、KR1 分别为主电动机的短路保护和过载保护。KM1、KM2 为主电动机 M1 的正转接触器和反转接触器。KM3 为 M1 和 M2 电动机的启动、停止用接触器。组合开关 Q2 做 M2 电动机的接通和断开用,KR2、KR3 为 M2 和 M3 电动的过载保护用热继电器。

2. 控制、照明和显示电路

该控制电路没有控制变压器,控制电路直接由交流 380V 供电。

合上组合开关 Q1 后三相交流电源被引入。当操纵手柄处于零位时,接触器 KM3 通电吸合,润滑泵电动机 M2 启动,KM3 的动合触点(6、7)闭合为主电动机启动做好准备。

当操纵手柄控制的开关 SA1 它可以控制主电动机的正转与反转。开关 SA1 有一对动断触点和两对动合触点。当开关 SA1 在零位时,SA1-1 触点接通,SA1-2、SA1-3 断开,这时中间继电器 K 通电吸合,K 的触点(v52-1)闭合将 K 线圈自锁。当操纵手柄搬到向下位置时,SA1-2 接通,SA1-1、SA1-3 断开,正转接触器 KM1 通过 v52-1-3-5-7-6-4-2-w53 通电吸合,主电动机 M1 正转启动。当将操纵手柄搬到向上位置时,SA1-3 接通,SA1-1 接通、SA1-2 断开,反转接触器 KM2 通过 v52-1-11-13-7-

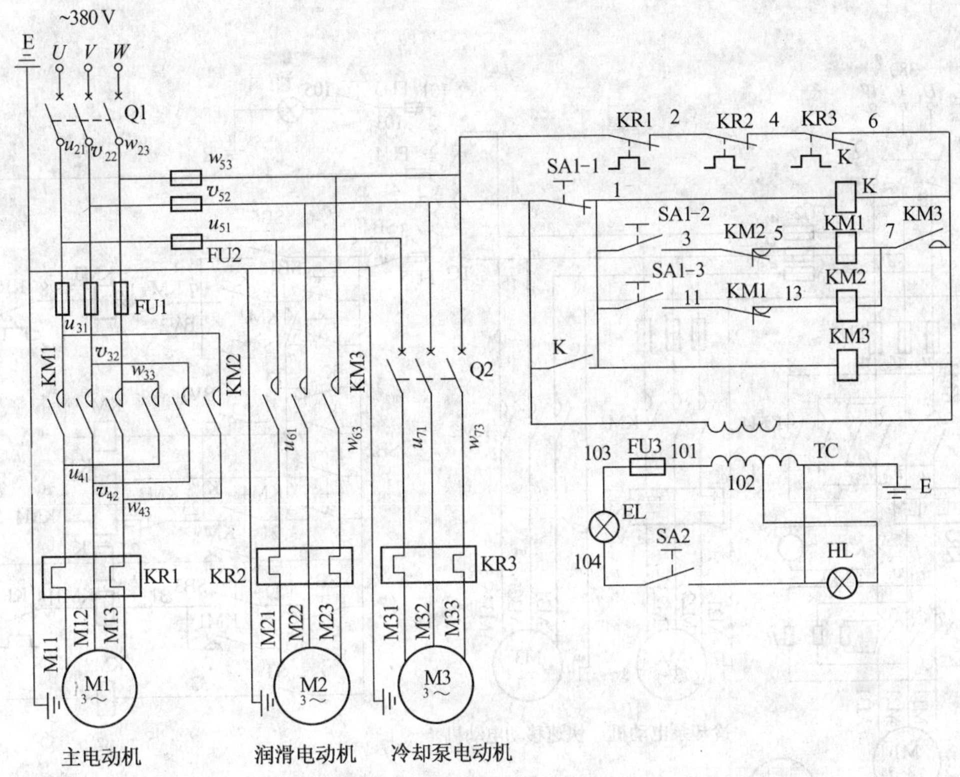

图 2-2　C616 卧式车床电气原理图

6-5-2-w53 通电吸合,主电动机 M1 反转启动。开关 SA1 的触点在机械上保证了两个接触器同时只能吸合一个。KM1 和 KM2 的动断触点在电气上也保证了同时只能有一个接触器吸合,这样就避免了两个接触器同时吸合的可能性。当手柄搬回零位时,SA1-2、SA1-3 断开,接触器 KM1 或 KM2 线圈断电,M1 电动机自由停车。有经验的操作工人在停车时,将手柄瞬时搬向相反转向的位置,M1 电动机进入反接制动状态,待主轴接近停止时,将手柄迅速搬回零位,可以大大缩短停车时间。

中间继电器 K 起零压保护作用。在线路中,当电源电压降低或消失时,中间继电器 K 释放,K 的动断触点断开,接触器 KM2 释放,KM3 动合触点(7、6)断开,KM1 或 KM2 也断电释放。电网电压恢复后,因为这时 SA1 开关不在零位,KM3 接触器不会得电吸合,所以 KM1 或 KM2 接触器也不会得电吸合。即使这时手柄在 SA_{1-2}、SA_{1-3} 触点断开,KM1 或 KM2 不会得电造成电动机的自启动,这就是中间继电器的零压保护作用。

大多数机床工作时的启动或工作结束时的停止都不采用开关操纵,而用按钮控制,通过按钮的自动复位和接触器的自锁作用来实现零压保护。

照明电路的电源由照明变压器二次 36V 电压供电,SA2 为照明灯接通或断开的按钮开关。HL 为电源指示灯,由二次侧输出 6.3V 供电。

2.1.3　C650 卧式车床的电气控制线路

C650 卧式车床属于中型车床,床身的最大工件回转半径为 1020mm,最大工件长度为 3000mm。图 2-3 是它的电气原理图。

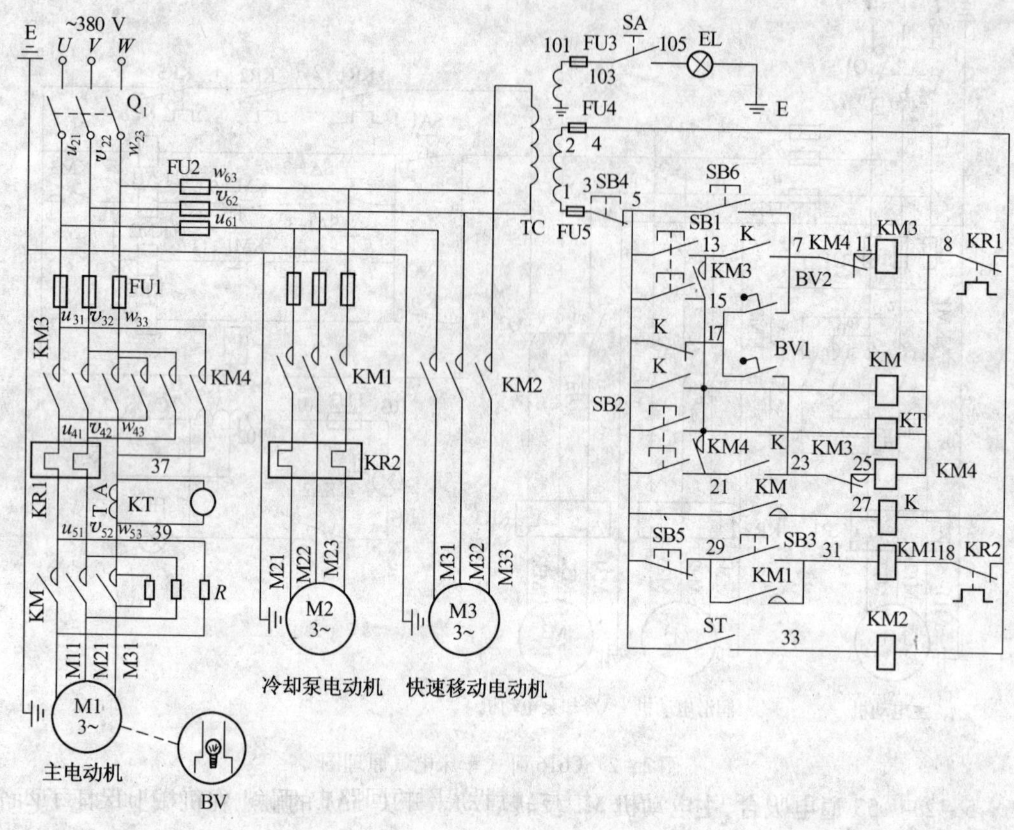

图 2－3　C650 卧式车床电气原理图

C650 卧式车床的主电动机功率为 30kW，为提高工作效率，该机床采用了反接制动。为了减少制动电流，定子回路串入了限流电阻 R。拖动溜板箱快速移动的 2.2kW 电动机是为减轻工人的劳动强度和节省辅助工作时间而专门设置的。

1. 主电路

组合开关 Q1 将三相电源引入，FU1 为主电动机 M1 的短路保护用熔断器，KR1 为 M1 电动机过载保护用热继电器。R 为限流电阻，防止在点动时连续的启动电流造成电动机的过载。TA 接入电流表 A 以监视主电动机绕组的电流。熔断器 FU2 为电动机 M2、M3 的短路保护，接触器 KM1、KM2 为电动机 M2、M3 用接触器。KR2 为电动机 M2 的过载保护，因快速电动机 M2 短时工作，所以不设过载保护。

2. 控制电路

1）主电动机的点动调整控制

图 2－4 为点动环节的控制电路图。线路中 KM3 为电动机 M1 的正转接触器，KM4 为电动机 M1 的反转用接触器，K 为中间继电器。M1 电动机的点动为动按钮 SB6 控制。按下按钮 SB6，接触器 KM3 得电吸合，它的主触点闭合，电动机的定子绕组以限流电阻 R 和电源接通，电动机在较低速度下启动。松开按钮 SB6，KM3 断电，电动机停止转动。在点动过程中，中间继电器 K 线圈不通电，KM3 线圈不会自锁。

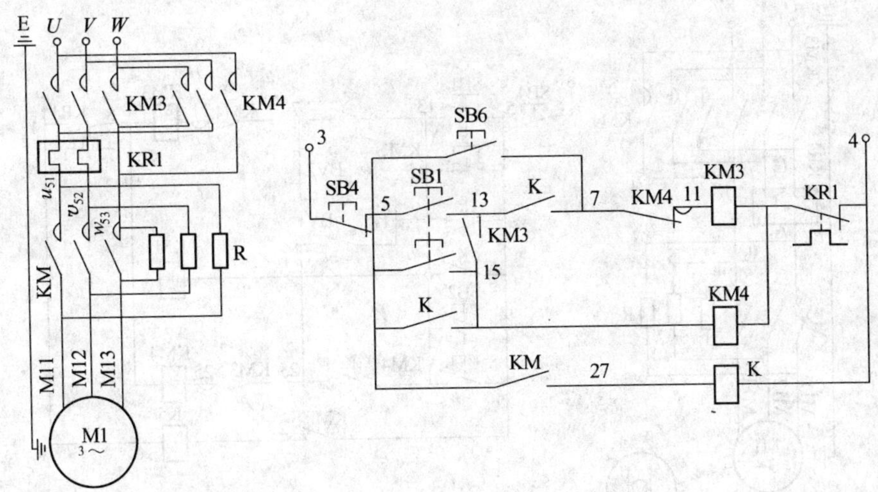

图 2-4 C650 卧式车床点动控制线路

2）主电动机的正反转控制电路

图 2-5 为主电动机正反转控制电路。主电动机正转由正向启动按钮 SB1 控制。按下按钮 SB1 时，接触器 KM 首先得电动作，它的主触点闭合将限流电阻短接，接触器 KM 的辅助触点闭合使中间继电器 K 得电，它的辅助触点(21-23)闭合，使接触器 KM4 得电吸合，KM4 的主触点将三相电源反接，电动机在满电压下反转启动。KM4 的动合触点(15-21)和K 的动合触点(5-15)的闭合将 KM4 线圈自锁。KM4 的动断触点(7-11)、KM3 的动断触点(23-25)分别串在对方接触器线圈的回路中，起到了电动机正转与反转的电气互锁作用。

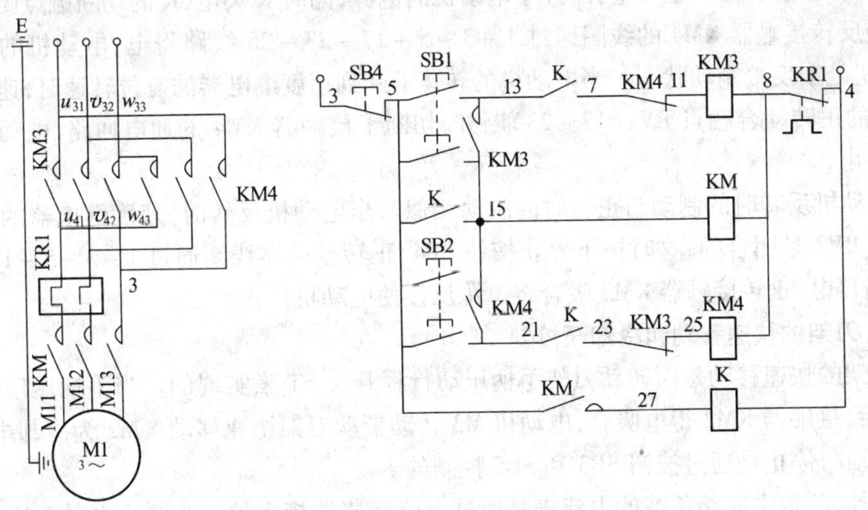

图 2-5 C650 卧式车床正反转控制线路

3. 主轴电动机的反接制动控制

C650 卧式车床采用了反接制动方式。当电动机的转速接近到零时，用速度继电器的触点给出信号切断电动机的电源。图 2-6 是 C650 卧式车床正转、反转与反接制动的控

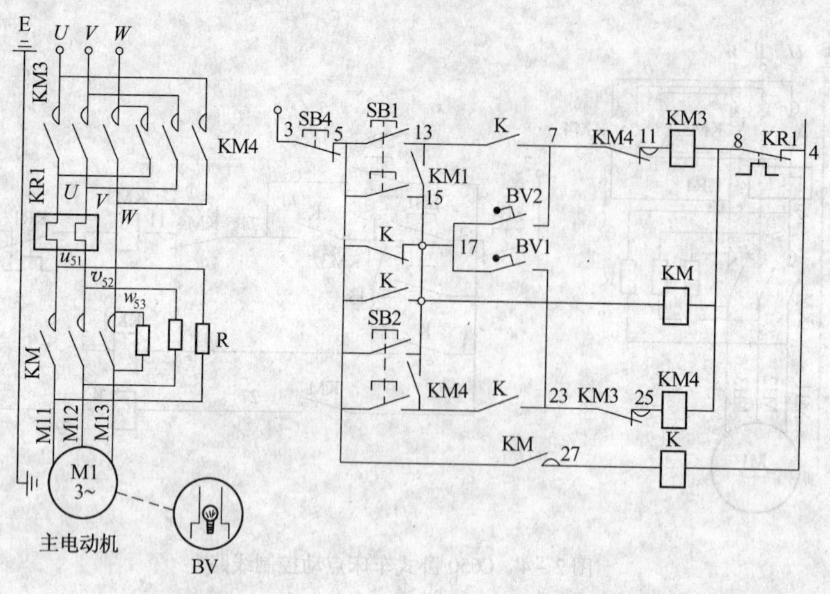

图 2-6 C650 卧式车床正反向与反接制控制线路

制线路。

我们知道，速度继电器与被控电动机是同轴联接的，当电动机正转时，速度继电器的正转动合触点 BV1(17－23)闭合；电动机反转时，速度继电器的反转动合触点 BV2(17－7)闭合。当电动机正向旋转时，接触器 KM3 和 KM 继电器 K 都处于得电动作状态，速度继电器的正转动合触点 BV1(17－23)也是闭合的，这样就为电动机正转时的反接制动做了准备。需要停车时，按下停止按钮 SB4，接触器 KM 失电，其主触点断开，电阻 R 串入主回路。与此同时 KM3 也失电，断开了电动机的电源，同时 K 失电，K 的动断触点闭合。这样就使反转接触器 KM4 的线圈通过 1－3－5－17－23－25 线路得电，电动机的电源反接，电机处于反接制动状态。当电动机的转速下降到速度继电器的复位转速时，速度继电器 BV 的正转动合触点 BV1(17－23)断开，切断了接触器 KM4 的通电回路，电动机脱离电源停止。

电动机反转时的制动与正转时的制动相似。当电动机反转时，速度继电器的反转动合触点 BV2 是闭合的，这时按下停止按钮 SB4，正转接触器线圈通过 1－3－5－17－7－11 线路得电，正转接触器 KM3 吸合将电源反接使电动机停止。

4. 刀架的快速移动和冷却泵控制

刀架的快速移动是由转动刀架手柄压动行程开关 ST 来实现的。当手柄压动行程开关 ST 后，接触器 KM2 得电吸合，电动机 M3 转动带动刀架快速移动。M2 为冷却电动机，它的启动与停止是通过按钮 SB3 和 SB5 控制的。

此外，监视主回路负载的电流表是通过电流互感器接入的。为防止电动机启动电流对电流表的冲击，线路中采用一个时间继电器 KT。当启动时，KT 线圈通电，而 KT 延时断开的动断触点尚未动作，电流互感器二次侧电流只流经该触点构成闭合回路，电流表没有电流流过。启动后，KT 延时断开的动断触点打开，此时电流流经电流表，反映出负载电流的大小。

2.1.4 CA6140 车床电路分析

CA6140 型卧式车床主要由床身、主轴变速箱、溜板箱、进给箱、溜板、丝杠、光杆与刀架等几部分组成。机床是由主轴电动机通过带传动到主轴变速箱再旋转的,其主传动力是主轴的运动,工件的进给运动也由主轴传递,刀架快速移动由刀架快速移动电动机带动。CA6140 型卧式车床电气线路原理图如图 2-7 所示。前面几节中,均是利用直接分析电路法,在机床电路分析中,还可以将机床电路分成多个区,按每一个区进行分析,这样对于大型电路分析就比较容易,下面就以分区法介绍车床电路。

从图 2-7 可以看到,电路图中 1 区、2 区、3 区、4 区的电路为 CA6140 型卧式车床电气控制线路的主电路部分。其中 1 区为电源开关及保护部分,2 区为主轴电动机 M1 主电路,3 区为冷却泵电动机 M2 主电路,4 区为快速电动机 M3 主电路。

1. 主电路

1) 电源开关及保护部分

该部分由熔断器 FU、FU1、隔离开关 QS 组成。其中熔断器 FU 为整个机床电路的总短路保护,隔离开关 QS 为机床的电源总开关,也有的机床使用低压断路器;熔断器 FU1 为控制变压器 TC,冷却泵电动机 M2、快速移动电动机 M3 的短路保护。

以上 3 个元件中任意一个出现问题机床不能启动。

2) 主轴电动机 M1 主电路

主轴电动机 M1 主电路位于 2 区,它是一个单向运转单元主电路,由 3 个元件组成:接触器 KM 主触头、热继电器 KR1 的热元件和主轴电动机 M1。由接触器 KM 主触头接通和断开主电路的电源,故接触器 KM 主触头在主轴电动机 M1 的控制主电路中为关键元件;热继电器 KR1 的热元件为主轴电动机 M1 控制主电路的过载保护元件,当主轴电动机 M1 过载或出现短路故障时,它能及时动作,切断接触器 KM 线圈回路的电源,使接触器 KM 的主触头断开,主轴电动机 M1 失电停转。

以上元件中,最容易出现故障的元件为接触器 KM 主触头和主轴电动机 M1。当接触器 KM 主触头有一相闭合接触不良时,主轴电动机 M1 会出现单相运转,当有两相闭合接触不良时,主轴电动机 M1 不能启动;当主轴电动机 M1 有一相绕组断路时,主轴电动机 M1 也会出现单相运转,当主轴电动机 M1 绕组有短路故障时,热继电器 KR1 热元件要动作,压开主轴电动机 M1 控制电路中热继电器 KR1 的常闭触头(6 区的 3-5 号线间),切断主轴电动机 M1 控制回路的电源,主轴电动机 M1 停转,但当热继电器 KR1 的热元件冷却后,6 区 3 号线至 5 号线间热继电器 KR1 的常闭触头复位闭合,主轴电动机 M1 又可启动运转。

3) 冷却泵电动机 M2 主电路

冷却泵电动机 M2 主电路与主轴电动机 M1 的控制主电路相同,也属于单向运转单元主电路,它由 3 个元件组成:中间继电器 KA1 常开触头、热继电器 KR2 热元件、冷却泵电动机 M2。在本电路中,由于冷却泵电动机 M2 的功率较大,故用中间继电器 KA1 的常开触头替代接触器常开主触头接通和断开主电路中的电源。其他的分析与主轴电 M1 的控制主电路相同。

由于冷却泵电动机 M2 经常与机床切削液打交道,而切削液中常混杂有铁屑等杂物,

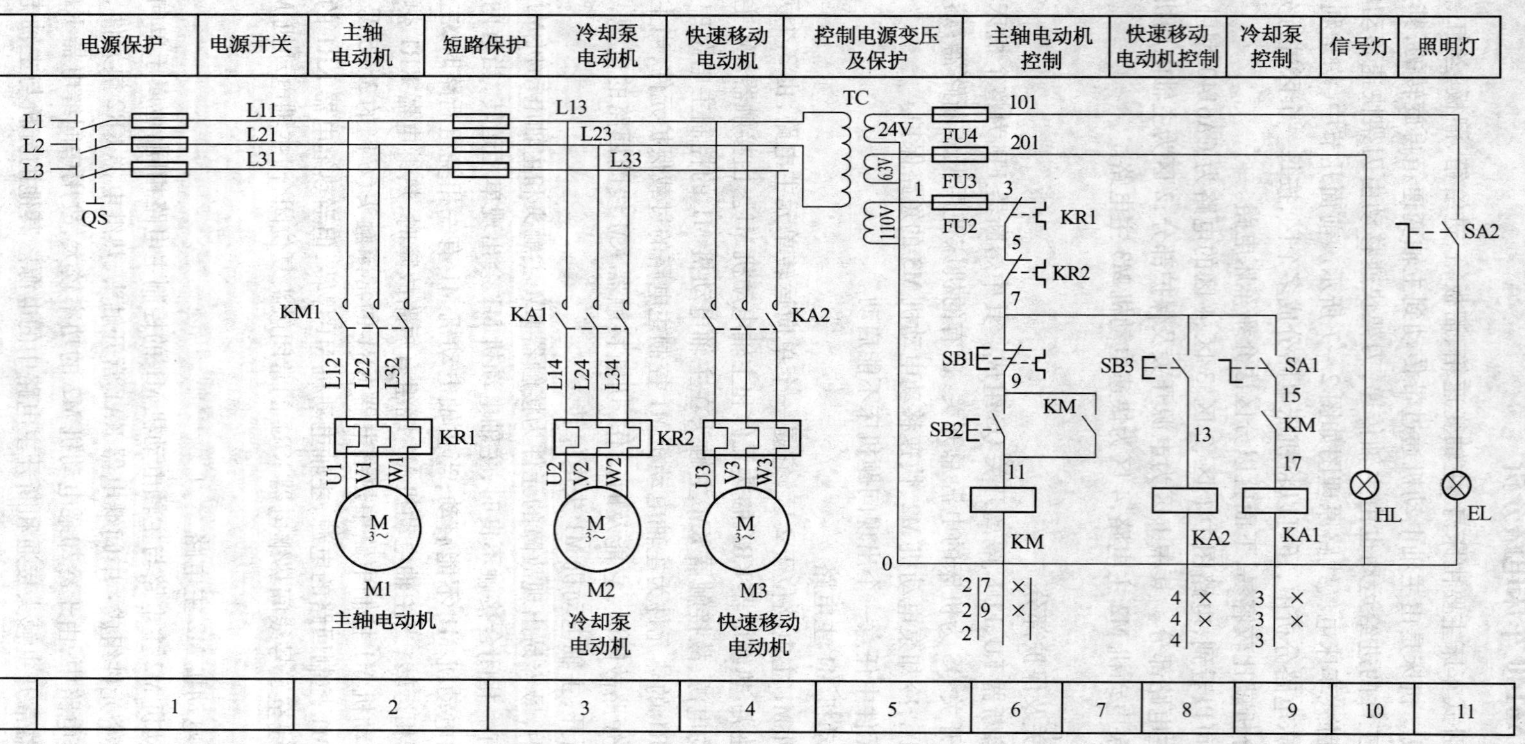

图 2-7　CA6140 型普通车床电气控制线路原理图

故冷却泵电动机 M2 为最容易出现故障的元件。其常见故障有:冷却泵杂物堵塞电动机,定子绕组短路等。以上故障均会使热继电器 KR2 热元件动作将 6 区中热继电器 KR2 的常闭触头(5 号线至 7 号线间)断开,使机床停转。

4) 快速移动电动机 M3 主电路

快速移动电动机 M3 主电路位于 4 区,它由 2 个元件构成:中间继电器 KA2 和快速移动电动机 M3。使用中间继电器 KA2 的目的也是由于快速移动电动机 M3 的功率较大。由于快速移动电动机 M3 为短期点动工作,故未设过载保护。

该电路中容易出现故障的元件为中间继电器 KA2 的常开触头。当中间继电器 KA2 的常开触头有一相闭合接触不良时,快速移动电动机 M3 出现单相运转;当中间继电器 KA2 的常开触头有两相闭合接触不良时,快速移动电动机 M3 不能启动。

2. CA6140 型卧式车床控制电路分析

合上电源总开关 QS,380V 交流电压经过 FU、FU1 加在控制电源变压器 TC 一次绕组两端,经降压后输出 110V 交流电压作为控制电路的电源,24V 交流电压作为机床工作照明电路电源,6.3V 交流电压作为信号指示电路电源。

由于主轴电动机 M1 控制主电路、冷却泵电动机 M2 控制主电路、快速移动电动机 M3 控制主电路接通电路的元件分别为接触器 KM 主触头、中间继电器 KA1 常开触头和中间继电器 KA2 常开触头,所以,在确定各控制电路时,只需各自找到它们相应元件的控制线圈即可。

1) 主轴电动机 M1 控制电路

(1) 确定主轴电动机 M1 的控制电路。主轴电动机 M1 是由接触器 KM 控制其电源的接通与断开的,故它的控制回路中必须有接触器 KM 的线圈。从图 2-7 中可以看到,接触器 KM 的线圈在 6 区中,其中 6 区中接触器 KM 线圈串联并与控制变压器 TC 中 110V 交流电压形成回路的元件即为组成主轴电动机 M1 控制电路的元件。为了清楚起见,将主轴电动机 M1 的控制电路绘制于图 2-8 中。

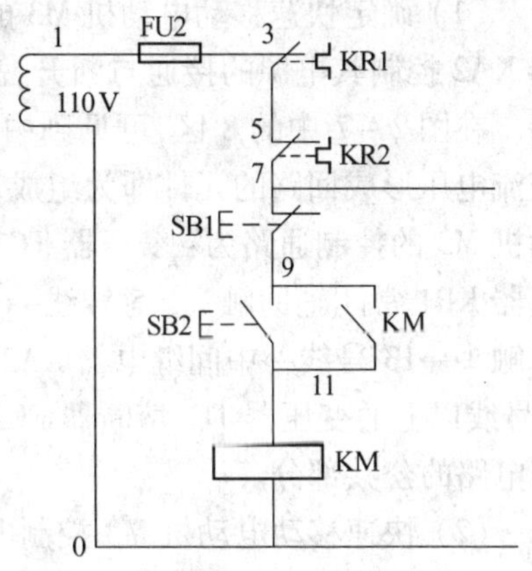

图 2-8 主轴电动机 M1 控制电路

(2) 主轴电动机 M1 控制电路识图。图 2-8 中,变压器 TC110V 交流电压、熔断器 FU2、热继电器 KR1 和 KR2 的常闭触头为 3 台电动机控制电路的公共部分。其中,熔断器 FU2 为控制电路的总短路保护,热继电器 KR1 和 KR2 常闭触头分别为主轴电动机 M1 和冷却泵电动机 M2 的过载保护。所以,上面 3 个元件中只要有一个出现故障或主轴电动机 M1 和冷却泵电动机 M2 过载就会使整个控制电路不能启动。6 号线下面的电路部分:按钮 SB1 常闭触头、SB2 常开触头、接触器 KM1 常开辅助触头及接触器 KM1 的线圈组成标准的单向运转单元控制电路。

当需要主轴电动机 M1 运转时,按下主轴电动机 M1 启动按钮 SB2,接触器 KM1 线圈得电闭合,7 区中接触器 KM 在 9 号线与 11 号线间常开触头闭合自锁,2 区中接触器 KM 主触头闭合接通主轴电动机 M1 电源,主轴电动机 M1 通电运转。按下主轴电动机 M1 的停止按钮 SB1，接触器 KM 线圈失电，2 区中接触器 KM 主触头断开，切断主轴电动机 M1 的电源，主轴电动机 M1 停转。图 2－8 中，按钮 SB1 的常闭触头如果接触不良，会造成主轴电动机 M1 不能启动。

2）冷却泵电动机 M2 控制电路

（1）确定冷却泵电动机 M2 的控制电路。用同样的方法可以确定 9 区中间继电器 KA1 线圈回路的元件为冷却泵电动机 M2 的控制电路。冷却泵电动机 M2 的控制电路的通路为：变压器 TC110V 交流电压→1 号线→熔断器 FU2→3 号线→热继电器 KR1 常闭辅助触头→5 号线→热继电器 KR2 常闭辅助触头→7 号线→单极转换开关 SA1→15 号线→接触器 KM 常开辅助触头→17 号线→是间继电器 KA1 线圈→0 号线→回到变压器 TC。

（2）冷却泵电动机 M2 控制电路识图。在冷却泵电动机 M2 的控制电路中，7 号线以上的元件为控制电路的公共部分；而 7 号线以下的元件中，单极转换开关 SA1 为冷却泵电动机 M2 的启动、停止开关；15 号线至 17 号线接触器 KM 常开触头为接触器 KM 控制冷却泵电动机 M2 的常开触头，它的作用是，当接触器 KM 未闭合，主轴电动机 M1 未启动运行时，9 区 15 号线至 17 号线间接触器 KM 常开触头断开，即使单极转换开关 SA1 闭合，中间继电器 KA1 也不能得电闭合。所以，冷却泵电动机 M2 只有在主轴电动机 M1 启动运行后，它才能启动运行。当主轴电动机 M1 启动运行，9 区中接触器 KM 常开触头闭合后，将单极转换开关 SA1 扳至接通位置，中间继电器 KA1 线圈得电，3 区中间继电器 KA1 触头闭合，冷却泵电动机 M2 启动运转。将单极转换开关 SA1 扳至断开位置，中间继电器 KA1 失电断开，冷却泵电动机 M2 断电停转。

3）快速移动电动机 M3 控制电路

（1）确定快速移动电动机 M3 的控制电路。同理，快速移动电动机 M3 是由中间继电器 KA2 控制其电源的接通与断开，故它的控制电路回路中必须有中间继电器 KA2 的线圈。在图 2－7 中的 8 区，可见到中间继电器 KA2 线圈串联并与控制变压器 TC 中 110V 交流电压形成回路的元件即为组成快速移动电动机 M3 控制电路的元件。其快速移动电动机 M3 的控制通路为：变压器 TC110V 交流电压→1 号线→熔断器 FU2→3 号线→热继电器 KR1 常闭辅助触头→5 号线→热继电器 KR2 常闭辅助触头→7 号线→按钮 SB3 常开触头→13 号线→中间继电器 KA2 线圈→0 号线→回到变压器 TC110V 交流电压。其中 7 号线以上的变压器 TC、熔断器 FU2、热继电器 KR1 和 KR2 的常闭触头为 3 台电动机控制电路的公共部分。

（2）快速移动电动机 M3 控制电路识图。快速移动电动机 M3 控制电路回路中，7 号线以上的电路部分为 3 台电动机控制电路的公共部分，7 号线以下的部分则是一个点动控制单元控制电路，按钮 SB3 为快速移动电动机 M3 的点动控制按钮。按下 SB3 时，中间继电器 KA2 线圈得电闭合，4 区中中间继电器 KA2 触头闭合，接通快速移动电动机 M3 的电源，快速移动电动机 M3 通电运转，松开按钮 SB3，中间继电器 KA2 线圈失电，4 区中中间继电器触头断开，快速移动电动机 M3 失电停转。按钮 SB3 常开触头如果在工作中沾上油污，压合接触不良时会造成快速移动电动机 M3 不能启动。

3. CA6140 型卧式车床照明、信号电路识图

照明电路由变压器 TC 输出 24V 交流电压供电，其通电回路为：变压器 TC→熔断器 FU4→101 号线→单极开关 SA2→工作照明灯 EL→0 号线→回到变压器 TC。

本机床信号指示电路为电源指示信号，由变压器 TC 输出 6.3V 交流电压供电，其通电回路为：变压器 TC→熔断器 FU3→信号指示灯 HL→0 号线→回到变压器 TC。当合上电源总开关 QS，信号指示灯 EL 发亮，断开电源总开关 QS 后，信号指示灯熄灭。

2.1.5 C5225 型立式车床电路

C5225 型立式车床主要用于加工径向尺寸大，而轴向尺寸较小的重型或大型零件。C5225 型立式车床在结构布局上的特点是主轴垂直布置，且工作台面处于水平位置，所以比较容易保证大型和重型零件的加工精度。C5225 型立式车床采用了 7 台电动机进行拖动，机床全部拖动电动机均由 380V 交流电源供电。由于机床加工的零件重量大，机床运行时需要有良好的润滑状态，因此在控制环节上采取了只有当油泵电动机 M2 启动运转，机床润滑油压力正常，其他电动机才能启动运转。由于 C5225 型车床电路控制元件多，本节仍按分区法分析电路。C5225 型立式车床电气控制线路原理，如图 2－9 所示。

1. C5225 型立式车床主电路分析

1）划分 C5225 型立式车床主电路部分

C5225 型立式车床主电路如图 2－9(a)所示。C5225 型立式车床主电路包括 7 台电动机，在整个电气控制线路中占有 10 个区域即 1～10 区。其中，电源总开关与保护位处 1 区，主轴电动机 M1 主电路位处 1～3 区，润滑泵电动机 M2 主电路位处 4 区，横梁升降电动机 M3 主电路位处 5～6 区，右立刀架快速电动机 M4 主电路位处 7 区，右立刀架进给电动机 M5 主电路位处 8 区，左立刀架快速移动电动机 M6 主电路位处 9 区，左立刀架进给电动机 M7 主电路位处 10 区 。

2）C5225 型立式车庆主电路部分识图

380V 交流电源经总开关 QF1 后接通机床三相电源。断路器 QF1 不仅为机床电源总开关，还起到主轴电动机 M1 的短路保护及过载保护作用。

（1）主轴电动机 M1 主电路。C5225 型立式车床主轴电动机 M1 主电路位处 1～3 区，它是一个正反转 Y－△降压启动控制主电路。其中接触器 KM1 的主触头为主轴电动机 M1 正转电源的接通与断开触头，接触器 KM2 的主触头为主轴电动机 M1 反转电源的接通与断丌触头，接触器 KMY 主触头为主轴电动机 M1 绕组接成 Y 连接启动时的接通与断开触头，接触器 KM△主触头为主轴电动机 M1 绕组接成△连接全压运行时的接通与断开触头。当主轴电动机 M1 停止时，接触器 KM3 的主触头闭合将 96～100 区直流电源装置产生的直流电源引入主轴电动机 M1 绕组中，对主轴电动机 M1 进行能耗制动。与主轴电 M1 同轴相连的速度继电器 KS，用以在主轴电动机 M1 制动停止时对主轴电动机 M1 的速度进行监控。

在主轴电动机 M1 控制主电路中，如果接触器 KM1、KM2、KMY、KM△的主触头有一相接触不良，主轴电动机 M1 会发出沉闷的“嗡、嗡”声，这时必须特别注意，以防主轴电动机 M1 单相运转而烧毁。如果接触器 KM1、KM2、KMY、KM△的主触头有多相接触不良，主轴电动机 M1 则不启动。

（2）润滑泵电动机 M2 主电路。润滑泵电动机 M2 主电路位处 4 区，它是一个单向正转控制主电路。其中，断路器 QF2 不仅为润滑泵电动机 M2 的电源开关，还起着润滑泵电动机 M2 的过载保护和短路保护的作用。当润滑泵电动机 M2 过载或短路时，断路器 QF2

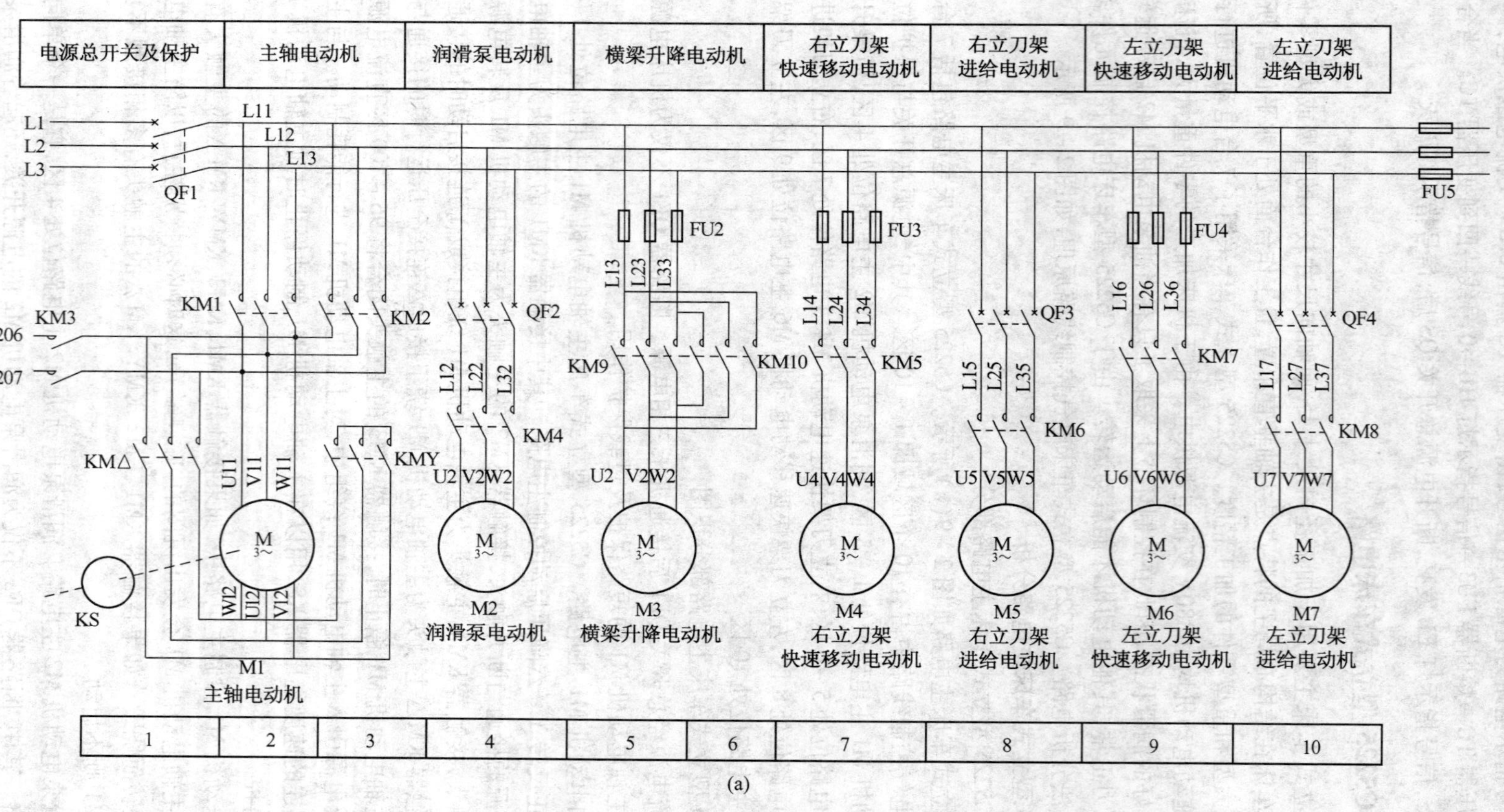

图 2-9　C5225 型立式车床电气控制线路原理图

（a）主电路

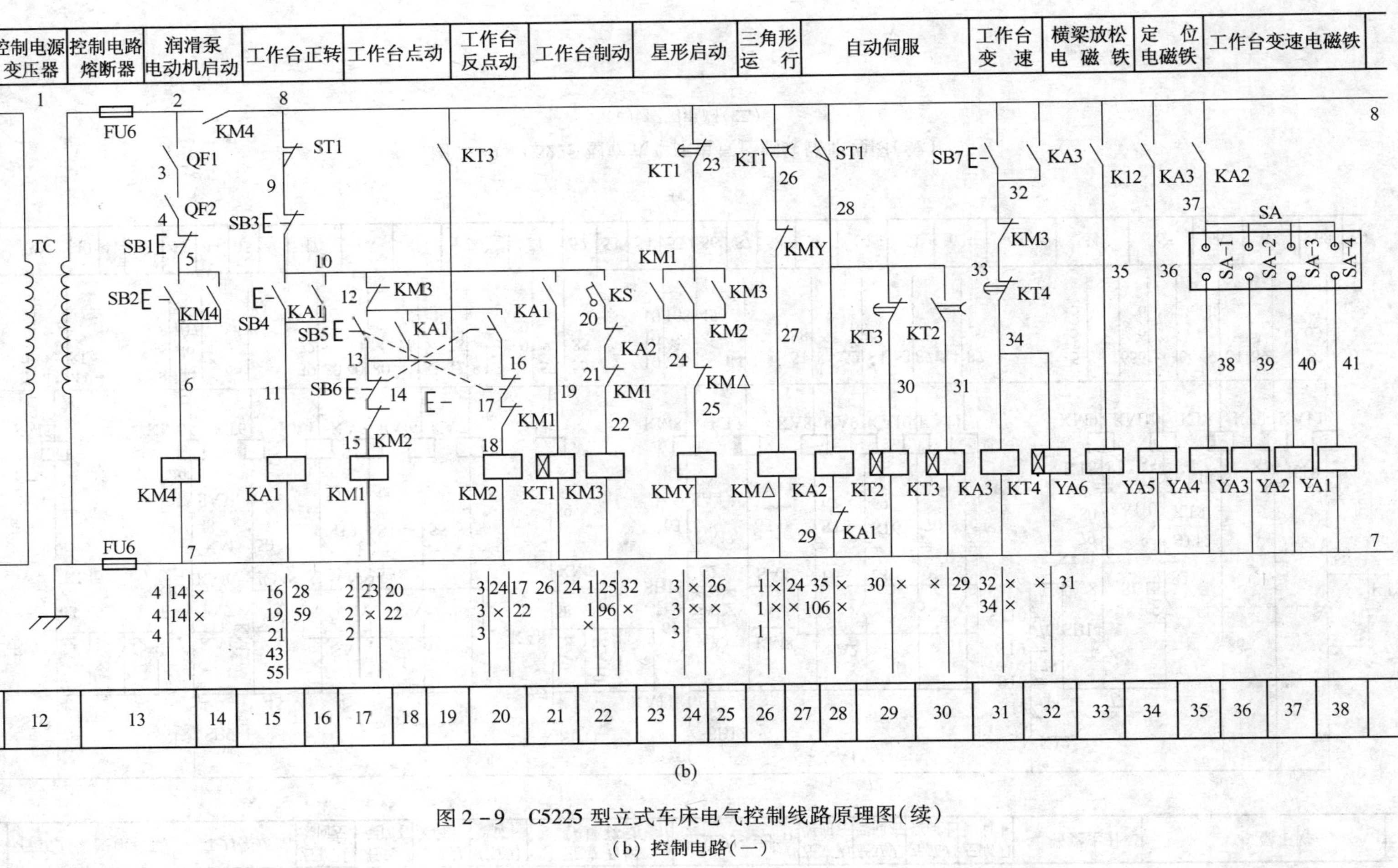

(b)

图 2－9　C5225 型立式车床电气控制线路原理图（续）

（b）控制电路（一）

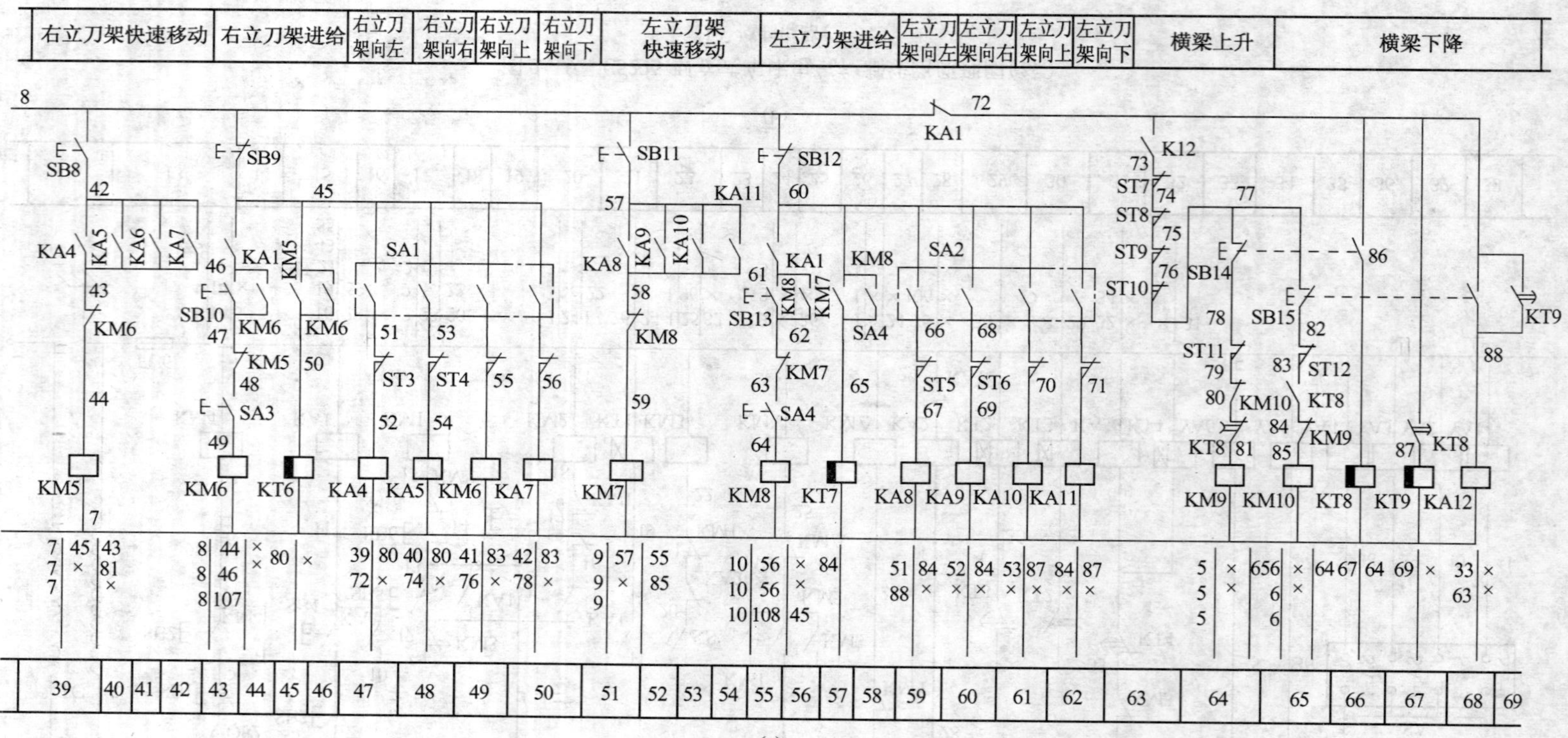

图 2-9　C5225 型立式车床电气控制线路原理图(续)

(c) 控制电路(二)

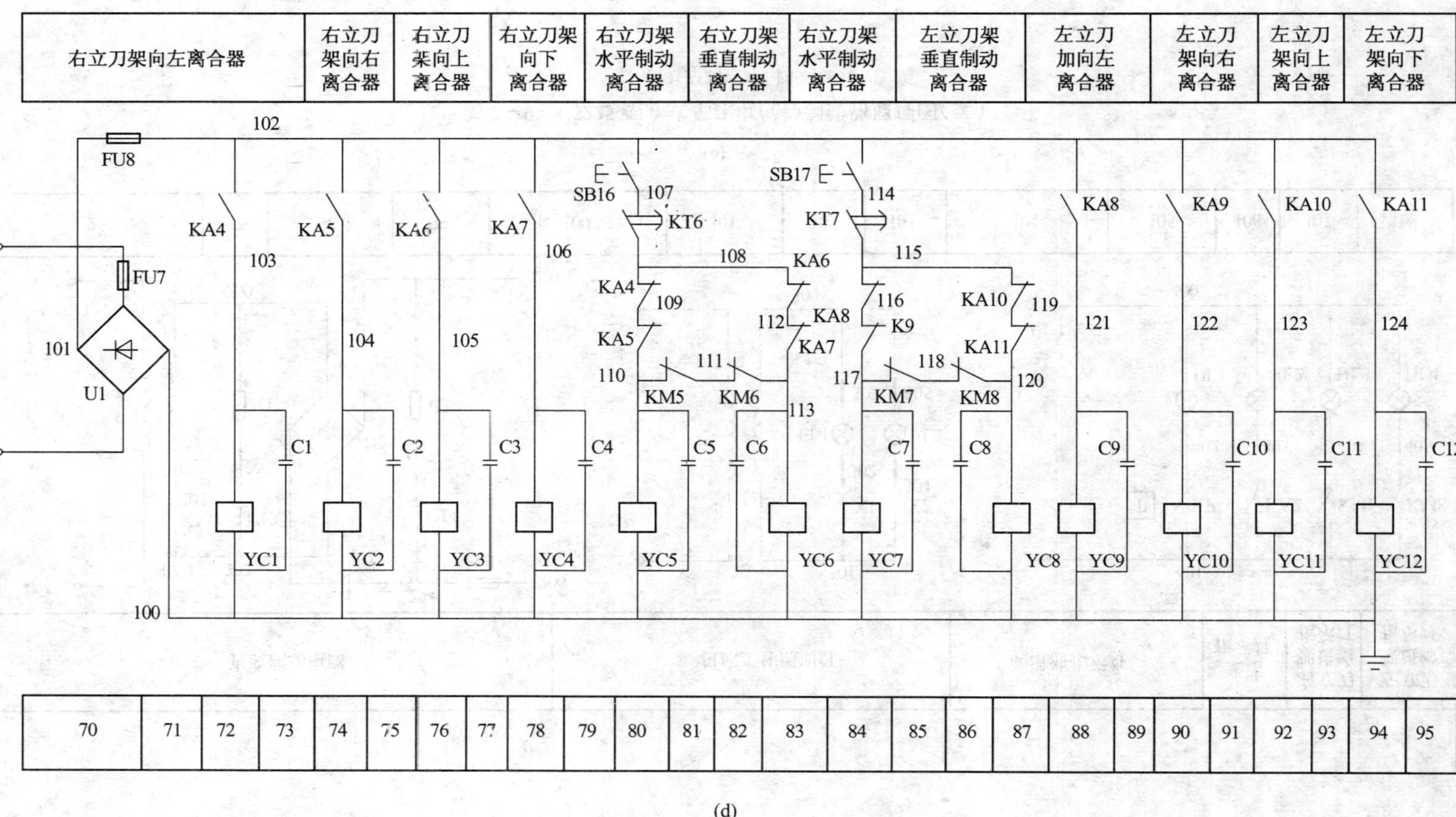

(d)

图 2-9　C5225 型立式车床电气控制线路原理图（续）

(d) 控制电路（三）

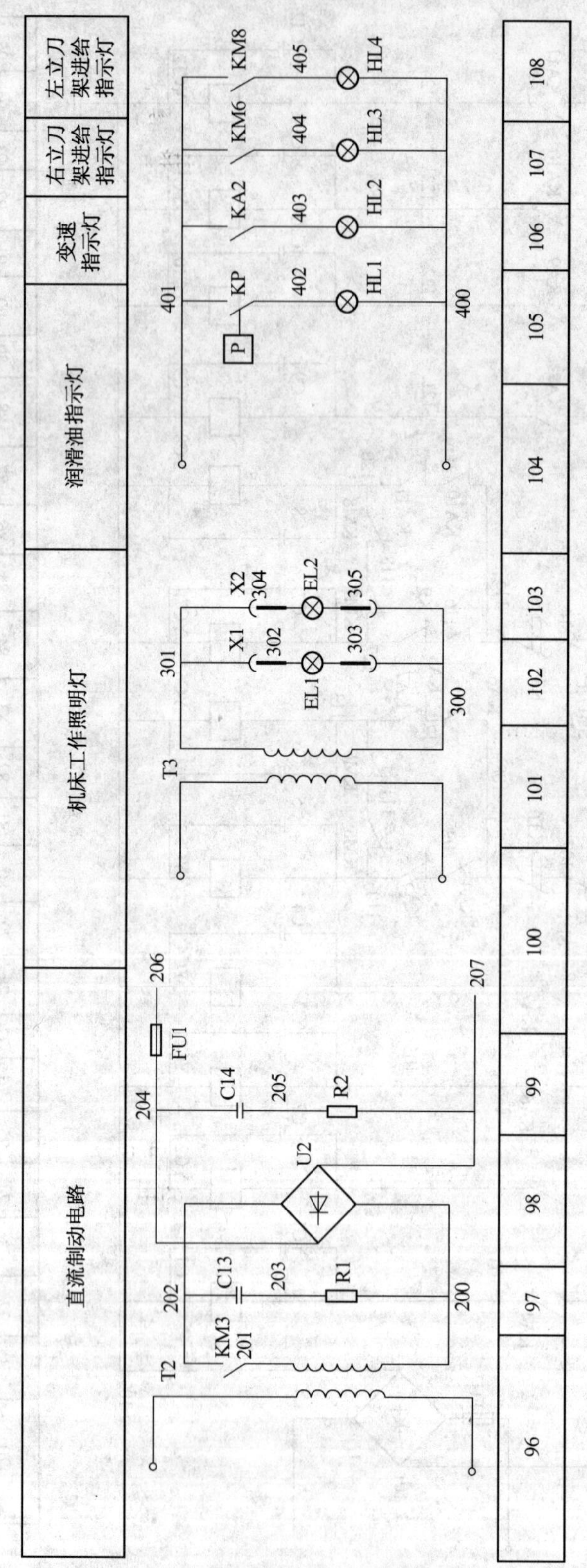

(e)

图 2-9 C5225 型立式车床电气控制线路原理图(续)

(e) 控制电路(四)

自动跳闸断开,切断润滑泵电动机 M2 的电源。接触器 KM4 的主触头则为润滑泵电动机 M2 电源的接通和断开触头。

(3) 横梁升降电动机 M3 控制主电路。横梁升降电动机 M3 的控制主电路位处 5 区和 6 区,它是一个正反转控制主电路。熔断器 FU2 为横梁升降电动机 M3 的短路保护,接触器 KM9 的主触头为横梁升降电动机 M3 正转电源的接通和断开触头,接触器 KM10 的主触头为横梁升降电动机 M3 反转电源的接通和断开触点。

(4) 右立刀架快速移动电动机 M4 主电路。右立刀快速移动电动机 M4 主电路位处 7 区,它是一个单向正转控制主电路。熔断器 FU3 是右立刀架快速移动电动机 M4 的短路保护元件,接触器 KM5 的主触头为右立刀架快速移动电动机 M4 电源的接通和断开触头。

(5) 右立刀架进给电动机 M5 主电路。右立刀架进给电动机 M5 主电路位处 8 区,它也是一个单向正转控制主电路。断路器 QF3 既是右立刀架进给电动机 M5 的电源开关,又是它的过载保护和短路元件,接触器 KM6 主触头为它电源的接通与断开触头。

(6) 左立刀架快速移动电动机 M6 控制主电路。左立刀架快速移动电动机 M6 控制主电路位处 9 区,它也是一个单向正转控制主电路。熔断器 FU4 为左立刀架快速移动电动机 M6 的短路保护元件,接触器 KM7 的主触头为左立刀架快速移动电动机 M6 电源的接通与断开触头。

(7) 左立刀架进给电动机 M7 控制主电路。左立刀架进给电动机 M7 控制主电路位处 10 区,它也是一个单向正转控制主电路。断路器 QF4 既是左立刀架进给电动机 M7 的电源开关,又是它的过载保护和短路保护元件,接触器 KM8 为它电源的接通和断开触点。

2. C5225 型立式车床控制电路分析

C5225 型立式车床的控制电路部分初看好像比较复杂,其实并不难,只要按照步骤分析,就会发现规律。

1) 润滑泵电动机 M2 控制电路

(1) 确定润滑泵电动机 M2 的控制电路。液压泵电动机 M2 由接触器 KM4 主触头控制其电源的通断,故它的控制电路由 13 区中和接触器 KM4 线圈相串联并和电源相连接的元件组成。

(2) 润滑泵电动机 M2 控制电路的识图。在 13 区中,按钮 SB2 为润滑泵电动机 M2 的启动按钮,SB1 为润滑泵电动机 M2 的停止按钮。从 13 区中可以看到,在接触器 KM4 的线圈回路中串接了 QF1 和润滑泵电动机 M2 主电路的电源开关 QF2 的常开辅助触头。只有当电源总开关 QF1 和润滑泵电动机 M2 主电路的电源开关 QF2 闭合后,润滑泵电动机 M2 才能启动运转。

当需要机床启动时,按下润滑泵电动机 M2 的启动按钮 SB2,接触器 KM4 线圈通电闭合,其在 14 区中的两个常开触头闭合,其中与熔断器 FU6 横向连接(2 号线与 8 号线间)的常开触头闭合接通其他电动机控制电路的电源,此时其他电动机可以启动运行。接触器 KM4 与按钮 SB2 常开触头相并联的常开触头(5 号线与 6 号线间)闭合自锁。当需要润滑泵电动机 M2 停止时,按下润滑泵电动机 M2 的停止按钮 SB1,接触器 KM4 线圈断电,润滑泵电动机 M2 停转。

在润滑泵电动机 M2 的控制电路中,常见故障有：13 区中熔断器 FU6 有断路故障;断路器 QF1 串联在 2 号线与 3 号线间的常开触头，及断路器 QF2 串接在 3 号线与 4 号线间的常开触头闭合接触不良；按钮 SB1 在 4 号线与 5 号线间的常闭触头闭合接触不良。此时润滑泵电动机 M2 不能启动。

2）主轴电动机 M1 控制电路

（1）确定主轴电动机 M1 的控制电路。从主轴电动机 M1 控制主电路中知道，控制主轴电动机 M1 关键元器件有接触器 KM1、KM2 和 KM△、KMY 及速度继电器 KS、接触器 KM3，还有相关的时间继电器和中间继电器等。主轴电动机 M1 不仅可作正、反转 Y－△减压启动连续运行和正、反转点动及能耗制动停止外，还可由变速转换开关 SA 控制，变换出工作台 16 种不同的转速。

如图 2－9(b)所示，15～22 区所构成电路的元件与接触器 KM1、KM2、KM3 线圈有联系，所以 15 区中的中间继电器线圈 KA1 和 21 区中的时间继电器 KT1 线圈也为主轴电动机 M1 的控制元件；23～27 区所有构成电路的元件与接触器 KMY、KM△线圈有联系，故它也为主轴电动机 M1 的控制电路。所以 15～27 区电路构成主轴电动机 M1 的正、反转 Y－△减压启动控制电路和能耗制动停止控制电路，而 28～32 区及 34～38 区电路构成工作台的变速控制电路。

（2）主轴电动机 M1 控制电路识图。

① 主轴电动机 M1 正向旋转 Y－△减压启动运行控制：从 1－3 区主轴电动机 M1 的控制主电路来看，主轴 M1 可以作正、反转 Y－△减压启动运行。但是在实际的工件加工过程中，只需要主轴电动机 M1 作正向旋转 Y－△减压启动运行即可。所以在主轴电动机 M1 的控制电路中，只设置了主轴电动机 M1 的正向旋转 Y－△减压启动运行控制电路。在 15 区中，按钮 SB4 为主轴电动机 M1 的正向旋转启动按钮，按下 SB3 时，M1 停止。

当需要主轴电动机 M1 正向 Y－△减压启动运行时，按下主轴电动机 M1 的正向旋转启动按钮 SB4，15 区中间继电器 KA1 线圈通电闭合。中间继电器 KA1 在 16 区的常开触头闭合自锁；中间继电器 KA1 在 18 区的常开触头吸合，接通接触器 KM1 线圈的电源，接触器 KM1 吸合；中间继电器 KA1 在 21 区的常开触头闭合，接通通电延时时间继电器 KT1 线圈的电源，时间继电器 KT1 闭合，开始通电计时；中间继电器 KA1 在 28 区的常闭触头断开，使主轴电动机 M1 在进行正向启动运行时，中间继电器 KA2 不能得电吸合，工作台不能进行变速操作。而接触器 KM1 闭合，其在 20 区的常闭触头断开，使得接触器 KM1 闭合时，接触器 KM2 不能得电吸合；而在 23 区接触器 KM1 的常开触头吸合，接通接触器 KMY 线圈电源，接触器 KMY 吸合。由于接触器 KM1、KMY 先后闭合，接触器 KM1、KMY 的主触头将主轴电动机 M1 的定子绕组接成 Y 连接降压启动。经过一定时间，时间继电器 KT1 在 24 区的通电延时断开触头首先断开，切断接触器 KMY 线圈的电源，接触器 KMY 失电释放，然后时间继电器 KT1 在 26 区的通电延时闭合触头闭合，接通接触器 KM△线圈的电源，接触器 KM△通电闭合，此时接触器 KM1 和接触器 KM△的主触头将主轴电动机 M1 的定子绕接成△连接全压运行。

在 24 区和 26 区中，接触器 KMY 和接触器 KM△各在对方的线圈回路中串接了对方的常闭触头，使得主轴电动机 M1 在定子绕组接成 Y 连接减压启动时，接触器 KM△不能得电闭合；而当主轴电动机 M1 定子绕组接成△连接全压运行时，接触器 KMY 不能得电闭合。

在当主轴电动机 M1 不能启动；主轴电动机 M1 只能 Y 连接启动不能切换到△连接全压运行；主轴电动机 M1 只能点动。如果主轴电动机 M1 不能启动，则应考虑 15 区中 8 号线与 9 号线间行程开关 KT1 常闭触头是否闭合接触不良、按钮 SB3 在 9 号线与 10 号线间的常闭触头是否接触良好、17 区中接触器 KM3 在 10 号线与 12 号线间的常闭触头是否接触良好、按钮 SB6 在 13 号线与 14 号线间的常闭触头与接触器 KM2 在 14 号线与 15 号线间的常闭触头接触是否不良（此时主轴电动机 M1 不能正转点动）、24 区中时间继电器 KT1 在 8 号线与 23 号线间的通电延时断开触头闭合是否良好及接触器 KM△在 24 号线及 25 号线间的常闭触头接触是否良好、23 区中接触器 KM1 在 23 号线与 24 号线间的常开触头闭合时是否接触良好。如果主轴电动机 M1 只能 Y 连接启动才能切换到△连接全压启动，则应考虑 21 区中中间继电器 KA1 在 10 号线与 19 号线间的常开触头闭合是否良好、26 区中时间继电器 KT1 在 8 号线与 26 号线间的通电延时闭合触头闭合时是否接触良好、接触器 KMY 在 26 号线与 27 号线间的常闭触头接触是否良好。如果主轴电动机 M1 只能点动，则应考虑 16 区中中间继电器 KA1 在 10 号线与 11 号线间的常开触头和 18 区中中间继电器 KA1 在 12 号线与 13 号线间的常开触头闭合时是否接触良好。

② 主轴电动机 M1 的正、反转点动控制：主轴电动机 M1 的正、反转点动控制主要用于机床加工过程中方便地调整加工工件的位置。在主轴电动机 M1 的控制电路中，17 区中按钮 SB5 为主轴电动机 M1 的正转点动按钮，20 区中按钮 SB6 为主轴电动机 M1 的反转点动按钮。

当需要主轴电动机 M1 正向点动运转时，按下 17 区中主轴电动机 M1 的正转点动按钮 SB5，接触器 KM1 线圈得电闭合。接触器 KM1 在 20 区、22 区的常开触头断开，切断接触器 KM2、KM3 线圈的电源，使接触器 KM1 闭合时，接触器 KM2、KM3 不能通电闭合。接触器 KM1 在 23 区的常开触头闭合，接通接触器 KMY 线圈的电源，接触器 KMY 通电闭合。此时接触器 KM1、KMY 的主触头将主轴电动机 M1 的绕组接成 Y 连接点动正转。由于主轴电动机 M1 的绕组被接成 Y 连接运转，故转速较慢，便于点动调整加工工件的位置。松开主轴电动机 M1 的正转点动按钮 SB5，接触器 KM1 失电释放，常开、常闭触头复位，接触器 KMY 失电断开，主轴电动机 M1 停转，完成正转点动控制过程。

主轴电动机 M1 反向点动运转的控制过程，与主轴电动机 M1 正向点动控制过程相同。

在主轴电动机 M1 的正、反转点动控制电路中，常见的故障有：主轴电动机 M1 不能正转点动；主轴电动机 M1 不能反转点动。如果主轴电动机 M1 不能正转运行，则应考虑 17 区 SB5 在 12 号线与 13 号线间的常开触头压合时是否接触不良。如果主轴电动机 M1 不能反转运行，则应考虑 20 区中按钮 SB6 在 12 号线与 16 号线间的常开触头压合时是否接触不良、按钮 SB5 在 16 号线与 17 号线间的常闭触头及接触器 KM1 在 17 号线与 18 号线间的常闭触头接触是否不良。

③ 主轴电动机 M1 的能耗制动停止控制：主轴电动机 M1 的制动控制不是单独设立的，而是与主轴电动机 M1 的停止合为一体的。当主轴电动机 M1 停止时，能耗制动就贯穿于停止的过程中。当主轴电动机 M1 处于全压正向运行时（即机床处于工件的加工过程中），中间继电器 KA1、接触器 KM1、KM△闭合，在 22 区中，速度继电器 KS 的常开触头

闭合，接触器 KM1 常闭触头断开，接触器 KM2 常闭触头吸合，主轴电动机 M1 运转速度大于 120r/min。当需要主轴电动机 M1 停止时，按下 15 区中主轴电动机 M1 的停止按钮 SB3，按钮 SB3 的常闭触头断开，切断中间继电器 KA1 线圈电源，中间继电器 KA1 的常开、常闭触头复位，切断接触器 KM1 线圈的电源；接触器 KM1、KM△的主触头断开，切断主轴电动机 M1 的电源。主轴电动机 M1 失电，但由于惯性继续正向旋转，其速度大于 100r/min。当松开 15 区按钮 SB3 时，由于接触器 KM1 在 22 区的常闭触头复位闭合，速度继电器 KS 的常开触头此时也是闭合的，接触器 KM3 线圈通过以下方式通电：变压器 TC→1 号线→熔断器 FU6→2 号线→接触器 KM4 常开触头→8 号线→行程开关 ST1 常闭触头→9 号线→按钮 SB3 常闭触头→10 号线→速度继电器 KS 常开触头→20 号线→接触器 KM2 的常闭触头→21 号线→接触器 KM1 的常闭触头→22 号线→接触器 KM3 的线圈→7 号线→熔断器 FU6→0 号线→回到变压器 TC。接触器 KM3 闭合，其在 25 区的常开触头吸合，接通接触器 KMY 线圈的电源。接触器 KM3 在 1 区的主轴电动机 M1 的绕组中，主轴电动机 M1 产后一个制动力矩，使其转速迅速下降。当主轴电动机 M1 的转速下降至 10r/min 时，速度继电器 KS 在 22 区的常开触头断开，切断接触器 KM3 线圈的电源，接触器 KM3 断电释放，其在 25 区的常开触头复位断开，切断接触器 KMY 线圈的电源，接触器 KMY 断电释放。结束主轴电动机 M1 的制动过程。

在主轴电动机 M1 的能耗制动停止过程中，如果主轴电动机 M1 不能进行能耗制动，则应考虑 22 区中速度继电器 KS 在 10 号线与 20 号线间的常开触头闭合时是否接触不良、接触器 KM1 在 21 号线与 22 号线间及接触器 KM2 在 20 号线与 21 号线间的常闭触头是否接触不良、1 区中接触器 KM3 主触头闭合时是否接触不良、96 区中接触器 KM3 在 201 号线与 202 号线间的常开触头闭合时是否接触不良、98 区中整流器 U2 是否损坏及 99 区熔断器 FU1 是否断路等。

④ 工作台的变速控制。主轴电动机 M1 拖动的工作台变速控制电路位处 28～32 区及 34～38 区。在工作台变速控制电路中，31 区中按钮 SB7 为工作台各变速齿轮啮合启动按钮；时间继电器 KT2、KT3 为工作台变速齿轮反复啮合时间继电器；34～38 区中，SA 为工作台变速转换开关，通过扳动变速选择转换开关 SA，可得到工作台 16 种不同的转速，表 2-2 列出了工作台变速转换开关 SA 各触头接通与闭合时工作台相应的转速。YA5 为锁杆油路电磁阀；YA1～YA4 为变速液压缸电磁阀，如果 YA1～YA4 线圈通电，则液压油进入相应的液压缸，使相应的拉杆和拨叉推动相应的变速轮进行变速。

表 2-2　C5225 型立式车床 QS 通断情况及转速表

电磁铁	SA 变速开关触头	花盘转速电磁铁及 SA 通电情况															
		2	2.5	3.4	4	6	6.3	8	10	12.5	16	20	25	31.5	40	50	63
YA1	SA-1	-	+	+	-	+	-	+	-	+	-	+	-	+	-	+	-
YA2	SA-2	+	+	-	-	+	-	+	-	+	+	-	-	+	+	-	-
YA3	SA-3	+	+	+	+	-	-	-	-	+	+	+	+	-	-	-	-
YA4	SA-4	+	+	+	+	+	+	+	+	-	-	-	-	-	-	-	-

具体控制如下：当需要工作台变速时，将工作台变速开关 SA 扳至所需转速的位置，按下 31 区中工作台变速启动按钮 SB7，中间继电器 KA3 线圈得电闭合，其 32 区常开触头闭合自锁，34 区常开触头闭合接通锁杆油路电磁阀 YA5 线圈的电源，锁杆油路电磁阀 YA5 动作，液压油进入锁杆液压缸，将锁杆撬起并接通变速油路。而将锁杆抬起的同时，机械锁杆压合行程开关 ST1，使 28 区中的行程开关 ST1 在 8 号线与 28 号线间的常开触头闭合，接通 28 区中间继电器 K2 及 29 区时间继电器 KT2 线圈的电源，中间继电器在 KA2 及时间继电器 KT2 通电吸合。35 区中间继电器 KA2 在 8 号线与 37 号线间的常开触头吸合，SA 相应的接通触头接通变速时相应的变速电磁阀，液压油进入相应的液压缸，使拉杆和拨叉推动变速齿轮进行变速。但在变速过程中，有时变速齿轮间不一定啮合得很好，需要变速齿轮间有一定相对的运动才能啮合好，此时由于时间继电器 KT2 的通电，经过一定的时间后，时间继电器 KT2 在 30 区中 28 号线与 31 号线间的通电延时闭合触头吸合，接通时间继电器 KT3 线圈的电源，时间继电器 KT3 通电吸合，其在 8 号线与 13 号线间的瞬时常开触头闭合，接通接触器 KM1 线圈的电源，接触器 KM1 吸合，其在 23 区的常开触头接通接触器 KMY 线圈的电源，KMY 吸合。接触器 KM1、KMU 的主触头将主轴电动机 M1 接成 Y 连接启动运转。经过很短的约定时间，时间继电器 KT3 在 29 区 28 号线与 30 号线间的通电延时断开触头断开，切断 KT2 线圈电源，时间继电器 KT2 失电释放，其在 30 区 28 号线与 31 号线间的通电延时闭合触头断开，切断时间继电器 KT3 线圈的电源，时间继电器 KT3 失电断开，所有触头复位，时间继电器 KT3 在 8 号线与 13 号线间的瞬时常开触头复位断开，切断接触器 KM1 线圈的电源，接触器 KM1 断电，其在 23 区的常开触头复位断开，切断接触器 KMY 线圈的电源，接触器 KMY 失电释放，主轴电动机 M1 作一瞬时启动运转后停止旋转，完成一次齿轮冲动啮合过程。如果此时工作台的变速齿轮间仍然没有啮合好，那么当时间继电器 KT3 失电复位时，其在 29 区中 28 号线与 30 号线间的通电延时断开触头复位闭合，又接通了时间继电器 KT2 线圈电源，经过一定的延时，其在 30 区 28 号线与 31 号线间的通电延时闭合触头又要吸合，又准备作第二次齿轮冲动啮合，直至变速齿轮间啮合好为止。当变速齿轮间啮合好后，机械锁杆复位，使得行程开关 ST1 在 8 号线与 28 号线间的常开触头复位断开，切断中间继电器 KA2、时间继电器 KT2、KT3 线圈的电源，中间继电器 KA2、时间继电器 KT2、KT3 各触头复位，完成工作台的变速控制。

在工作台的变速控制电路中，如果工作台不能变速，则应考虑 28 区中行程开关 ST1 吸合时吸合是否良好、35 区中中间继电器 KA2 在 8 号线与 36 号线间的常开触头闭合时是否闭合良好。主轴电动机 M1 不能冲动啮合变速齿轮时，则应考虑 19 区时间继电器 KT3 瞬时闭合常开触头在吸合是否接触良好、29 区时间继电器 KT3 在 28 号线与 30 号线间的通电延时断开触头接触是否不良、30 区时间继电器 KT2 在 28 号线与 31 号线间的通电延时闭合触头在吸合时是否接触不良等。

3）横梁升降电动机 M3 控制电路

（1）确定横梁升降电动机 M3 控制电路。横梁是由夹紧机构将其夹紧在立柱上的，所以横梁在升降前必须要放松夹紧装置。在 C5225 型立式车床电气控制原理图中，33 区电路为横梁放松控制电路，从 63 ~ 69 区为横梁上升及下降控制电路。

(2) 横梁升降电动机 M3 控制电路识图。在 33 区中，YA6 为横梁放松电磁铁线圈；68 区中按钮 SB15 在 72 号线与 88 号线间的常开触头为横梁电动机 M3 的正转（横梁上升）启动触头；66 区中按钮 SB14 在 72 号线与 86 号线间的常开触头为横梁升降电动机 M3 的反转（横梁下降）启动触点；64 区和 65 区中的行程开关 ST11 和 ST12 分别为横梁的上升上限位和下降下限位行程开关；63 区中的行程开关 ST7、ST8、ST9、ST10 为横梁放松行程开关，行程开关 ST7、ST8、ST9、ST10 的常闭触头在横梁夹紧时是被压下断开的。

① 横梁上升（横梁升降电动机 M3 正转）控制。当需要横梁上升时，按下 68 区横梁升降电动机 M3 的正转启动按钮 SB15，中间继电器 KA12 通电闭合，其 33 区、63 区中常开触头吸合。中间继电器 KA12 在 33 区中的常开触头吸合，接通了横梁放松电磁铁 YA6 线圈的电源，横梁放松电磁铁 YA6 动作，接通放松机构油路，使横梁放松。在横梁放松过程当中，63 区中的行程开关 ST7、ST8、ST9、ST10 的常闭触头依次复位吸合，接 KM9 线圈的电源，接触器 KM9 通电吸合，其 5 区的主触头接通横梁升降电动机 M3 的正转电源，横梁升降电动机 M3 正向启动运转，带动横梁上升。当横梁上升到要求高度时，松开横梁升降电动机 M3 的正转启动按钮 SB15，68 区中间继电器 KA12 失电释放，其在 33 区和 63 区的常开触头复位断开，接触器 KM9 线圈、横梁放松电磁铁 YA6 线圈断电，横梁升降电动机 M3 断开停止，横梁停止上升。横梁放松电磁铁 YA6 线圈失电释放，接通夹紧机构油路，将横梁夹紧在立柱上，完成横梁上升控制过程。

在横梁上升控制电路中，行程开关 ST11 为横梁上限位行程开关，当横梁上升至该行程开关位置时，撞击行程开关 ST11，ST11 在 78 号线与 79 号线间的常闭触头断开，切断接触器 KM9 线圈的电源，横梁停止上升。

在横梁上升控制过程中，如果横梁不能上升，则应重点考虑 33 区、63 区中中间继电器 KA12 的常开触头闭合时是否接触良好，及 63 区中行程开关 ST7、ST8、ST9、ST10 复位时各触头闭合是否良好（此时横梁亦不能下降）；68 区按钮 SB15 在 72 号线间的常闭触头吸合时是否接触良好；64 区中按钮 SB14 在 77 号线与 78 号线间的常闭触头、行程开关 SR11 在 78 号线与 79 号线间的常闭触头、断电延时时间继电器 KT8 在 80 号线与 81 号线间的通电瞬时断开断电延时吸合触头吸合时接触是否良好。

② 横梁下降（横梁下降电动机 M3 反转）控制。当需要横梁下降时，按下 66 区横梁升降电动机 M3 的反转启动按钮 SB14，断电延时时间继电器 KT8 线圈通电吸合，其在 64 区 80 号线与 81 号线间的通电瞬时断开断电延时吸合触头断开，而在 67 区 86 号线与 87 号线间的通电瞬时及闭合断电延时断开触头及在 65 区 83 号线与 84 号线间的瞬时常开触头吸合，接通断电延时时间继电器 KT9 线圈的电源，使得断电延时时间继电器 KT9 在 69 区 72 号线与 88 号线间的通电瞬时闭合断电延时断开触头吸合，接通 68 区中间继电器 KA12 线圈的电源，中间继电器 KA12 通电吸合，使中间继电器 KA12 在 33 区和 63 区的常开触头闭合。中间继电器 KA12 在 33 区中的常开触头吸合，接通了横梁放松电磁铁 YA6 线圈的电源，横梁放松电磁铁 YA6 动作，接通放松机构油路，使横梁放松。在横梁放松过程中，63 区中的行程开关 ST7、ST8、ST9、ST10 的常闭触头依次复位闭合，接通 65 区中接触器 KM10 线圈的电源，接触器 KM10 通电吸合，其 6 区的主触头接通横梁升降电动机 M3 的反转电源，横梁升降电动机 M3 反向启动运转，带

动横梁下降。当横梁下降到要求高度时，松开横梁升降电动机 M3 的反转按钮 SB14，66 区断电延时时间继电器 KT8 线圈断电，其在 65 区 83 号线与 84 号线间瞬时常开触头复位断开，切断接触器 KM10 线圈的电源，接触器 KM10 失电释放，横梁升降电动机 M3 停止反向运转，横梁停止下降。经过一定时间后，断电延时时间继电器 KT8 在 64 区 80 号线与 81 号线间的通电瞬时断开断电延时闭合触头吸合，接通接触器 KM9 线圈电源，接触器 KM9 通电吸合，其主触头又接通横梁升降电动机 M3 的正转电源，横梁作短暂回升。这是因为横梁下降时，机床横梁本身大的重量加上加工工件很大的重量，对横梁上升下降蜗轮蜗杆造成很大的压力，时间长了则会对机床造成影响，为了消除这种压力，可调整涡轮蜗杆的啮合间隙，故需要横梁作短暂的回升。而断电延时时间继电器 KT8 在 67 区 86 号线与 87 号线间的通电瞬时闭合断电延时断开触头断开，切断断电延时时间继电器 KT9 线圈的电源，断电延时时间继电器失电释放。经过一定时间，KT9 在 69 区的通电瞬时闭合断电延时断开触头断开，切断中间继电器 KA12 线圈的电源，中间继电器 KA12 断电，其在 33 区及 63 区的常开触头复位断开，接触器 KM9 线圈、横梁放松电磁铁 YA6 线圈断电，横梁升降电动机 M3 断电停转，横梁停止回升。横梁放松电磁铁 YA6 线圈断电释放，接通夹紧机构油路，将横梁夹紧在立柱上，完成横梁下降控制过程。在横梁下降控制电路中，65 区中行程开关 ST12 为横梁下限位行程开关，当横梁下降至该行程开关位置时，撞击行程开关 ST12，ST12 在 82 号线与 83 号线间的常闭触头断开，切断接触器 KM10 线圈的电源，横梁停止下降。

在横梁上升控制过程中，如果横梁不能下降，则应考虑 33 区、63 区中中间继电器 KA12 的常开触头吸合时是否接触良好，及 63 区中行程开关 ST7、ST8、ST9、ST10 复位时各触头闭合是否良好（此时横梁亦不能上升）；66 区按钮 SB14 在 72 号线与 86 号线间的常开触头压合时是否接触良好；65 区中按钮 SB15 在 77 号线与 82 号线间的常闭触头、行程开关 SB12 在 82 号线与 83 号线间的常闭触头、断电延时时间继电器 KT8 在 65 区中的 83 号线与 84 号线间的瞬时常开触头吸合时接触是否良好等。

4）右立刀架快速移动电动机 M4 控制电路

（1）确定右立刀架快速移动电动机 M4 的控制电路。右立刀架快速移动电动机 M4 由接触器 KM5 的主触头接通和断开它的电源，故控制电路中从 39～42 区为右立刀架快速移动电动机 M4 的控制电路；从 39～42 区中可以看到，接触器 KM5 线圈受控于中间继电器 KA4～KA7 的常开触头，所以 47～50 区也为右立刀架快速移动电动机 M4 的控制电路部分；而中间继电器 KA4～KA7 的常开触头又控制着电磁离合器 YC1、YC2、YC3、YC4 线圈的电源，故 70～79 区亦为右立刀架电动机 M4 的控制电路。

（2）右立刀架快速移动电动机 M4 的控制电路识图。在右立刀架快速移动电动机 M4 的控制电路 39～42 区中，按钮 SB8 为右立刀架快速移动电动机 M4 的快速移动启动按钮；在 47～50 区中，十字选择转换开关 SA1 为右立刀架快速移动电动机 M4 的左、右、上、下快速移动选择开关；在 70～79 区中，电磁离合器 YC1 为右立刀架向左快速移动离合器，YC2 为右立刀架向右快速移动离合器；YC3 为右立刀架向上快速移动离合器，YC4 为右立刀架向右快速移动离合器；47 区、48 区中行程开关 ST3、ST4 分别为右立刀架快速移动左、右限位开关。

具体控制如下：当需要右立刀架向左快速移动时，扳动位于 47～50 区中十字选择转换开关 SA1 至向左位置，使 47 区中的常开触头吸合，接通中间继电器 KA4 线圈的电源，中间继电器 KA4 通电吸合，其在 39 区中的常开触头及 72 区中的常开触头吸合。39 区的常开触头吸合，为右立刀架电动机 M4 启动作好了准备，72 区中的常开触头吸合，接通了右立刀架向左快速移动离合器 YC1 线圈的电源，快速移动离合器 YC1 动作，使右立刀架向左快速移动离合器齿轮啮合，为右立刀架向左快速移动作好了准备。按下 39 区右立刀架快速移动电动机 M4 的启动按钮 SB8，KM5 线圈通电吸合，其主触头接能右立刀架快速移动电动机 M4 的电源，右立刀架快速移动电动机 M4 启动运转，带动右立刀架快速向左移动。当移动至需要位置时，松开按钮 SB8，接触器 KM5 断电，右立刀架电动机 M4 停转，右立刀架停止向左快速移动。

在右立刀架向左快速移动控制电路中，容易造成右立刀架不能快速向左移动的元件有：39 区接触器 KM6 在 43 号线与 44 号线间的常闭触头接触不良，43 区按钮 SB9 在 8 号线与 45 号线间的常闭触头接触不良，47 区行程开关 ST3 在 51 号线与 52 号线间的常闭触头接触不良，72 区中间继电器在 102 号线与 103 号线间的常开触头闭合时接触不良等。

同理，扳动十字选择转换开关 SA1 向右、向上、向下位置，分别可使右立刀架向右、向上、向下快速移动。具体分析与右立刀架的向左快速移动相同，这里不再赘述，请读者自行分析。

5）右立刀架进给电动机 M5 控制电路

（1）确定右立刀架进给电动机 M5 的控制电路。右立刀架进给电动机 M5 是由接触器 KM6 控制它电源的通断，故它的控制电路是在 43 区和 44 区中与接触器 KM6 线圈有关的电路。

（2）右立刀架进给电动机 M5 的控制电路识图。在 43 区和 44 区中，按钮 SB10 为右立刀架进给电动机 M5 的启动按钮；按钮 SB9 为右立刀架进给电动机 M5 的停止按钮；单极开关 SA3 为右立刀架进给电动机 M5 的进给接通开关；主轴电动机 M1 启动运转后，中间继电器 K1 在 45 号线与 46 号线间的常开触头吸合。

当需要右立刀架进给电动机 M5 工作时，扳动十字选择开头 SA1 选择好进给方向，合上单极开关 SA3，按下右立刀架进给电动机 M5 的启动按钮 SB10，接触器 KM6 通电闭合并自锁，其主触头接通右立刀架进给电动机 M5 的电源，右立刀架进给电动机 M5 带动右立刀架按所需方向工作进给。按下停止按钮 SB9，右立刀架进给电动机 M5 停止运行，停止工作进给。

在右立刀架进给电动机 M5 的控制电路中，如果按钮 SB9 在 8 号线与 45 号线间的常闭触头接触不良、接触器 KM5 在 47 号线与 48 号线间的常闭触头接触不好，则右立刀架进给电动机 M5 不能启动运转。

6）左立刀架快速移动电动机 M6 控制电路

（1）确定左立刀架快速移动电动机 M6 的控制电路。同右立刀架电动机 M4 的控制电路相对应，左立刀架快速移动电动机 M6 由接触器 KM7 的主触头接通和断开它的电源，故控制电路中从 51 ~ 54 区为左立刀架快速移动电动机 M6 的控制电路；从 51 ~ 54 区中可以看到，接触器 KM7 的线圈也受控于中间继电器 KA8 ~ KA11 的常开触头，所以 59 ~ 62 区也为左立刀架快速移动电动机 M6 的控制电路部分；而中间继电器 KA8 ~ KA11 的动合触点控制着电磁离合器 YC9、YC10、YC11、YC12 线圈的电源,故 88 ~95 区亦为左立刀架电动机 M6 控制电路。

(2) 左立刀架快速移动电动机 M6 的控制电路识图。在左立刀架快速移动电动机 M6 的控制电路 51 ~54 区中,按钮 SB11 为左立刀架快速移动电动机 M6 的快速移动启动按钮;在 59 ~62 区中,十字选择转换开关 SA2 为左立刀架快速移动电动机 M6 的左、右、上、下快速移动选择开关;在 88 ~95 区中,电磁离合器 YC9 为左立刀架向左快速移动离合器,YC10 为左立刀架向右快速移动离合器;YC1 为左立刀架向上快速移动离合器;YC12 为左立刀架向下快速移动离合器,59 区、60 区中行程开关 ST5、ST6 分别为左立刀架快速移动左、右限位开关。

左立刀架快速移动电动机 M6 的控制电路识图与右立刀架快速移动电动机 M4 控制电路的识图方法相同。

7) 右立刀架进给电动机 M7 控制电路

(1) 确定左立刀架进给电动机 M7 的控制电路。左立刀架进给电动机 M7 由接触器 KM8 控制其电源的通断,故它的控制电路是在 55 区和 56 区中与接触器 KM8 线圈有关的电路。

(2) 左立刀架进给电动机 M7 的控制电路识图。在 55 区和 56 区中,按钮 SB13 为左立刀架进给电动机 M7 的启动按钮;按钮 SB12 为左立刀架进给电动机 M7 的停止按钮;单极开关为左立刀架进给电动机 M7 的进给转换开关,主轴电动机 M1 启动运转后,中间继电器 KA1 在 60 号线与 61 号线间的常开触头闭合。

左立刀架进给电动机 M7 的控制电路识图与右立刀架进给电动机 M5 控制电路的识图相同。

8) 左、右立刀架快速移动和进给制动控制电路

(1) 右立刀架快速移动和进给制动控制电路。右立刀架快速移动和进给制动控制电路位处 45 区、46 区及 80 ~83 区。在 45、46 区电路中,无论按下右立刀架快速移动电动机 M4 的起动按钮 SB8,使接触器 KM5 吸合还是按下右立刀架进给电动机 M5 的启动按钮 SB10,使接触器 KM6 吸合,都将接通断电延时继电器 KT6 线圈的电源。断电延时继电器 KT6 在 70 区的通电闭合断电延时断开触头要吸合,接通了 80 区中 107 号线和 108 号线,为右立刀架快速移动和进给制动作好了准备。当松开右立刀架快速移动电动机 M4 或右立刀架进给电动机 M5 要停止时,由于惯性作用,不能立即停止下来,故需要进行制动。此时,只需要按下 80 区中按钮 SB16,即可接通右立刀架水平制动离合器中磁铁 YC5 线圈和右立刀架垂直制动离合器电磁铁 YC6 线圈的电源,对右立刀架快速移动或进给进行制动。

(2) 左立刀架快速移动和进给制动控制。左立刀架快速移动和进给制动控制电路位处 57 区、58 区和 84 ~87 区。其电路识图与右立刀架快速移动和进给制动电路相同。

9) C5225 型立式车床其他电路识图

C5225 型立式车床共他电路包括刀架离合器直流整流电路、主轴电动机 M1 能耗制动直流整流电路及机床工作照明和工作信号指示电路。

(1) 刀架离合器直流整流电路。刀架离合器直流整流电路位处 70 区和 71 区,由整流器 U1、熔断器 FU7、FU8 组成,作用是提供给刀架离合器线圈的直流电源。当整流器

U1 出现故障、或熔断器 FU7 或 FU8 断路,所有刀架离合器线圈不能得电,因此各种刀架快速运动及制动都不能进行。

(2) 主轴电动机 M1 能耗制动直流整流电路。主轴电动机 M1 能耗制动直流整流电路位处 96 ~ 100 区。交流电源由变压器 T2 降压,当接触器 KM3 触头闭合时,经过整流器 U2 整流输出至主轴电动机 M1 的绕组中进行能耗制动。其中,电容器 C13 和电阻 R1 组成保护电路,以防止接触器 KM3 闭合或断开时变压器二次绕组中感应很高的自感电势,击穿损坏整流器 U2;电容器 C14 和电阻 R2 组成输出保护电路,以防止接触器 KM3 闭合或断开瞬间主轴电动机 M1 绕组中感应出很高的自感电势,击穿损坏整流器 U2。

在上述电路中,如果 96 区中接触器 KM3 闭合时接触不好及 100 区中熔断器 FU1 断路,主轴电动机 M1 不能进行制动停车控制。

(3) 机床工作照明和工作信号电路。机床工作照明和工作信号电路位处 101 ~ 108 区,其中 102 区、103 区中的 EL1 和 EL2 为机床工作照明灯。105 区中的 HL1 为机床润滑油正常指示灯,当润滑泵电动机 M2 启动运行时,润滑油在润滑泵的压力下,对机床进行正常的润滑,在 105 区中的压力继电器 KP 的常开触头吸合,润滑油指示灯 HL1 亮。106 区中的 HL2 为工作台变速指示灯,当工作台进行变速时,28 区中中间继电器 KA2 吸合,其在 106 区中的常开触头吸合,变速指示灯 HL2 亮。107 区中的 HL3 为右立刀架进给指示灯。108 区中的 HL4 为左立刀架进给指示灯,当接触器 KM8 闭合左立刀架进给电动机 M7 启动运行时,左立刀架进给指示灯 HL4 亮。

2.2 摇臂钻床的电气控制线路

钻床可以进行多种形式的加工,如:钻孔、镗孔、铰孔及攻螺纹,因此要求钻床的主轴运动和进给运动有较宽的调速范围。Z3040 型摇臂钻床的主轴的调速范围为 50:1,正转最低转速为 40r/min,最高为 2000r/min,进给范围为(0.05 ~ 1.60)r/min。它的调速是通过三相交流异步电动机和变速箱来实现的,也有的采用多速异步电动机拖动,这样可以简化变速机构。

摇臂钻床的主轴旋转运动和进给运动由一台交流异步电动机拖动,主轴的正反向旋转运动是通过机械转换实现的,故主电动机只有一个旋转方向。

摇臂钻床除了主轴的旋转和进给运动外,还有摇臂的上升、下降及立柱的夹紧和放松。摇臂的上升、下降由一台交流异步电动机拖动,立柱的夹紧和放松由另一台交流电动机拖动。Z3040 摇臂钻床是通过电动机拖动一台齿轮泵,供给夹紧装置所需要的压力油。而摇臂的回转和主轴箱的左右移动通常采用手动。此外还有一台冷却泵电动机对加工的刀具进行冷却。

摇臂钻床适合于在大、中型零件上进行钻孔、扩孔、铰孔及攻螺纹等工作,在具有工艺装备的条件下还可以进行镗孔。钻床的种类很多,有台钻、立钻、卧钻、专门化钻床和摇臂钻床。台钻和立钻的电气线路比较简单,其他型式的钻床在控制系统也大同小异,本节以 Z3040 摇臂钻床为例分析它的电气控制线路。

Z3040 型立式摇臂钻床电气控制线路原理图如图 2-10 所示。

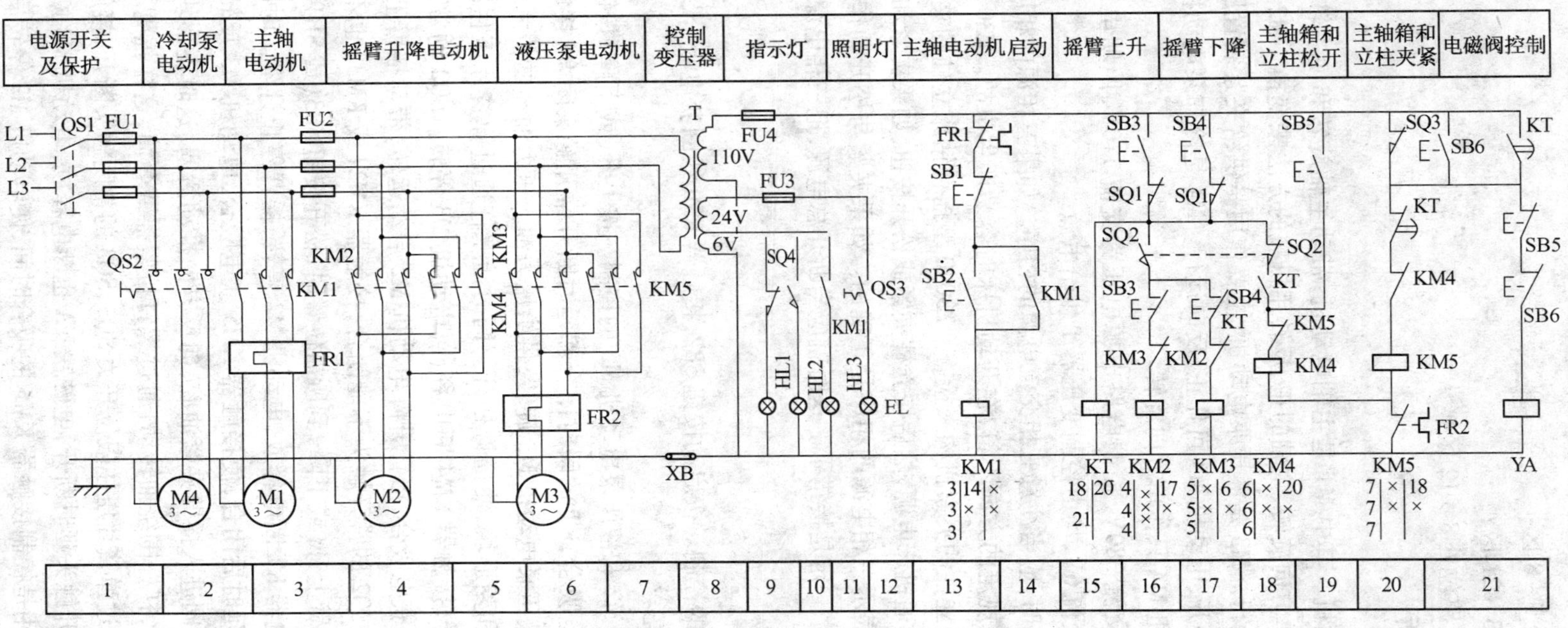

图 2-10　Z3040 型摇臂钻床电气控制原理图

1. 识图要点

(1) 主电路部分位处 1 ~ 8 区;

(2) 控制电路位处 13 ~ 21 区;

(3) 机床工作照明电路位处 8 ~ 12 区。

2. 电气控制线路分析

1) 主电路分析

主电路中有 4 台电动机。其中 M1 是主轴电动机,带动主轴旋转和使主轴作轴向进给运动;电动机 M1 只作单方向旋转,主轴的正、反转用机械的方法来变换。M2 是摇臂升降电动机,可作正、反向运行。M3 是液压泵电动机,主要作用是供给夹紧装置压力油,实现摇臂和立柱的夹紧和松开,电动机 M3 可作正、反向运行。M4 是冷却泵电动机,供给钻削时所需的切削液,电动机 M4 只作单方向旋转。

主电路电源电压为交流 380V,控制电路电源电压为交流 110V,照明电压为交流 24V,信号灯电路电压为交流 6V,均由控制变压器 T 供给电源。

在安装机床电气设备时,应当注意三相交流电源的相序。如果三相源的相序接错了,电动机的旋转方向就会与规定的方向不符,在开动机床时容易产生事故。Z3040 摇臂钻床三相电源的相序可以用立柱的夹紧机构来检查。Z3040 型摇臂钻床立柱的夹紧和放松动作有指示标牌指示。接通机床电源,然后按立柱夹紧或松开按钮,如果夹紧和松开动作与标牌的指示相符合,就表示三相电源的相序是正确的。如果夹紧与松开动作与标牌的指示相反,三相电源的相序一定是接错了。这时就应当断开总电源,把三相电源线中的任意两根相线对调即可。

2) 控制电路分析

(1) 主轴电动机 M1 的控制。按启动按钮 SB2,接触器 KM1 线圈获电吸合,主轴电动机 M1 启动,指示灯 HL3 亮。

(2) 摇臂升降电动机 M2 和液压泵电动机 M3 的控制。按上升(或下降)按钮 SB3(或 SB4),时间继电器 KT 获电吸合,KT 的瞬时闭合和延时断开常开触头闭合,接触器 KM4 和电磁铁 YA 同时获电,液压泵电动机 M3 旋转,供给压力油。压力油经二位六通阀进入摇臂松开油腔,推动活塞和菱形块,使摇臂松开。同时活塞杆通过弹簧片压住限位开关 SQ2,SQ2 的常闭触头断开,接触器 KM4 断电释放,电动机 M3 停转。SQ2 的常开触头闭合,接触器 KM2(或 KM3)获电吸合,摇臂升降电动机 M2 启动运转,带动摇臂上升(或下降)。如果摇臂没有松开,SQ2 的常开触头不能闭合,接触器 KM2(或 KM3)也不能吸合,摇臂也就不会升降。当摇臂上升(或下降)到所需位置时,松开按钮 SB3(或 SB4),接触器 KM2(或 KM3)和时间继电器 KT 断电释放,电动机 M2 停转,摇臂停止升降。时间继电器 KT 的常闭触头经 1s ~ 3s 延时后闭合,使接触器 KM5 获电吸合,电动机 M3 反转,供给压力油。压力油经二位六通阀进入摇臂夹紧油腔,向反方向推动活塞,这时菱形块自锁,使顶块压紧两个杠杆的小头,杠杆围绕轴转动,通过螺钉拉紧摇臂套筒,这样摇臂被夹紧在外立柱上。同时活塞杆通过弹簧片压住限位开关 SQ3,SQ3 的常闭触头断开,接触器 KM5 断电释放。同时 KT 的常开触头延时断开,电磁铁 YA 也断电释放,电动机 M3 断电停转。时间继电器 KT 的主要作用是控制接触器 KM5 的吸合时间,使电动机 M2 停转后,再夹紧摇臂。KT 的延时时间视需要调整为 1s ~ 3s,延时时间应视摇臂在电动机 M2 切断电源至停转前的惯性大小进行调整,应保证摇臂停止上升(或下降)后才进行夹紧。SQ1 是摇臂升(降)至极限位置时使摇臂升降电动机停转的限位开关,其两对常闭触头需调整在同时接通位置,而动作时又须是一对接通,一对断开。摇臂的自动夹紧是由限位开关 SQ3 来控制的。当摇臂夹紧时,限位开关 SQ3 处于受压状态,SQ3 的常闭触头是断开的,接触器 KM5 线圈是处于断电状态。当摇臂在松开过程中,限位开关 SQ3 就不受压,SQ3 的常闭触头处于闭合状态。

(3) 立柱、主轴箱的松开和夹紧控制。立柱、主轴箱的松开或夹紧是同时进行的,按压松开按钮 SB5(或夹紧按钮 SB6),接触器 KM4(或 KM5)吸合。液压泵电动机获电旋转,供给压力油,压力油经二位六通阀(此时电磁铁 YA 处于释放状态)进入立柱夹紧及松开油缸和主轴箱夹紧及松开油缸,推动活塞和菱形块,使立柱和主轴箱分别松开(或夹紧),指示灯亮。

Z3040 型摇臂钻床的主轴箱、摇臂和内外立柱三个运动部分的夹紧,均用安装在摇臂上的液压泵供油,压力油通过二位六通阀分配后送至各夹紧松开液压缸。分配阀安放在摇臂的电器箱内。

(4) 冷却泵电动机 M4 的控制。冷却泵电动机 M4 由转换开关 QS2 直接控制。

3. Z3040 摇臂钻床的电气元件

Z3040 摇臂钻床的主要电气元件目录表如表 2-3 所列。

表 2-3　主要电器元件目录表

符号	名称及用途	符号	名称及用途
M1	主电动机	T	控制变压器
M2	摇臂升降电动机	SA1	冷却泵电动机电源转换开关
M3	液压泵电动机	SB1	主轴电机停止按钮
M4	冷却泵电动机	SB2	主轴电机启动按钮
KM1	主轴旋转接触器	SB3	摇臂上升按钮
KM2	摇臂上升接触器	SB4	摇臂下降按钮
KM3	摇臂下降接触器	SB5	立柱、主轴箱松开按钮
KM4	主轴箱、立柱、摇臂放松接触器	SB6	立柱、主轴箱夹紧按钮
KM5	主轴箱、立柱、摇臂夹紧接触器	FR1	M1 过载保护热继电器
FU1	总电源熔丝	FR2	M3 过载保护热继电器
FU2	M1、M2 保护熔丝	KT	控制 KM5 吸合时间继电器
FU3	照明保护熔丝	QS1	总电源组合开关
YA	摇臂升降夹紧放松电磁铁	QS2	冷却泵电机开关
QS3	照明开关	SQ1	摇臂升降终端保护开关
EL	低压照明灯	SQ2	摇臂升降限位开关
HL1	松开指示灯	SQ3	摇臂夹紧限位开关
HL2	夹紧指示灯	SQ4	指示灯亮暗限位控制开关
HL3	主轴电机运转指示灯		

2.3 M7130 型卧轴矩台平面磨床

磨床根据其用途不同可分为：内圆磨床、外圆磨床、平面磨床、专用磨床等。本节以常用磨床 M7130 的电气控制线路讲解，它适应于加工各种机械零件的平面，且操作方便，磨削精度及光洁度较高。M7130 型卧轴矩台平面磨床电气控制线路原理图如图 2－11 所示。

2.3.1 M7130 型卧轴矩台平面磨床主电路

1. M7130 型卧轴矩台平面磨床主电路的划分

从图 2－11 中容易看出，电路图中 1～5 区为 M7130 型卧矩台平面磨床的主电路部分。其中 1～2 区为电源开关和保护部分，3 区为砂轮电动机 M1 主电路，4 区为冷却泵电动机 M2 主电路，5 区为液压泵电动机 M3 主电路。

2. M7130 型卧轴矩台平面磨床主电路的识图

1）砂轮电动机 M1 主电路

砂轮电动机 M1 主电路位处 3 区，它是一个典型的单向运转单元主电路，由接触器 KM1 主触头控制砂轮电动机 M1 电源的通断，热继电器 KR1 为其过载保护。

2）冷却泵电动机 M2 主电路

冷却泵电动机 M2 主电路位处 4 区，实际上它是受控于接触器 KM1 的主触头，所以只有当接触器 KM1 吸合，砂轮电动机 M1 启动运转后，冷却泵电动机 M2 才能启动运转。XP1 为冷却泵电动机 M2 的插件，当砂轮电动机 M1 启动运转后，将接插件 XP1 接通，冷却泵电动机 M2 即可运转，拨掉 XP1，冷却泵电动机 M2 即可停止。

3）液压泵电动机 M3 控制主电路

液压泵电动机 M3 的控制主电路位处 5 区，由接触器 KM2 主触头控制液压泵电动机 M3 电源的通断，热继电器 KR2 为它的过载保护。

2.3.2 M7130 型卧轴矩台平面磨床控制电路分析

合上电源总开关 QS1，380V 交流电源经过熔断器 FU1、FU2 加在控制电路的控制元件上。其中，8 区中电流继电器 KUC 在 11 号线与 13 号线间的常开触头在合上电源总开关 QS1 时即闭合。

1. 砂轮电动机 M1 的控制电路

1）砂轮电动机 M1 控制电路的划分

砂轮电动机 M1 电源的通断由接触器 KM1 的主触头控制，故其控制电路是由 9 区和 10 区中各电器元件组成的电路，及 7 区和 8 区中各元件组成的电路。其中 7 区和 8 区中各元件组成的电路为砂轮电动机 M1 控制电路和液压泵电动机 M2 控制电路的公共部分。

2）砂轮电动机 M1 控制电路识图

从 9 区和 10 区的电路来看，砂轮电动机 M1 控制电路是一个典型的单向运转单元控制电路。其中按钮 SB1 为砂轮电动机 M1 的启动按钮，按钮 SB2 为砂轮电动机 M1 的停

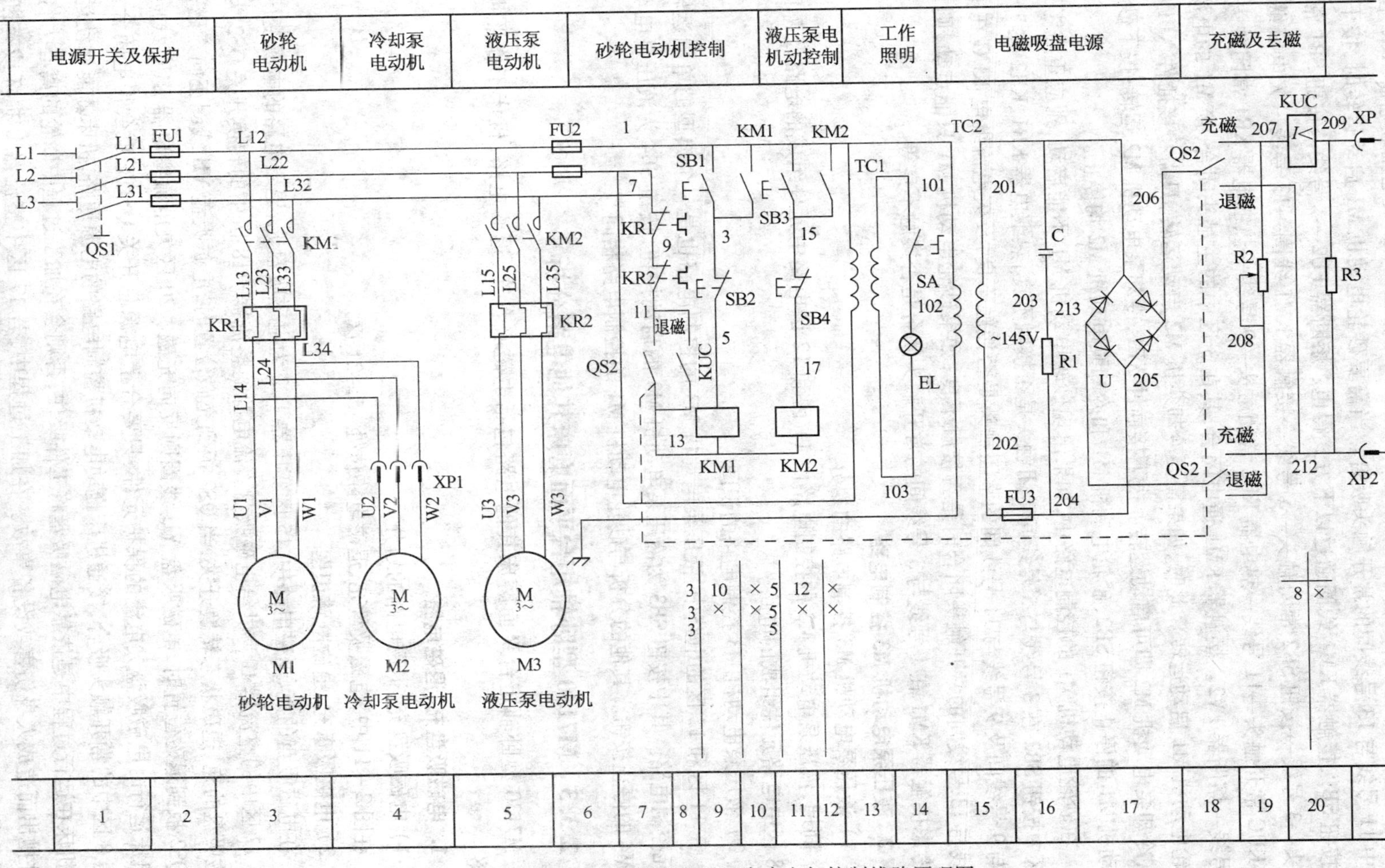

图 2-11　M7130 型卧轴矩台平面磨床电气控制线路原理图

止按钮。合上电源总开关 QS1,21 区中电磁吸盘 YH 充磁,20 区欠电流继电器 KUC 在 8 区中 11 号线与 13 号线间的常开触头吸合。当需要砂轮电动机 M1 启动运转时,按下启动按钮 SB1,接触器 KM1 线圈通过以下方式得电：熔断器 FU2→1 号线→按钮 SB1 常开触头→3 号线→按钮 SB2 常闭触头→5 号线→接触器 KM1 线圈→13 号线→欠电流继电器 KUC 常开触头→11 号线→热电器 KR2 常闭触头→9 号线→热继电器 KR1 常闭触头→7 号线→熔断器 FV2。接触器 KM1 通电闭合,其在 3 区中的主触头闭合,接 M1 的电源,砂轮电动机 M1 启动运转。此时,如果需要冷却泵机 M2 启动运转,只需将接插件 XP1 插好,冷却泵电动机 M2 即可启动运转。拨下接插件 XP1,冷却泵电动机 M2 运转;按下砂轮电动机 M1 的停止按钮 SB2,砂轮电动机 M1 和冷却泵电动机 M2 均停止。

在砂轮电动机 M1 的控制电路中,如果出现砂轮电动机 M1 不能启动,则应重点考虑 9 区中按钮 SB2 在 3 号线与 5 号线间常闭触头是否接触不良,热继电器 KR1、KR2 在 7 号线与 9 号线间及 9 号线与 11 号线间的常闭触头是否接触不良,及欠电流继电 KUC 在 11 号线与 13 号线间的常开触头闭合时是否接触不良;如果砂轮电动机 M1 只能点动,则重点考虑接触器 KM1 在 1 号线与 3 号线间的常开触头闭合是否接触不良等。

2. 液压泵电动机 M3 控制电路

1）液压泵电动机 M3 控制电路的划分

同理,液压泵电动机 M3 的控制电路由 11 区和 12 区电路中元件组成的电路及 7 区和 8 区中电路元件组成的电路。

2）液压泵电动机 M3 控制电路的识图

在 11 区和 12 区的电路中,液压泵电动机 M3 的控制电路也是一个典型的单向运转单元控制电路。其中按钮 SB3 为液压泵电动机 M3 的启动按钮,按钮 SB4 为液压泵电动机 M4 的停止按钮。其他的分析与砂轮电动机 M1 的控制电路相同。

2.3.3 M7130 型卧轴矩台平面磨床其他电路分析

M7130 型卧轴矩台平面磨床其他电路包括电磁吸盘充、退磁电路,机床工作照明电路。

1. 电磁吸盘充、退磁电路

1）电磁吸盘充、退磁电路的划分

在图 2-11 中,电磁吸盘充、退磁电路位处 15～21 区。

2）电磁吸盘充、退磁电路识图

在电磁吸盘的充、退磁电路中,15 区变压器 TC2 为电磁吸盘充、退磁电路的电源变压器。17 区中的整流器 U 为供给电磁吸盘直流电源的整流器。18 区中的转换开关 QS2 为电磁吸盘的充、退磁状态转换开关,当 QS2 扳到充磁位置时,电磁吸盘 YH 线圈正向充磁;当 QS2 扳到退磁位置时,电磁吸盘 YH 线圈则反向充磁。20 区欠电流继电器 KUC 线圈为机床运行时电磁吸盘欠电流的保护元件,只要合上电源总开关 QS1 它就会得电闭合,使得 8 区中的常开触头吸合,接通机床拖动电动机控制电路的电源通路,机床才能启动运行;机床在运行过程中是依靠电磁吸盘将工件吸住,否则会在加工过程中砂轮的离心力将工件抛出而造成人身伤害或设备事故。在加工过程中,若 17 区中整流器 U 损坏或有断臂现象及电磁吸盘 YH 线圈有断路故障等,流过 20 区欠电流继电器 KUC 线圈中的电流减少,欠电流继电器 KUC 由于欠电流不能吸合,8 区中的常开触头要断开,所以机床不能启动运行,或正在运行的也会因 8 区中欠电流继电器在 KUC 常开触头的断开而停止下来,从而达到电磁吸盘 YH 欠电流的保护作用。21 区中 YH 为电磁吸盘,它的作用是在机床进行加工过程中将工件牢固吸合。16 区中的电容器 C 和电阻 R1 为整流器 U 的过电压保护元件,当合上电源总开关或断开电源总开关 QS1 的瞬间,变压器 TC 会在二次绕组两端产生一个很高的自感电动势,电容器 C 和电阻 R1 为吸收这个很高自感电动势的元件,以保证整流器 U 不受这个很高的自感电动势的冲击而损坏。19 区和 20 区中的电阻 R2 和 R3 为电磁吸盘 YH 充、退磁时电磁吸盘线圈自感感应电动势的吸收元件,以保护电磁吸盘线圈 YH 不受自感电动势的冲击而损坏。

机床正常工作时,220V 交流电压经过熔断器 FU2 加在变压器 TC 一次绕组的两端,经过降压变压器 TC2 降压后在它二次绕组中输出约 145V 的交流电压,经过整流器 U 整流输出约 130V 的直流电压作为电磁吸盘 YH 线圈的电源。当需要对加工工件进行磨削加工时,将充、退磁转换开关 QS2 扳至充磁位置,电磁吸盘 YH 线圈通过以下途径通电将工作牢牢吸合:整流器 U→206 号线→充、退磁转换开关 QS2→207 号线→欠电流继电器 KUC 线圈→209 号线→接插件 XP2→210 号线→电磁吸盘 YH 线圈→211 号线→接插件 XP2→212 号线→充、退磁转换开关 QS2→213 号线→回到整流器 U,电磁吸盘正向充磁,此时机床可进行磨削加工。当工件加工完毕需将工件取下时,将电磁吸盘充、退磁转换开关 QS2 扳至退磁位置,此时电磁吸盘反向充磁,经过一定的时间后,即可将工件取下。

在电磁吸盘充、退磁电路中,如果电磁吸盘吸力不足,则应考虑 15 区中变压器 TC2 是否损坏、17 区中整 U 是否有断臂现象(即有一个整流二极管断路)、21 区中接插件 XP2 是否插接松动、电磁吸盘 YH 线圈是否短路等。如果电磁吸盘出现无吸力则应考虑熔断器 16 区中 FU3 是否断路、电磁吸盘 YH 线圈是否断路等。

2. 机床工作照明电路

机床工作照明电路位处 13 ~ 14 区,由变压器 TC1、工作照明灯 EL 及照明灯开关 SA 组成。其中变压器 TC1 一次电压为 380V,二次电压为 36V。

2.4 X62W 万能升降台铣床电气控制线路

铣床的种类很多,有立铣、卧铣、龙门铣和仿形铣等。它们的加工性能及使用范围各不相同,本节以 X62W 万能铣床为例,分析中小型铣床电气控制线路的特点。

一般中小型铣床都采用三相异步电动机拖动,多数铣床主轴的旋转运动和进给运动都分别由单独的电动机拖动。铣床的主轴旋转运动称为主运动,它有顺铣和逆铣两种方式,所以要求主轴有两个旋转方向(即顺铣和逆铣)。为了加工前对刀和提高生产率,要求主轴能迅速停止,所以电气线路要具有制动措施。铣床的进给运动有 6 种:即工作台前后(横向)运动,左右(纵向)运动和上下(垂直)运动。6 个方向还能实现空行程的快速移动。

X62W 万能升降台铣床的电气原理图如图 2 - 12 所示。表 2 - 4 为各开关位置及其动作说明,表 2 - 5 为各电气元件的符号、名称及用途。

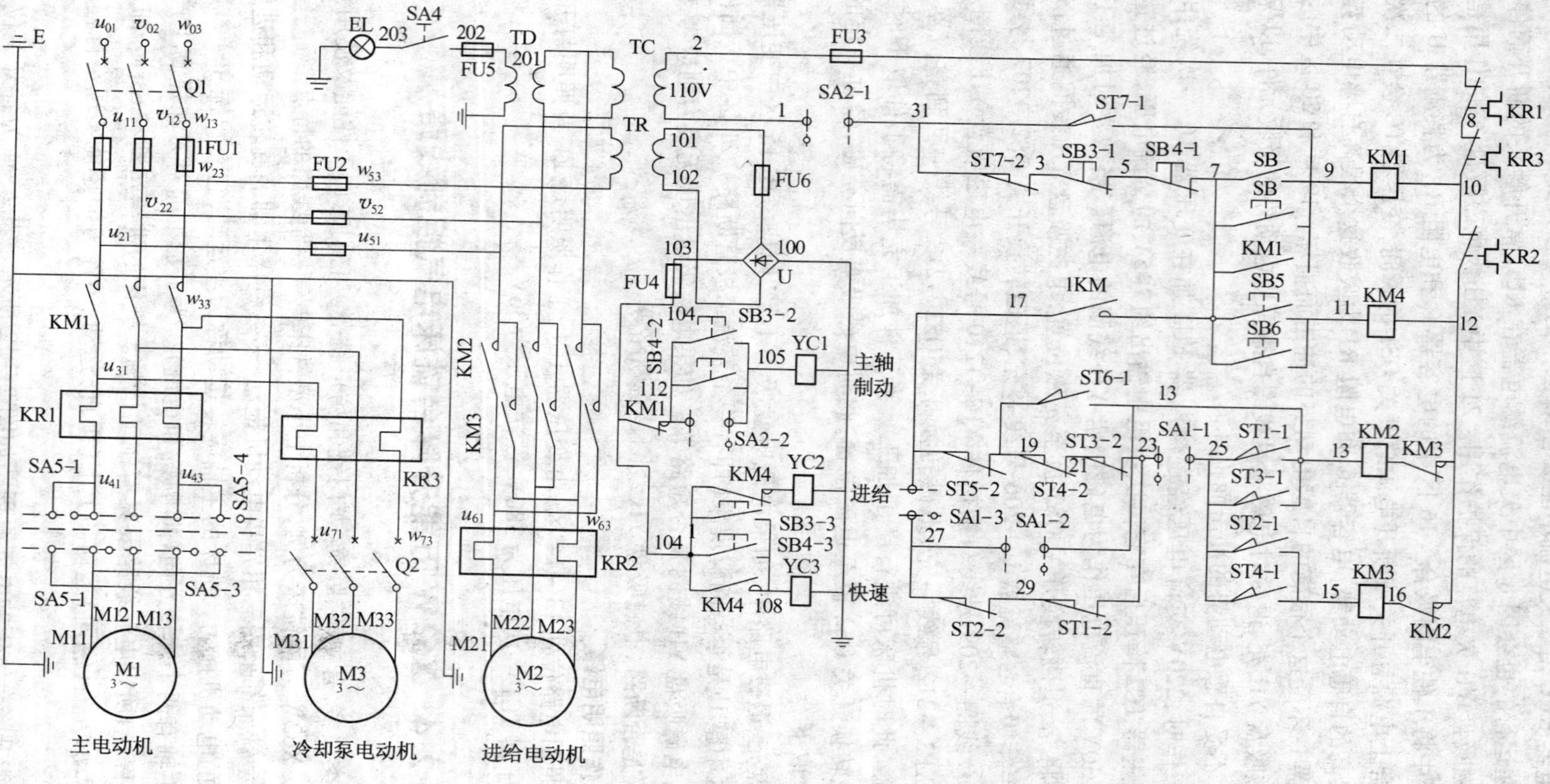

图 2-12　X62W 万能升降台铣床电气原理图

表 2-4　各开关位置及其动作说明

主轴换向转换开关说明

触点 \ 位置	左转	停止	右转
SA5-1　u41-M13	+	-	-
SA5-2　u41-M11	-	-	+
SA5-3　u43-M13	-	-	+
SA5-4　u43-M11	+	-	-

工作台纵向进给行程开关说明

触点 \ 位置	向左进给	停止	向右进给
ST1-1　13-25	-	-	+
ST1-2　23-29	+	+	-
ST2-1　15-25	+	-	-
ST2-2　27-29	-	+	+

工作台横向及升降进给行程开关说明

触点 \ 位置	向前向下	停止	向后向上
SA3-1　13-25	+	-	-
SA3-2　21-23	-	+	+
SA4-1　15-25	-	-	+
SA4-2　12-21	+	+	-

圆形工作台转换开关说明

触点 \ 位置		圆形工作台 接通	圆形工作台 断开
SA1-1	23-25	-	+
SA1-2	13-27	+	-
SA1-3	17-27		+

主轴上刀制动开关说明

触点 \ 位置		接通	断开
SA2-1	1-31	-	+
SA2-2	112-105	+	-

注：1、“+”表示触点接通；2、“-”表示触点断开

表 2-5 电器元件目录表

符号	名称及用途	符号	名称及用途
M1	主电动机	SA5	主轴换向转换开关
M2	进给电动机	Q1	电源转换开关
M3	冷却泵电动机	SB1、SB2	主轴启动按钮
KM1	主电动机启动接触器	SB3、SB4	主轴停止按钮
KM2	正向进给电动机启动接触器	SB5、SB6	工作台快速按钮
KM3	反向进给电动机启动接触器	KR1	主轴电动机热继电器
KM4	快速接触器	KR2	进给电动机热继电器
ST1	工作台向右进给行程开关	KR3	冷却泵电动机热继电器
ST2	工作台向左进给行程开关	FU1 ~ FU6	熔断器
ST3	工作台向前、向下进给行程开关	TC	控制变压器
ST4	工作台向后、向上进给行程开关	TD	照明变压器
ST6	进给变速瞬时点动开关	TR	整流变压器
ST7	主轴变速瞬时点动开关	U	晶闸管整流器
SA1	圆工作台转换开关	YC1	主轴制动电磁离合器
SA2	主轴上刀制动开关	YC2	进给电磁离合器
Q2	冷却泵转换开关	YC3	快速电磁离合器
SA4	照明灯转换开关		

2.4.1 电气线路概述

该铣床由 3 台异步电动机拖动，M1 为主轴电动机（功率为 7.5kW、1450r/min），通过组合开关 SA5 改变电源相序实现主轴正、反两个旋转方向。为了准确停车，主轴电动机采用电磁离合器制动。M2 为进给电动机，它通过操纵手柄和机械离合器相配合实现前、后、左、右、上、下 6 个方向的进给运动和进给方向的快速移动。进给的快速移动是通过牵引电磁铁和机械的挂档来完成的。为了扩大其加工能力，在工作台上可加圆形工作台，圆工作台的回转运动是由进给电动机经传动机构驱动的。M3 为冷却电动机，3 台电动机都具有可靠的短路保护和过载保护。

根据加工工艺要求，该机床应具有如下电气联锁措施：

（1）为防止刀具和机床的损坏，要求只有主轴旋转后才允许有进给运动和进给方向的快速移动。

（2）为降低加工件表面粗糙度，只有进给停止后主轴才能停止或同时停止，该机床在电气上采用了主轴和进给同时停止的方式。但是由于主轴运动的惯性很大，实际上就保证了进给运动先停止、主轴运动后停止的要求。

(3) 6个方向的进给运动同时只有一种运动产生，该机床采用了机械操纵手柄和行程开关相配合的办法来实现6个方向进给运动的互锁。

(4) 主轴运动和进给运动采用变速孔盘来进行速度选择，为保证变速齿轮进入良好啮合状态，两种运动都要求变速后作瞬时点动。

(5) 当主电动机或冷却泵电动机过载时，进给运动必须立即停止，以免损坏刀具和机床。

2.4.2 控制线路分析

控制线路的电源由控制变压器输出110V供电。

1. 主电动机的控制线路

1) 主电动机的启动

主电动机启动前应首先选择好主轴的转速，然后将组合开关Q1扳到接驼位置，主轴换向的转换开关SA5扳到所需要的转向。这时按下启动按钮SB1（装在机床正面的床鞍上）或按下启动按钮SB2（装在机床的侧面），接触器KM1得电吸合，KM1的主触点闭合接通了电动机的定子绕组，主电动机启动。KM1的辅助动合触点(7-9)的闭合将线圈自锁，辅助动合触点(17-7)的闭合为工作台进给线路提供了电源。

2) 主电动机的制动

为了使主轴能准确停车又减少电能的损耗，主轴制动采用了电磁离合器的制动方式。电磁离合器的直流由整流变压器TR的二次侧经桥式整流获得。当主轴制动停车时，按下SB3（机床正面的床鞍处）或SB4（机床侧面），这时接触器KM1释放，M1的定子绕组脱离电源，离合器YC1线圈通电，主轴制动停车。

3) 主轴变速时的瞬时点动

变速时，首先将变速手柄拉出，然后转动蘑菇形变速手轮，当选好合适的转速后，将变速手柄复位。在手柄复位的过程中，压动行程开关ST7，接触器KM1线圈通过1-31-9瞬时接通电动机作瞬时点动，以达到齿轮的良好啮合。当手柄复位后ST7恢复到常态，断开了主轴瞬时点动线路。在手柄复位时要迅速、连续，以免电动机的转速升得很高，在齿轮没有啮合好时可能使齿轮打牙。当瞬时点动一次没有实现良好啮合时，可以重复进行瞬时点动动作。

4) 主轴换刀制动

在主轴上刀或换刀时，主轴的意外转动都将造成人身事故。因此在上、换刀时，应使主轴处于制动状态。控制线路中采用了在停止按钮动合触点112-105两端并联一个转换开关SA2-2触点，在换刀时使它处于接通状态，电磁离合器YC1线圈通电，主轴处于制动状态。当上、换刀结束后，将SA2搬到断开位置，这时SA2-2触点断开，1-31的SA2-1触点闭合，为主轴启动做好准备。

2. 进给运动的控制

进给运动在主轴启动后方可进行，工作台的左右、上下、前后运动是通过操纵手柄和机械联动机构控制相应的行程开关使进给电动机正转或反转来实现的。行程开关ST1和ST2控制工作台的向右和右左运动，ST3和ST4控制工作台的向前、向下和向后、向上运动。

1）工作台的左右（纵向）运动

工作台的左右运动由纵向手柄操纵，当手柄搬向右侧时，手柄通过联动机构接通纵向进给离合器，同时压下行程开关 ST1、ST2 的动合触点（13－25），使进给电动机的正转接触器 KM2 线圈通过 17→12→21→23→25→13 得电，进给电动机正转，带动工作台向右运动。当纵向进给手柄搬向左侧时，行程开关 ST2 被压下，行程开关 ST1 复位，进给电动机反转接触器 KM2 线圈通过 17→12→21→23→25→15 得电，进给电动机反转，带动工作台向左运动。SA1 为圆形工作台转换开关，这时的 SA1 要处于断开位置，它的 SA1－1、SA1－3 接通，SA1－2 断开。

2）工作台上、下（垂直）运动和前、后（横向）运动

工作台的上下和前后运动由垂直和横向进给手柄操纵。该手柄搬向上或搬向下时，机械上接通了垂直进给离合器，当手柄向前或向后时，机械上接通了横向进给离合器，手柄在中间位置时，横向和垂直进给离合器均不接通。

在手柄扳到向下或向前位置时，手柄通过机械联动机构使 ST3 被压下，ST3 的动合触点（13－25）接通，动断触点（13－23）断开。这时，进给电动机正转接触器线圈通过 17→27→22→23→25→13 得电，电动机正转，带动工作台作向下或向前运动。

当手柄扳到向上或向后位置时 ST4 被压下，ST3 复位，ST4 的动合触点（15－25）接通，进给电动机反转接触器线圈通过 17→27→22→23→25→15 得电，电动机反转带动工作台向上或向右运动。手柄扳到向下或向前压动行程开关 ST3 与扳到向上或向后压动行程开关 ST4 均是通过机械联动机构实现的。

3）进给变速时的瞬时点动

进给变速必须在进给操纵手柄放在零位时进行。它和主轴变速一样，进给变速时，为使齿轮进入良好的啮合状态，也要做变速后的瞬时点动。在进给变速时，首先将进给变速的蘑菇形手柄拉出，当选好合适的进给速度后，将手柄继续拉出，在拉出时行程开关 ST6 被压动，ST6 的动合触点（13－19）接通，动断触点（17－19）断开，这时进给电动机正转接触器 KM2 线圈通过 17→27→22→23→21→12→13 得电，进给电动机瞬时正转。在手柄推回原位时 SQ6 复位进给电动机停止。一次瞬时点动齿轮仍未进入啮合状态，可以再重复一次，直到进入啮合状态为止。

4）进给方向的快速移动

6 个方向的进给快速移动是通过相应的手柄和快速按钮配合实现的。

当在某一方向有进给运动后，按下快速移动按钮 SB3 或 SB6，快速移动接触器 KM4 动作，接触器 KM4 的（104－108）动合触点闭合，接通快速离合器 YC3，工作台在原方向上作快速移动，松开按钮快速移动停止。

5）进给运动方向上的极限位置保护

工作台在进给方向上的运动必须具有可靠的极限位置保护，否则将造成设备或人身事故。X62W 卧式万能升降台铣床的极限位置保护采用的是机构和电气相配合的方式。由挡块确定各进给方向上的极限位置，当达到极限位置时，挡块将操纵手柄自动地回到零位。电气上就使在相应进给方向上的行程开关复位，切断了进给电动机的控制电路，进给运动停止。保证了工作台在规定的范围内运动。

3. 圆形工作台的控制

为了扩大机床的加工能力,可在机床工作台上安装附件圆形工作台,这样就可以进行圆孤或凸轮的铣削加工。圆形工作台可以手动也可以自动,当需要用电气方法自动控制时,应首先将圆形工作台开关SA1扳到接通位置,这时SA1－1的(23－25)触点断开,SA1－2的(17－27)触点也断开,SA1－2的(23－27)触点接通。这时按下启动按钮SB1或SB2,主轴电动机启动。接着进给电动机M2的正转接触器KM2线圈经17→12→21→23→22→27→13得电,M2电动机启动,带动圆形工作台做旋转运动。

圆形工作台的运动必须和6个方向的进给运动有可靠的互锁,否则会造成刀具或机床的损坏。为避免这种事故发生,从电气上保证了只有纵向、横向及垂直手柄放在零位时,才可以进行圆形工作台的旋转运动。如果某一手柄不在零位,行程开关SA1－SA4就有一个被压下,它所对应的动断触点就要断开,破坏了KM2线圈的通过回路。所以在圆形工作台工作时,如果扳到了任何一个进给手柄,线圈KM2将断电,电动机M2自动停止。

2.5 T68卧式镗床的电气控制线路

镗床是冷加工中使用比较普通的设备,有卧式镗床、立式镗床两种,以卧式镗床居多。镗床主要用于钻床、镗床、铰孔及加工端面等。镗床在加工时,工件固定在工作台上,由镗杆或花盘上的固定刀具进行加工。主运动为镗杆或花盘的旋转运动,进给运动为工作台的前、后、左、右及主轴箱的上、下和镗杆的进、出运动。上面8个方向的进给运动除可以自动进给外,还可以进行手动进给和快速移动。T68型卧式镗床的特点较多,下面逐一加以说明。

图2－13为T68型卧式镗床的电气原理图,表2－6为主要电器元件目录表。

表2－6　T68型卧式镗床电气元件目录表

符号	名称及用途	符号	名称及用途
M1	主电动机,负责主运动和进给运动	SB3、SB4	主电动机正反转点动用控制按钮
M2	快速移动用电动机	ST1、ST2	主轴变速用行程开关
Q	电源开关	ST3、ST4	进给变速用行程开关
KM1、KM2	主电动机正反转用接触器	ST5、ST6	主轴箱、工作台与主轴进给互锁用行程开关
KM6～KM8	主电动机低速和高速转换接触器	ST7、ST8	快速电动机正反转用行程开关
KM3	限流电阻短路用接触器	TC	控制变压器
KM4、KM5	快速移动电动机正反转用接触器	R	点动、高速启动、制动用限流电阻
1K、2K	主电动机正反转启动用中间继电器	FU1～FU4	短路保护用熔断器
SB5	主电动机停止用按钮	EL,XS	局部照明灯、电源插座
BV	主电动机反接制动用速度继电器	KR	主电动机过载保护用热继电器信号灯
KT	主电动机高速时启动用时间继电器		
SB1、SB2	主电动机正反转启动用控制按钮	HL	信号灯

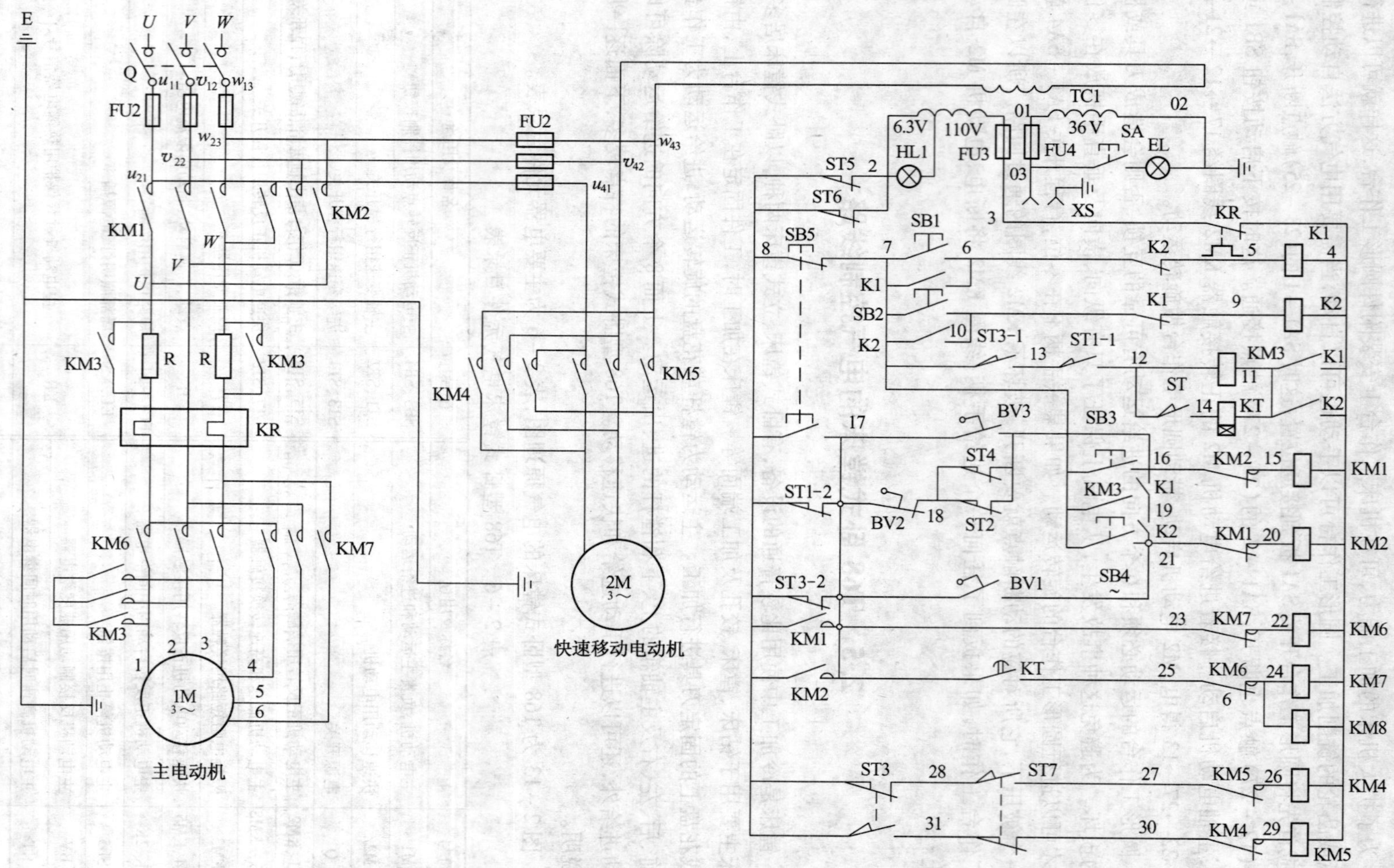

图 2-13　T68 型卧式镗床电气原理图

1. 电气控制线路的特点

主电动机为双速电动机,机床的主运动和进给运动同用这台电动机(5.5kW/7.5kW,1440(r/min)/2900(r/min))来拖动。低速时将定子绕组接成三角形,高速时将定子绕组接成双星形。高、低速的转换由主轴孔盘变速机构内的行程开关ST控制。ST常态时接通低速,被压下时接通高速。

主电动机可实现正转、反转及正、反转时的点动控制,为限制电动机的启动和制动电流,在点动或制动时,定子绕组串入了限流电阻。

主电动机在低速时可以直接启动,在高速时控制电路要保证先接通低速经延时再接通高速,以减小启动电流。

为保证变速后齿轮进入良好的啮合状态,在主轴变速和进给变速时,主电动机要缓慢地转动。本机床主轴变速时电动机的缓慢转动是通过行程开关ST1和ST2实现的,进给变速是通过行程开关ST3和ST4及速度继电器BV共同完成的。

2. 控制线路的工作原理

1)主电动机的启动控制

主电动机的点动分为正向点动和反向点动,它分别由点动按钮SB3和SB4控制。按下正向点动按钮SB3时,接触器KM1得电吸合,KM1的动合触点(8-17)又使接触器KM6动作,因此三相电源经KM1的主触点、限流电阻和接触器KM6的主触点接通主电动机M1的定子绕组,使电动机在低速下正向旋转,松开按钮SB3,电动机断电停止。

反向点动与正向点动的动作过程相似,不过是由按钮SB4和接触器KM2、KM6的触点动作配合来实现的。

主电动机正向、反向旋转控制由按钮SB1和SB2操纵。当要求电动机低速运转时,行程开关ST触点(12-14)处于断开位置,ST3-1和ST1-1为闭合状态。按下按钮SB1时,继电器K1得电动作,K1有3组动合触点,第1组触点(7-6)用来接通自锁回路,第2组触点(11-4)使接触器KM3得电动作,KM3的主触点将限流电阻R短路,KM3的辅助触点(7-19)闭合,同时第3组触点(12-16)也闭合将接触器KM1线圈自锁。KM1触点的动作又使接触器KM6得电吸合,由于KM1、KM3及KM6动作的结果,主电动机在满电压、定子绕组三角形接法下直接启动低速运行。

当要求电动机为高速旋转时,通过变速机构和机械动作,将行程开关ST的动合触点(12-14)闭合,这时按下启动按钮SB1后,中间继电器K1得电吸合,与低速运行一样,KM1、KM3和KM6相继动作,使电动要在低速状态下直接启动。与此同时,已闭合的K1的动合触点(11-4)与ST的动合触点接通了时间继电器KT的线圈,经延时后KT的动断延时断开触点(17-23)打开,KM6断电,定子绕组与电网脱离。触点(17-25)闭合,使接触器KM7和KM8得电动作,KM7、KM8的主触点将电动机的绕组连接成双星形并重新接入电源,从而电动机从低速旋转为高速旋转。

反向旋转的启动与正向启动相同,但参与控制的电器为按钮SB2,中间继电器K2,时间继电器KT,接触器KM2、KM3、KM6及KM7、KM8。

2)主电动机的反接制动控制

按下停止按钮后,电动机的电源反接,则电动机在反接状态下迅速制动。在电动机转速下降到速度继电器的复位转速时,速度继电器的触点自动切断控制电路,切断电动机的电源，电动机停止转动。

当电动机正转时，则速度继电器的正转动合触点 BV1(17－21)闭合，而正转动断触点 BV2(17－18)断开，当电动机反转时，速度继电器的反转动合触点 BV3(17－16)闭合，为电动机在正转或反转时的反接制动做好准备。

假如主电动机在停车前为低速正转，即 K1、KM1、KM2、KM6 通电吸合，速度继电器 BV 的动合触点 BV1(17－21)闭合，按下停车按钮 SB5，其 SB6 的动断触点(8－7)使 K1 和 KM3 断电释放，K1(12－16)触点断开，使 KM1 断电释放，切断了主电动机电源。按下 SB5 的同时，它的动合触点(8－17)闭合并接通了以下电路：从电源线(8)→SB5(8－17)触点→BV1(17－21)触点→KM1(21－20)触点 KM2 的线圈→电源线(4)。所以使反转用接触器 KM6 得电动作，KM2 动作后，其 KM2 的动合触点(8－17)接通了 KM2 线圈的自锁电路，当放开停止按钮 SB6 后，KM2 继电得电动作，KM2 的(8－17)触点闭合代替了 KM1(8－17)触点，使 KM6 一直保持得电状态。KM2 和 KM6 的得电，使三相电源经过 KM2 的主触点，限流电阻 R 和 KM6 主触点反接给电动机，电动机进行反接制动。当电动机的转速降低到速度继电器的复位转速时，速度继电器的正转动合触点 BV1(17－21)断开，切断了 KM2 的通电回路，使 KM2 和 KM6 相继断电释放，切断了电动机电源，电动机制动结束。

反向旋转的制动过程与正向旋转相似，此时参与控制的电器是速度继电器的反转动合触点 BV2，接触器 KM1 和 KM6。

3) 主轴或进给变速时主电动机的瞬时点动控制

该镗床变速控制的特点是：主轴或进给变速时，主电动机可获得瞬时点动，以利于齿轮进入正确的啮合状态。该机床的主轴或进给变速不仅可以在停车时进行，还可以在机床运行中进行。

当主轴变速时将变速盘拉出，这时使 ST1－1(13－12)断开，KM3 断电，在主回路中接入了限流电阻 R，并且 KM3 触点(7－19)断开，使 KM1 断电释放，从而主电动机脱离电源。所以该机床可以在主电动机开动的情况下调速，电动机能自动停止转动，这时旋转孔盘，选好合适的转速后，将孔盘推入，在此过程中，如果滑移齿轮的齿和固定齿轮的齿发生顶撞时，则孔盘不能推回原位，这时 ST1－2(8－17)动断触点闭合，ST2(18－16)动断触点也闭合，从而接通瞬时点动控制电路，它的通电回路为：电源(8)→ST1－2(8－17)→速度继电器的下正转动断触点(17－18)→ST2(18－16)→KM2(16－15)→KM1 的线圈→电源线(4)。使 KM1 线圈通电动作，同时由于 ST1－2(8－17)是闭合的，已使 KM6 通电动作，所以主电动机经限流电阻 R 在低速下启动。电动要一旦转动后，速度继电器的正转动断触点(17－18)转为断开，而正转动合触点(17－21)转为闭合，使 KM1 线圈断电释放。KM2 线圈得电动作，因而主电动机又反接制动。当主电动机的转速制动到速度继电器复位转速后，速度继电器的正转动断触点又转为闭合，从而又接通了瞬时点动线路，重复上述过程。这样间歇的启动与制动使电动机缓慢地旋转，以利于齿轮进入正确的啮合状态。一旦孔盘推回原位后，ST1 和 ST2 行程开关被压下，将其 ST1－2 的动断触点(8－17)和 ST2 的动断触点(18－16)断开，切断瞬时点动线路。这时 ST1 的(13－12)触点恢复闭合，使 KM3 得电动作，KM3 的动合触点(7－19)闭合又使 KM1 得电动作，主电动机在新的转速下又重新启动起来。

进给变速时瞬时点动的控制原理与主轴变速时完全相同,不同的是行程开关 ST3 和 ST4,它们的触点在线路中的位置与 ST1 和 ST2 完全相同。

4)主轴箱、工作台或主轴的快速移动

机床的各部件的快速移动由快速手柄操纵配合快速电动机 M2 拖动来完成,快速手柄扳到正向快速位置时,行程开关 ST7 被压动,接触器 KM4 得电动作,快速移动电动机 M3 正转。快速手柄扳到反向快速位置,行程开关 ST8 被压动,接触器 KM5 通电动作,快速移动电动机反转。

5)主轴进刀与工作台互锁

为防止机床或刀具的损坏,主轴箱和工作台的机动进给在电路上必须相互联锁,即不能同时接通。它是通过行程开关 ST5 和 ST6 来实现的,当同时有两种进给时,ST5 和 ST6 都被压下,切断了控制回路电源,避免了机床或刀具的损坏。

2.6 组合机床电气控制线路

组合机床是对某特定工作、进行特定加工的一种高效率、自动化专用加工设备。这类机床大都具有自动工作循环,并能同时用十几把、几十把刀具进行加工。组合机床都由通用部件和一些专用部件组成,它的控制系统大多采用机械、液压、电气相结合控制方式。

组合机床是由通用部件组成的,所以它的基本线路可根据通用部件的控制线路综合组成。现以某 DU 型机床单机为例对其控制线路原理加以说明。

这台机床由液压动力头和液压回转工作台组成,用来加工某轮毂工作上 12 个孔。立式动力头上装有 36 把刀具,共有 4 个工位,第 1、第 2、第 3 工位分别是钻孔、扩孔和铰孔的工序,第 4 工位作装卸工件用,某工位布置如图 2-14 所示。

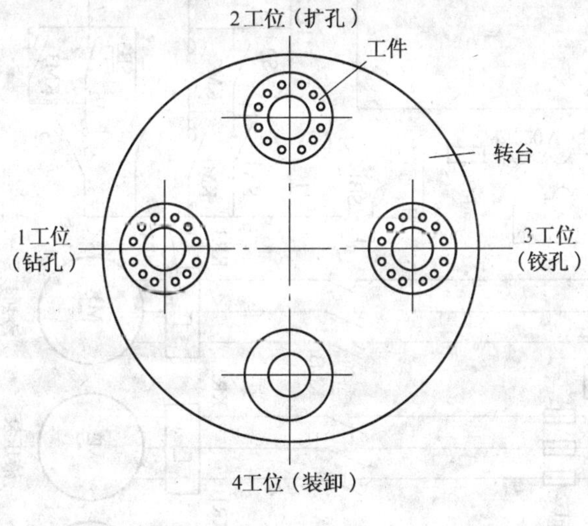

图 2-14 加工工位布置图

本机床的自动循环为:回转台抬起→回转台回转→回转台反靠→回转台夹紧→动力头快进→动力头工进→延时停留→动力头快退。

DU 型组合机床单机控制线路如图 2-15 所示。

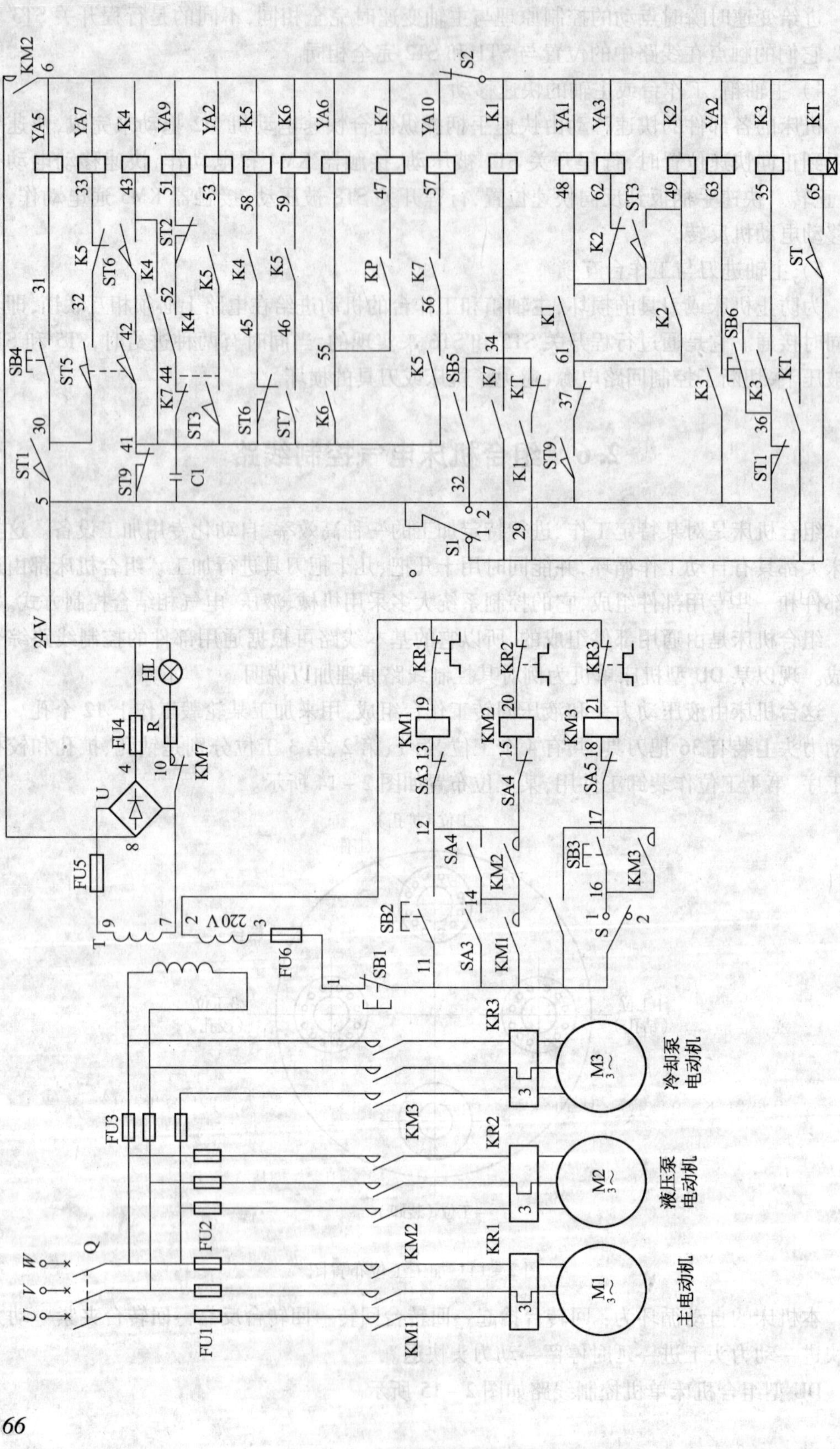

图 2 – 15　DU 型组合机床单机控制线路图

1. 主回路

主电路共有 3 台电动机,M1 为主电动机;M2 为液压泵电动机;M 为冷却泵电动机。由主电路的控制线路可看出,它是一种多台电动机同时启动的控制线路。M1 与 M2 是由接触器 KM1 和 KM2 控制的。由按钮 SB2 及 SB1 控制起、停。开关 SA3 和 SA4 要用于单独启动主电动机 M1 和液压泵电动机 M2。当旋钮开关 S 在“2”位置时,冷却泵电动机 M3 由继电器 K2 控制起停,K2 继电器是控制动力头工进用的继电器,它意味着当动力头工进时,冷却泵才接通,S 在“1”位置时,冷却泵还可由按钮 SB5 进行启动。

本机床除接触器 KM1、KM2 和 KM3 为交流电器外,其他均为直充电器,由整流电源 u 整流后得到 24V 电压供电。低压直流电器工作平稳安全、便于操作。电源接通后,指示灯 SD 就接通,直到液压泵电动机 M2 启动后,由于接触器 KM2 通电动作,指示灯才熄灭。

2. 液压回转工作台回转控制线路

在图 2-15 控制线路中,右侧上半部(开关 S1、S2 上侧)为回转工作台控制线路。

回转工作台多用于多工位组合机床上,它可以有多个加工工位,被加工工件在回转台上回转一周完成在该机床上的全部加工工序。液压回转工作台是靠控制液压系统的油路来实现工作台转位动作的。液压系统的动作循环是靠电气控制进行的。

回转工作台的转位动作如下:自锁销脱开及回转台抬起→回转台回转及缓冲→回转台反靠→回转台夹紧。

图 2-16 是回转工作台的液压系统原理图,图 2-17 是回转工作台自动回转的控制线路图。回转工作台的转位动作是自动进行的,下面具体分析它的控制工作原理。

1) 自锁销脱开及回转台抬起

按回转按钮 SB4,电磁铁 YA5 通电(动力头在原位时,限位开关 ST1 被压动,回转台才能转位),将电磁阀 YV1 的阀杆推向右端,将液压泵的压力油送到夹紧液压缸 1G,使其活塞上移抬起回转台。同时经阀 YV1 的压力油也送到自倘液压缸 2G。活塞下移使自锁销脱开。

2) 回转台回转及缓冲

回转台抬起后,压动开关 ST5(ST5 ~ ST8 的工作位置如图 2-16 所示),其动合触点闭合使 YA7 通电,电磁阀 YV3 的阀杆被推向右端,压力油送到回转液压缸 3G 的左腔,而右腔排出的油经阀 YV2 和 YV3 流回油箱。因此活塞右移,经活塞中部的齿条带动齿轮,使回转台回转。当转到接近定位点时,转台定位块 1 将滑块 2 压下,从而压动了 ST6,其动断触点切断 K5 的通路;其动合触点闭合,由于 ST5 动合触点已闭合,所以继电器 K4 得电动作并自锁,其一动合触点使 YA9 通电,使液压缸 3G 的回油只能经节流阀 L 流回油箱。所以回转台变为低速回转。

3) 回转台反靠

回转台的继续回转,使定位块 1 离开滑块 2,因此限位开关 ST6 恢复原位,其动断触点恢复闭合,使 K5 得电动作。K5 动断触点打开使 YA7 断电,同时由 K5 动合触点使 YA3 通电,YA8 通电使 YV3 的阀杆左移。压力油经 YV7 和节流阀 L 送至回转液压缸 3G 的右腔,使回转台低速(因 YA9 已通电)反靠。这时定位块的右端面将通过滑块靠紧在挡铁的左端面上,达到准确定位。

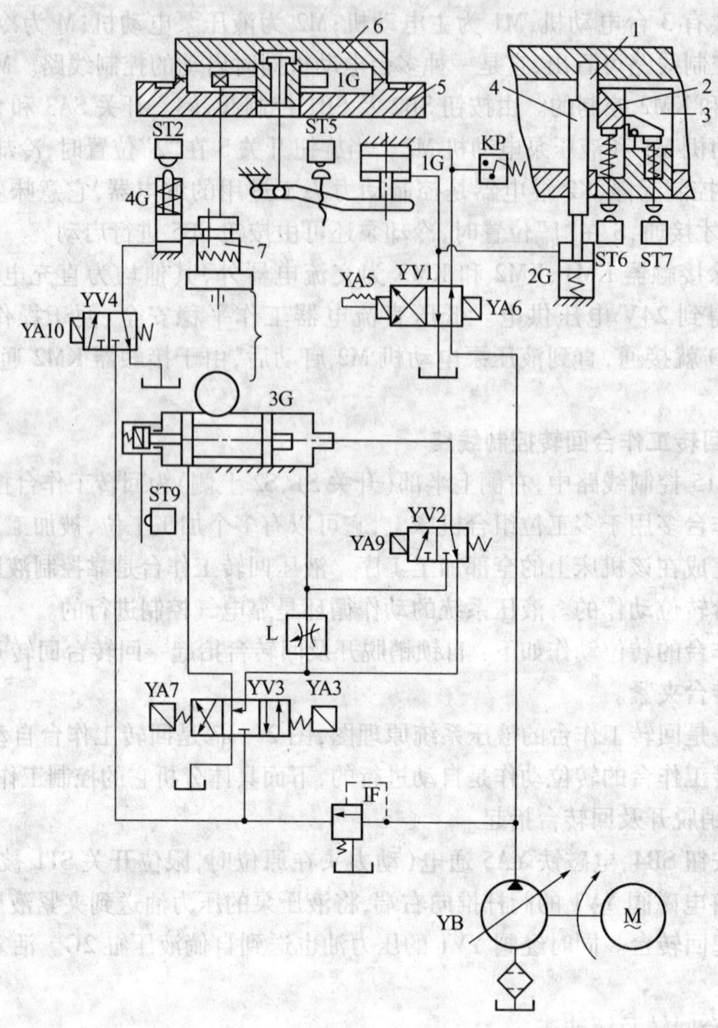

图 2-16　回转工作台液压系统原理图

1—定位块；2—滑块；3—固定挡铁；4—自锁销；5—底座；6—回转工作台；7—离合器。

4）回转台夹紧

反向靠紧后，通过杠杆作用，压动限位开关 ST7，使 K8 通电动作。其动合触点闭合，其结果使 YA6 通电，使 YV1 阀杆向左移，使之夹紧液压缸 1G 将回转台向下压紧在底座上。同时锁紧液压缸 2G 因已接至回油路，所以自锁销 4 被弹簧顶起，使定位块 1 锁紧。当转台夹紧后，夹紧力达到一定数值，夹紧液压缸的进油压力使压力继电器 KP 动作，其动合触点使继电器 K7 通电动作。K7 动断触点使 YA8、YA9 断电，阀 YV3 回到中间位置，这时 3G 的左、右油腔都接至回油路，使回转液压缸卸压。K7 的动合触点使 YA10 通电（K5 已经得电动作），使 YV4 阀杆右移，通过液压缸 4G 使离合器 7 脱开。

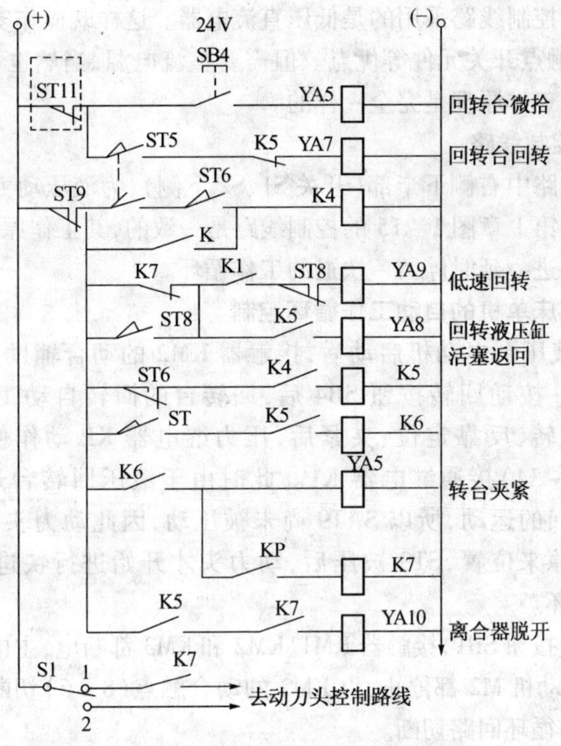

图 2－17　回转工作台回转控制线路图

5）离合器脱开后的状态

液压缸 4G 的活塞杆压动限位开关 YA8，其动断触点断开使 YA9 断电，其动合触点闭合使 YA8 通电，使阀 3HF 阀杆左移，将使回转液压缸活塞退为原位。活塞退回原位后，由于杠杆作用压动限位开关 ST9，其动断触点断开。即动作的电器均被断电。这样 YA10 断电使离合器重新接合，以备下次转位循环。这样液压系统和控制线路都恢复到原始状态。

需要指出的是，当回转台夹紧后，压力继电器 KP 动作，使 K7 得电动作，K7 还使动合触点闭合，可接通动力的工作循环。

液压回转台回转时各电磁铁及限位开关工作状态列于表 2－7 中。

表 2－6　回转台回转时各电磁铁及限位开关的工作状态

工作状态 / 元件工步	通电的电磁铁						被压动的限位开关					
	YA5	YA6	YA7	YA8	YA9	YA10	ST5	ST6	ST	ST8	ST9	KP
回转台原位	－	（+）	－	－	－	－			（+）		（+）	+
回转台抬起	+	－	－	－	－	－	+					
回转台回转	（+）	－	+	－	－	－	（+）	+				
回转台反靠	（+）	－	－	+	+	－	（+）		+			
回转台夹紧	－	+	－	（+）	－	－			（+）			+
离合器脱开	－	（+）	－	－	－	+			（+）	+		（+）
回转液压缸返回	－	（+）	－	+	－	－			（+）	（+）	+	（+）

注：表中有括号的动作，指示这一动作已在上一步完成

上述液压回转台控制线路采用的是低压直流电器。这样既操作安全，动作平衡，安装紧凑，又便于采用无触点开关元件等优点。但需要整流电源，当然也可以采用交流电器，它们组成控制线路的工作原理是完全一样的。

3. 液压动力头控制线路

图 2－15 控制线路中右侧下半部（开关 S1、S2 下侧），为液压动力头的自动工作循环控制线路。该线路与第 1 章图 1－15 的控制线路是一致的，其工作原理不再赘述，这一线路可以完成快进→工进→延时停留→快退的工作循环。

4. DU 型组合机床单机的自动工作循环控制

在主电支机与液压泵电动机启动后，接触器 KM2 的动合辅助触点接通了自动工作循环的控制线路。按动回转按钮 SB4 后，回转台的回转自动工作循环开始进行。回转台经过抬起、回转、反靠定位、夹紧后，压力继电器 KP 动作使继电器 K7 动作，K7 的动合触点（22－34）接通继电器 K1。此时由于液压回转台还在继续完成离合器脱开和液压缸返回的运动，所以 SAT9 尚未被压动，因此动力头不动。只有当回转液压缸的活塞返回原来位置，ST9 被压后，动力头才开始进行快进、工进、延时停留、快退的自动工作循环。

停车时按动停止按钮 SB1，接触器 KM1、KM2 和 KM3 都断电，主电动机 M1、液压泵电动机 M2 及冷却泵电动机 M2 都停止，由 KM2 的动合触点（8－6）切断控制回路，开关 S2 可使动力头自动工作循环回路切断。

图 2－15 中电容器 C1 是用来保护触点 ST9 的。我们知道电器上的电磁铁要有足够的吸力，工作才安全可靠，这就需要有足够的磁势，既有要足够大的电流，匝数也要多。因此电磁铁的线圈具有较大的电感。当触点由闭合转为断开时，电磁铁线圈的电流迅速变化，因而将产生很大的感应电势，触点在分断时将产生很强的电弧，使触点易被电弧烧蚀，缩短使用寿命。因此为了保护触点不被烧蚀，需要在被保护的触点两端并联电容器。当触点两端电势增加时，由于电容器的充电作用，可使触点两端电压大大减少，电容的这种吸收作用，能使电弧很快熄灭，从而防止了触点的烧蚀。

在本机床控制线路中，只是对触点 ST9 采取了保护措施，这主要考虑到这与多个电磁铁动作相关，易被烧蚀，必要时其他触点也可采取这种保护措施。

第3章 机床电气控制线路的设计及电气元件的选择

机床一般都是由机械与电气两大部分组成的,设计一台机床,首先要明确该机床的技术要求,拟定总体技术方案。机床的电气设计是机床设计的重要组成部分,机床的电气设计应满足机床的总体技术方案要求。

机床电气设计涉及的内容很广泛,本章将概括介绍机床电气设计的基本内容。在前两章分析各控制线路的基础上,重点阐述继电接触器控制线路设计的一般规律及设计方法。

3.1 机床电气设计基础

机床的电气设计与机床的机械结构设计是分不开的,尤其是现代机床的结构以及使用效能与电气自动控制的程度是密切相关的,对机械设计人员来说,也需要对机床的电气设计有一定的了解。

本节将就机床电气设计涉及的主要内容、以及电气控制系统如何满足机床的主要技术性能进行讨论。

(1) 机床主要技术性能,即机械传动、液压和气动系统的工作特性以及对电气控制系统的要求。

(2) 机床的电气技术指标,即电气传动方案,要根据机床的结构、传动方式、调速指标以及对启动制动和正反向要求等来确定。

机床的主运动与进给运动都对调速范围有一定的要求。要求不同,则采取的调速传动方案就不同,调速性能的好坏与调速方式密切相关。中小型机床,一般采用单速或双速笼式异步电动机,通过变速箱传动;对传动功率较大,主轴转速较低的机床,为了降低成本,简化变速机构,可选用转速较低的异步电动机;对调速范围、调速精度、调速的平滑性要求较高的机床,可考虑采用交流变频调速和直流调速系统,满足无级调速和自动调速的要求。由电动机完成机床正反向运动比机械方法简单容易,因此只要条件允许尽可能采用电动机。传动电动机是否需要制动,要根据机床需要而定,对于由电动机实现正反向的机床,对制动无特殊要求时,一般采用反接制动,要使控制线路简化。在电动机频繁启制动或经常正反向运转的情况下,必须采取措施限制电动机启制动电流。

(3) 机床电动机的调速性质应与机床的负载特性相适应。调速性质是指转矩、功率与转速的关系。设计任何一个机床电力拖动系统都离不开对负载和系统调速性质的研究,它是选择拖动和控制方案及确定电动机容量的前提。

电动机的调速性质必须与机床的负载特性相适应。机床的切削运动(主运动)需要恒功率传动，而进给运动则需要恒转矩传动。双速异步电动机，定子绕组由三角形改成星形连接时，转速由低速升为高速，功率增加得很小，因此适用于恒功率传动。定子绕组低速为星形连接，而高速为双星形连接的双速电动机，转速改变时，电动机所输出的转矩保持不变，因此适用于恒转矩测速。

他励直流电动机改变电压的调速方法则属于恒转矩调速，改变励磁的调速方法是属于恒功率调速。

(4) 正确合理地选择电气控制方式是机床电气设计的主要内容。电气控制方式应能保证机床的使用效能和动作程序、自动循环等基本动作要求。现代机床的控制方式与机床结构密切相关，由于近代电子技术和计算技术已深入到机床控制系统的各个领域，各种新型控制系统不断出现，它不仅关系到机床的技术与使用性能，而且也深刻地影响着机床的机械结构和总体方案。因此，电气控制方式应根据机床总体技术要求来拟定。

在一般普通机床中，其工作程序往往是固定的，使用中并不需要经常改变原有程序，可采用独立的继电器系统、控制线路在结构上接成"固定"式的。

有触点控制系统中，控制线路的接通或分断是通过开关或继电器等触点的闭合与分断来进行控制的。这种系统的特点是能够控制的功率较大，控制方法简单、工作稳定、便于维护、成本低，因此在现有的机床控制中应用仍相当广泛。

程序控制器是介于继电器接触器系统的固定接线装置与电子计算机控制之间的一种新型通用控制部件。近年来机床的程序控制有很大的发展，这是由于程序控制器可以大大缩短机床的电气设计、安装和调整周期，并且可使机床工作程序加以更改。因此采用程序控制器以后，将使机床的控制系统具有较大的灵活性和适应性。

随着电子技术的发展，数字程序控制系统在机床上的应用越来越广泛，已经发展成为数控机床。数控机床有较高的生产效率、较短的生产周期和较高的加工精度，能够加工普通机床不能加工的复杂曲面零件，有着广泛的发展前景。

(5) 明确有关操纵方面的要求，在设计中施实，如操纵台的设计、测量显示、故障自诊断、保护等措施的要求。

(6) 设计应考虑用户供电电网情况，如电网容量、电流种类、电压及频率。电气设计技术条件是机床设计人员和电气设计人员共同拟定的。根据设计任务书中拟定的电气设计技术条件进行设计，实际上电气设计就是把上述的技术条件明确下来诸如施实。

综上所述，机床电气设计应包括以下内容：

① 拟定电气设计任务书(技术条件)；

② 确定电气传动控制方案，选择电动机；

③ 设计电气控制原理图；

④ 选择电气元件，并制定电气元件明细表；

⑤ 设计操作台、电气柜及非标准电气元件；

⑥ 设计机床电气设备布置总图、电气安装图以及电气接线图；

⑦ 编写电气说明书和使用操作说明书。

以上电气设计各项内容，必须以有关国家标准为纲领。根据机床的总体技术要求和控制线路的复杂程度不同，以上内容可增可减，某些图样和技术文件可适当合并或增删。

3.2 机床电力拖动电动机的选择

正确选择电动机具有重要意义。电动机的选择要从驱动机床的具体对象、加工规范,即机床的使用条件出发,多方面考虑经济、合理、安全等因素,使电动机能够安全可靠地运行。

3.2.1 机床用电动机容量的选择

根据机床的负载功率(例如切削功率)就可选择电动机的容量,然而机床的载荷是经常变化的,而每个负载的工作时间也不尽相同,这就产生了电动机功率如何最经济地满足机床负载功率的问题。机床电力拖动系统一般分为主拖动及进给拖动。

1. 机床主拖动电动机容量选择

多数机床负载情况比较复杂,切削用量变化很大,尤其是通用机床负载种类更多,不易准确地确定其负载情况。因此,通常采用调查统计类比、或采用分析与计算相结合的方法来确定电动机的功率。

1) 调查统计类比法

确定电动机功率前,首先进行广泛调查研究,分析确定所需要的切削用量,然后用已确定的较常用切削用量的最大值,在同类同规格的机床上进行切削实验,并测出电动机的输出功率,以此测出的功率为依据,再考虑到机床最大负载情况以及采用先进切削方法及新工艺等,然后类比国内外同类机床电动机的功率,最后根据所设计的机床电动机功率来选择电动机。这种方法以切削实验为基础进行分析类比,符合实际情况。

目前我国机床设计制造部门,往往采用这种方法来选择电动机容量。对机床主拖动电动机进行实测、分析,找出电动机容量与机床主要数据的关系,根据这种关系作为选择电动机容量的依据。

卧式车床主电动机的功率

$$P = 36.5D^{1.54}$$

式中: P 为主拖动电机功率(kW); D 为工件最大直径(m)。

立式车床主电动机的功率

$$P = 20D^{0.88}$$

式中: D 为工件最大直径(m)。

摇臂钻床主电动机的功率

$$P = 0.646D^{1.19}$$

式中: D 为最大钻孔直径(mm)。

卧式镗床主电动机的功率

$$P = 0.004D^{1.7}$$

式中: D 为镗杆直径(mm)。

龙门铣床主电动机的功率

$$P = D^{1.15}/166$$

式中: D 为工作台宽度(mm)。

2）分析计算法

可根据机床总体设计中对机械传动功率的要求，确定机床拖动用电动机功率。即知道机械传动的功率，可计算出所需电动机功率

$$P = \frac{P_1}{\eta_1 \eta_2}$$

式中：P 为电动机功率；P_1 为机械传动轴上的功率；η_1 为生产机械效率；η_2 为电动机与生产机械之间的传动效率。

也可写为

$$P = \frac{P_1}{\eta_{总}};\ \eta_{总} = \eta_1 \eta_2$$

式中：$\eta_{总}$ 为机床总效率，一般主运动为回转运动的机床 $\eta_{总}=0.7\sim0.85$；主运动为往复运动的机床 $\eta_{总}=0.6\sim0.7$（结构简单的取大值，复杂的取小值）。

计算出电动机的功率仅仅是初步确定的数据，还要根据实际情况，进行分析，对电动机进行校验，最后确定其容量。

2. 机床进给运动电动机容量选择

机床进给运动的功率也是由有效功率和功率损失两部分组成的。一般进给运动的有效功率都是比较小的，如通用车床进给有效功率仅为主运动功率的 0.0015 ~ 0.0025，铣床为 0.015 ~ 0.025，但由于进给机构传动效率很低，车床、钻床的实际需要的进给有效功率约为主运动功率的 0.03 ~ 0.05，而铣床则为 0.2 ~ 0.25。一般地，机床进给运动传动效率为 0.15 ~ 0.2，甚至还低。

对于车床和钻床，当主运动和进给运动采用同一电动机时，只计算主运动电动机功率即可。对主运动和进给运动没有严格内在联系的机床，如铣床，为了使用方便和减少电能的消耗，进给运动一般采用单独电动机传动，该电动机除传动进给外还传动工作台的快速移动。由于快速移动所需的功率比进给大得多，因此电动机功率常常是由快速移动所需要的功率而决定的。

快速移动所需要的功率，一般由经验数据来选择，现列于表 3－1 中。

表 3－1 机床移动所需的功率值

机床类型		运动部件	移动速度/（m/min）	所需电动机功率/kW
卧式车床	$D_m=400$mm	溜板	6 ~ 9	0.6 ~ 1.0
	$D_m=600$mm	溜板	4 ~ 6	0.8 ~ 1.2
	$D_m=1000$mm	溜板	3 ~ 4	3.2
摇臂钻床	$D_m=(35\sim75)$mm	摇臂	0.5 ~ 1.5	1 ~ 2.8
升降台铣床		工作台	4 ~ 6	0.8 ~ 1.2
		升降台	1.5 ~ 2.0	1.2 ~ 1.5
龙门铣床		横梁	0.25 ~ 0.50	2 ~ 4
		横梁上的铣头	1.0 ~ 1.5	1.5 ~ 2
		立柱上的铣头	0.5 ~ 1.0	1.5 ~ 2

3.2.2 电动机转速和结构形式的选择

电动机功率的确定是选择电动机的关键，但也要对转速、使用电压等级及结构形式等项目进行选择。

异步电动机由于结构简单坚固、维修方便、造价低廉，因此在机床中使用得最为广泛。

电动机的转速愈低则体积愈大，价格也愈高，功率因数和效率也就低，因此电动机的转速要根据机械的要求和传动装置的具体情况加以选定。异步电动机的转速有 3000r/min、1500r/min、1000r/min、750r/min、600r/min 等几种，这是由电动机的磁极对数的不同决定的。电动机转子转速由于存在着转差率，一般比同步转速约低 2% ~5%。一般情况下，可选用同步转速为 1500r/min 的电动机，因为这个转速下的电动机适应性较强，而且功率因数和效率也高。若电动机的转速与该机械的转速不一致，可选取转速稍高的电动机，通过机械变速装置使其一致。

异步电动机的电压等级为 380V。但要求宽范围而平滑的无级调速时，可采用交流变频调速或直流调速。

一般来说，金属切削机床都采用通用系列的普通电动机。电动机的结构形式按其安装位置的不同可分为卧式(轴为水平)、立式(轴为垂直)等。为了使拖动系统更加紧凑，要使电动机尽可能地靠近机床的相应工作部位。如立铣、龙门铣、立式钻床等机床的主轴都是垂直于机床工作台，这时选用垂直安装的立式电动机，可不需要锥齿轮等机构来改变转动轴线的方向；又如装入式电动机，电动机的机座就是床身的一部分，它安装在床身的内部。

在选择电动机时，也应考虑机床的转动条件，对易产生悬浮飞扬的铁屑或废料，或冷却液、工业用水等有损于绝缘的介质能侵入电动机的场合，选用封闭式结构为适宜。煤油冷却切削刀具的机床或加工易燃合金材料的机床应选用防爆式电动机。按机床电气设备通用技术条件中规定，机床应采用全封闭扇冷式电动机，机床上推荐使用防护等级最低为 IP44 的交流电动机，在某些场合下，还必须采用强迫通用。

Y 系列电动机是封闭自扇冷式笼型三相异步电动机，是全国统一设计的新的基本系列，它是 JO2 系列的更新换代产品，安装尺寸和功率等级完全符合 IEC 标准和 DIN42673 标准。本系列采用 B 级绝缘，外壳防护等级为 IP44，冷却方式为 IC0.141。

YD 系列三相异步电动机的功率等级和安装尺寸与国外同类型先进产品相当，因而具有互换性，便于机床配套出口。

3.3 机床电气控制线路的设计

一般中小型机床电气传动控制系统并不复杂，大多数都是由继电器接触器系统来实现其控制的。因此在设计时，3.1 节所讲述的机床电气设计的某些内容可以省略，其重点为设计继电器接触器控制线路及选择电气元件。

当机床的控制方案确定后，要根据各电动机的控制任务不同，参照典型线路逐一设计局部线路，然后再根据其相互关系综合而成完整的控制线路。

控制线路的设计应在满足机床电气控制系统具体要求的前提下，保证工作可靠，并力求操作、安装及维修方便。

3.3.1 电气控制线路的电源

在电气控制线路比较简单、电气元件不多的情况下，应尽可能用主回路电源作为控制回路电源，即可直接用交流380V或220V，简化供电设备。对于比较复杂的控制线路，控制电路应采用控制电源变压器，将控制电压由交流380V或220V降至110V或48V、24V，这是从安全角度考虑的。

一般机床照明电路电源电压为36V以下，这些不同的电压等级，都是由一个控制变压器实现的。直流控制线路多用220V或110V。对于直流电磁铁、电磁离合器，常用24V直流电源供电。

3.3.2 控制线路的设计规律

继电器控制线路有一个共同的特点，是通过触点的"通"和"断"控制电动机或其他电气设备运动机构的动作的。即使是复杂的控制线路，也是由动合和动断触点组合而成的，为了设计方便把它们的相互关系归纳为以下几个方面。

1. 动合触点串联

当要求几个条件同时具备时才使电器线圈得电动作，可用几个动合触点与线圈串联的方法实现。如图3－1(a)中，K1、K2、K3都动作接能时继电器KM才动作，这种关系在逻辑线路中称为"与"逻辑。

图3－1(b)是自动线各动力头加工完成后恢复原位使夹具拔销松开的控制线路。在零件加工过程中，各动力头自动工作循环是由各动力头所属的机电控制系统自行控制的。每个动力头都必须进给到终点时，相应地接通继电器K1、K2、K3、…、K*n*(分别在各自的机床控制线路中)使其各触点闭合，接通继电器K0，可发出加工完毕信号。只有动力头退回原位，限位开关ST01、ST02、ST03、…、ST0*n*都被压下，才能接通K10，各动力头加工完成，并返回原位后，各发出夹具拔销放松的信号。这一动作完成后，各限位开关ST1、ST2、ST3、…、ST*n*都被压下，使K*n*动作发出信号。

很明显K1、K2、K3、…、K*n*动合触点的串联，ST01、ST02、ST03、…、ST0*n*触点的串联及ST1、ST2、ST3、…、ST*n*触点的串联都是"与"的关系，缺一不可。

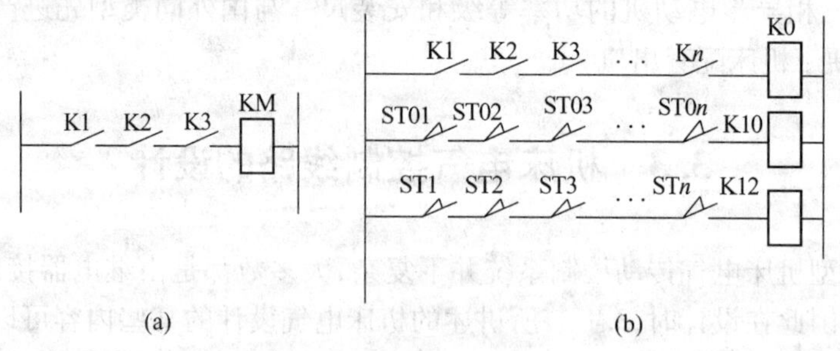

图3－1　自动线各动力头控制的部分线路

2. 动合触点并联

当在几个条件中，只要求具备其中任一条件，所控制的继电器线圈就能得电，这时可用几个动合触点并联来实现。如图3－2(a)，只要K1、K2、K3其中之一动作，KM就得电动作,这种关系在逻辑线路中叫做“或”逻辑。

图 3-2(b)中 SB3、SB4 为两地控制启动按钮,只要其中之一动作,接触器 KM 就动作,具备条件之一即可。

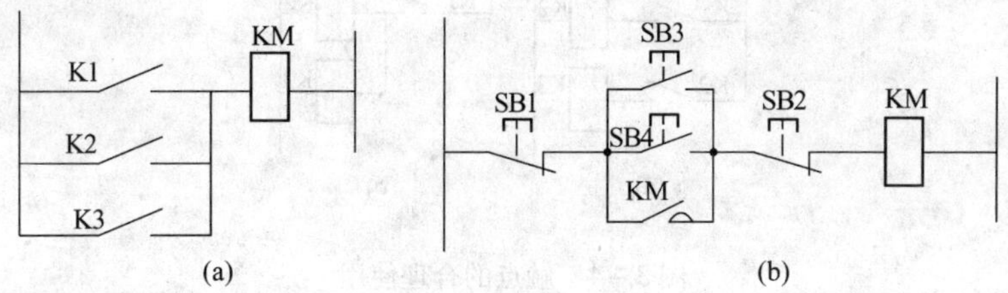

图 3-2 两地控制电路

3. 动断触点串联

当几个条件仅具备一个时,继电器线圈就断电,可用几个动断触点与控制的电器线圈串联的方法来实现。如图 3-2(b)中 SB1、SB2 两个停止按钮,其中一个动作,接触器就断电。图 3-3 中的 SB0 各停止按钮也是如此(按钮 SB0 是紧急停车用,通常在自动线几处分设)。

4. 动断触点并联

当要求几个条件都具备时,电器线圈才断电,可用几个动断触点并联,再与控制的继电器线圈串联的方法来实现。图 3-3 为自动线预停控制线路,自动线预停时,可按“预停”按钮 SB3,由动断触点 K3、K10、和 K12 所组成的并联电路与接触器 KM0 线圈串联(KM0 是自动线控制电路送电用接触器),是为了保证只有当所有动力头已经退回原位(K10 动作)、夹具拔销松开(K12 动作)、并原来已发出“预停”信号时(K3 动作),才能使 KM0 断电释放,将控制电路的电源切断。

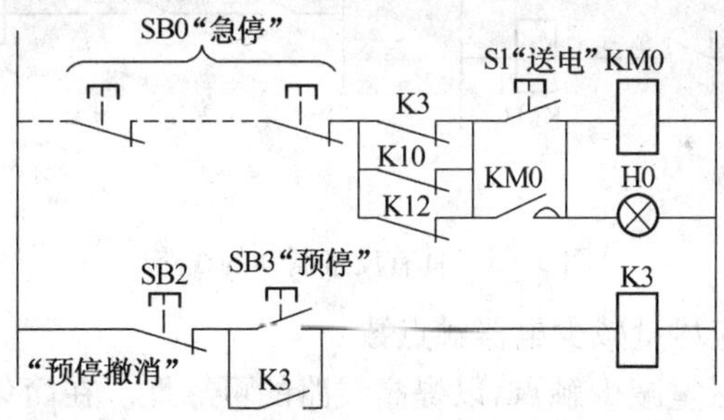

图 3-3 自动线预停控制线路图

3.3.3 控制线路设计的常见问题

1)应尽量避免许多电器依次动作才能接通另一个电器的现象

如图 3-4(a),继电器 K1 得电动作后,K2 才动作,而后 K3 才能接通得电,K3 的动作要通过 K1 和 K2 两个电器的动作。但图 3-4(b)中,K3 的动作只需 K1 电器动作,而且只需经过一对触点,工作可靠。

2)设计电路时,应正确连接电器的线圈

(1)在设计控制电路时,电器线圈的一端应接在电源的同一端,如图 3-5(a)所示,继电

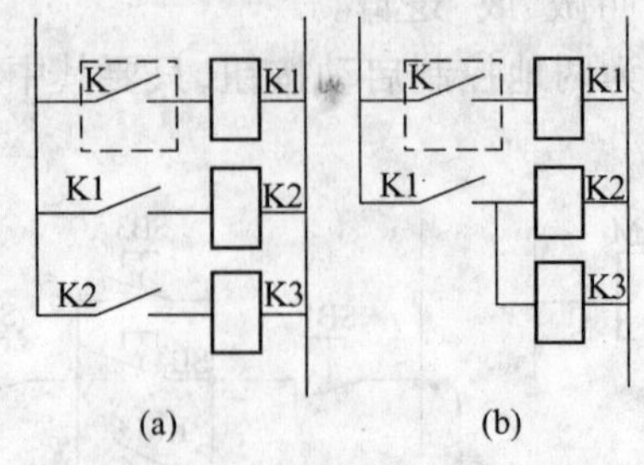

图 3-4　触点的合理使用

器、接触器以及其他电器的线圈一端统一接在电源的同一侧,使所有电器的触点在电源的另一侧。这样当某一电器的触点发生短路故障时,不致引起电源短路,同时安装接线也方便。

(2) 交流电器线圈不能串联使用。两个交流电器的线圈串联使用时,至少一个线圈至多得到 1/2 的电源电压,又由于吸合的时间不尽相同,只要有一个电器吸合动作,它的线圈上的压降也就增大,从而使另一电器达不到所需要的动作电压。如图 3-5(b)中,KM1 与 K1 串联使用是错误的,应如图 3-5(a)中 KM1 和 K1 两电器线关并联使用。

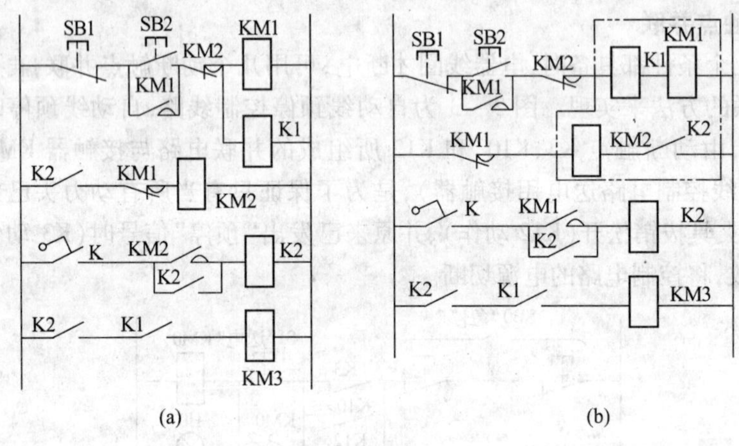

图 3-5　具有反接制动的线路

3) 在控制线路中应尽量减少电器触点数

在控制线路中,应尽量减少触点,以提高线路的可靠性。在简化、合并触点过程中,主要着眼点应放在同类性质触点的合并,或一个触点能完成的动作,不用两个触点。在简化过程中应注意触点的额定电流是否允许,也应考虑对其他回路的影响。在图 3-6 中,列举一些触点简化的例子。

4) 在设计控制线路时,应尽量减少连接导线的数量与长度

如图 3-7(c)、(d)是不适当的接线方法,而图 3-7(a)、(b)是行之有效当的。因为按钮在按钮站(或操作台),电器在电器柜里,从图 3-7(a)看,按钮站的实际引线是三条,而图 3-7(c)则是四条。图 3-7(b)、(d)考虑到 SB1 与 SB3、SB2 与 SB4 分别两地操作,图 3-7(b)就比图 3-7(d)少用了连接导线。

5) 在设计控制线路时,应考虑各种联锁关系以及电气保护措施,如过载、短路、欠压、限位等

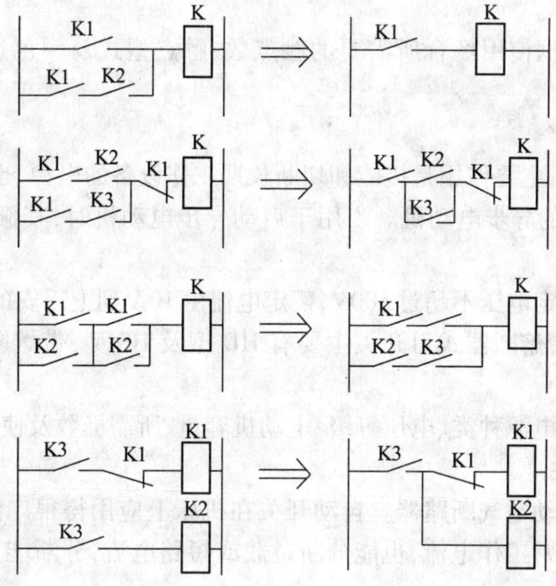

图 3－6　触点化简与合并

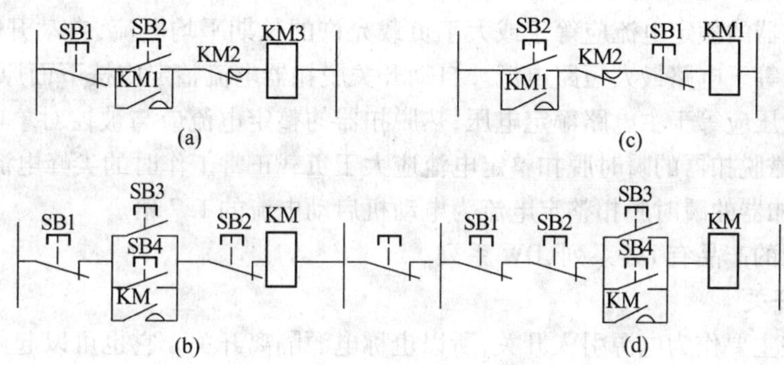

图 3－7　电气元件的合理接线

6）在设计控制线路时，也应考虑有关操纵、故障检查、检测仪表、信号指示、报警以及照明等要求

3.4　机床常用电器的选择

完成电气控制线路的设计之后，应开始选择所需要的控制电器，正确、合理地选用是控制线路安全、可靠工作的重要条件。机床电器的选择，主要是根据电器产品目录上的各项技术指标（数据）来进行的。

3.4.1　按钮、低压开关的选用

1. 按钮

按钮通常是用来短时接通或断开小电流控制电路的开关。目前，按钮结构多种形式，旋钮式用手钮动旋转进行操作；指示灯式按钮内可装入信号显示信号；紧急式装有蘑菇形

钮帽,以表示紧急操作。

机床按钮主要根据使用场合所需要的触点数、触点型式及颜色选用,常用的按钮为LA 系列。

2. 刀开关

刀开关又称闸刀,主要作用是接能和切断长期工作设备的电源,也用于不经常启制动的、容量小于 7.5kW 的异步电动机。当用于启动异步电动机时,其额定电流不要小于电动机额定电流的 3 倍。

一般刀开关的额定电压不超过 500V,额定电流由 10A 到上千安的多种等级。有些刀开关附有熔断器,不带熔断器式刀开关主要有 HD 型及 HS 型,带熔断器式刀开关有 HK 系列。

刀开关主要根据电源种类、电压等级、电动机容量、所需极数及使用场合来选用。

3. 自动空气开关

自动开关又称自动空气断路器。自动开关在机床上应用得很广泛,这是因为自动开关既能接通或分断正常工作电流,也能分断过载或短路电流,分断能力大,在欠压和过载短路起保护作用。

选择自动开关应考虑其主要参数:额定电压、额定电流和允许切断的极限电流等。自动开关脱扣器的额定电流应等于或大于负载允许的长期平均电流,自动开关的极限分断能力要大于等于电路最大短路电流。自动开关脱扣器电流整定应按下面原则:欠电压脱扣器额定电压应等于主电路额定电压;热脱扣器的整定电流应与被控对象(负载)额定电流相等;电磁脱扣器的瞬时脱扣整定电流应大于负载正常工作时的尖峰电流;保护电动机时,电磁脱扣器的瞬时脱扣整定电流为电动机启动电流的 1.7 倍。

机床常用的产品有 DZ 系列、DW 系列。

4. 组合开关

给合开关主要作为电源引入开关,所以也称电源隔离开关。它也可以起停 5kW 以下的异步电动机,但每小时的接通次数一般为 10 次 ~20 次,开关的额定电流一般取电动机额定电流的 1.5 ~2.5 倍。

组合开关主要根据电源种类、电压等级、所需触点数及电动机容量进行选用。常用的组合开关为 HZ-10 系列,额定电流为 10、25、60 和 100A 4 种。适用于交流 380V 以下、直流 220V 以下的电气设备中。

5. 电源开关联锁机构

电源开关联锁机构与相应的断路器和组合开关配套使用,用于电源接通与断开电源和柜门开关联锁,以达到在切断电源后才能打开门,将门关闭合才能接通电源的效果,起到安全保护作用。电源开关联锁有 DJL 系列和 JDS 系列。

3.4.2 熔断器的选用

选择熔断器主要是选择熔断器的种类、额定电压、熔断器额定电流等级和熔体的额定电流。

额定电压是根据所保护电路的电压来选择的。熔体电流的选择是熔断器选择的核心。

对于如照明线路等没有冲击电流的负载,应使熔体的额定电流等于或稍大于线路工作电路 I,即

$$I_R \geqslant I$$

式中: I_R 为熔体额定电流;I 为工作电流。

对于异步电动机,熔体可按下列关系选择

$$I_R = (1.5 \sim 2.5) I_{cd} \quad 或 \quad I_R = I_{st}/2.5$$

式中: I_{cd}为电动机的额定电流;I_{st}为异步电动机启动电流。

对于多台电动机,由一个熔断器保护,熔体按下列关系选择

$$I_R > I_m/2.5$$

式中: I_m 为可能出现的最大电流。

如果几台电动机不同时启动,则 I_m 为容量最大一台电动机启动电流加上其他几台电动机的额定电流。

例如,两台电支机不同时启动,一台电动机额定电流为 14.6A,一台为 4.64A,启动电流都为额定电流 7 倍,则熔断体电流为

$$I_R \geqslant \frac{14.6 \times 7 - 4.64}{2.5} = 42.7(\text{A})$$

可选用 RL1 -60 型熔断器,配用 50A 的熔断体。

熔断器种类很多,有插入式、填料封闭管式、螺旋式及快速熔断器等,有 RC1A 系列、RL1 系列、ST 系列、RS0 系列等。

3.4.3 热继电器的选用

热继电器用于电动机的过载保护。热继电器主要根据电动机的额定电流来确定其型号与规格,它的额定电流 I_{RT}应接近或略大于电动机的额定电流 I_{cd},即

$$I_{RT} = (0.95 \sim 1.05) I_{cd}$$

热继电器的整定电流值是指热元件的电流超过此值的 20% 时,热继电器应当在 20min 内动作。选用时整定电流应与电动机额定电流一致,如电动机的额定电流为 15.4A,可选用 JR16B20/3 型热继电器,热元件电流等级为 16A,它的电流调节范围为 10A ~ 16A,可将电流调整在 15.4A。

在一般情况下,可选用两相结构的热继电器;对在电网电压严重不平衡、工作环境恶劣条件下工作的电动机,可选用三相结构的热继电器;对于三角形接线的电动机,为了实现断相保护,则可选用带断相保护装置的热继电器。

如遇到下情况,选择的热继电器元件的整定电流要比电动机额定电流高一些,以便进行保护:

(1) 电动机负载惯性转矩非常大,启动时间长;

(2) 电动机所带动的设备,不允许任意停电;

(3) 电动机拖动的为冲击性负载,如冲床、剪床等设备。

常用的热继电器有 JR1、JR2、JR0、JR16 等系列。JR16B 系列为双金属片式热继电器，电流整定范围广，并有温度补偿装置，适用于长期工作或间歇工作的交流电动机的过载保护，而且具有断相运转保护装置。JR16B 是由 JR0 改进而来的，该系列产品用来代替 JR0 的三极和带断相保护的热继电器。

3.4.4 接触器的选用

接触器用于带负载主电路的自动接通或切断，分直流、交流两种，机床中应用最多的是交流接触器。接触器的选择主要考虑以下技术数据：

(1) 电源种类：交流或直流。

(2) 主触点额定电压、额定电流。

(3) 辅助触点种类、数量及触点额定电流。

(4) 电磁线圈的电源种类、频率和额定电压。

(5) 额定操作频率（次/h），即每小时允许接通的最多次数。

主触点额定电流，一般根据电动机容量 P_d 计算触点电流 I_c，即

$$I_c \geqslant \frac{P_d \times 10^3}{Ku_c}$$

式中：K 为经验常数，一般取 1 ~ 1.4；P_d 为电动机功率（kW）；U_c 为电动机额定线电压（V）；I_c 为接触器主触点电流（A）。

接触器线圈电压一般从安全考虑，可选低一些，但当控制线路简单，所用电器不多时，为了节省变压器，可选 380V、220V。

机床常用的接触器有 CJ10、CJ12、CJ20 系列等交流接触器和 CZ0 系列直流接触器。上海机床电器厂从德国西门子公司引进了 TB 系列接触器制造技术，其产品符合 VDE、IEC 标准，型号有 3TB41 ~ 3TB44。

3.4.5 中间继电器的选用

中间继电器在电路中主要起信号传递与转换作用，用它可实现多路控制，并可将小功率的控制信号转换为大容量的触点动作，以驱动电气执行元件工作。中间继电器触点多，可以扩充其他电器的控制作用。

选用中间继电器，主要依据是控制电路的电压等级，同时还要考虑触点的数量、种类及容量满足控制线路的要求。

在机床上常用的中间继电器型号有 JZ7 系列、JZ8 系列两种。JZ8 为交直流两用的继电器。

3.4.6 时间继电器的选用

时间继电器是机床中常用电器之一，它是控制线路中的延时元件，按其工作原理可分为：

(1) 电磁式时间继电器。它是利用电磁惯性原理而制成的，其特点是结构简单、寿命长、允许操作频率高，但延时时间短，应用在直流控制回路中。

(2) 空气阻尼式时间继电器。它是利用空气阻尼延时的原理制成的,其特点是延时范围较宽,可达0.4s~18s,工作可靠,是机床中常用的时间继电器。

(3) 电子时间继电器。它是通过电子线路控制电容器充放电的原理制成的,其特点是体积小,延时范围可达0.1s~300s。

(4) 电动式时间继电器。它是利用同步电动机的原理制成的。它的特点是结构复杂,体积较大,但延时时间长,可调范围宽,可从几秒钟到数十分钟,最长可达数小时。

选择时间继电器,主要考虑控制回路所需要的延时触点的延时方式(通电延时还是断电延时),以及瞬时触点的数目,应根据不同的使用条件选择不同类型的电器。

在机床中应用最多的是空气阻尼式时间继电器,其型号有 JS7 – A 系列,延时范围有0.4s~60s及0.4s~180s两种。图3–8是JS7 – A型时间继电器的触点系统。

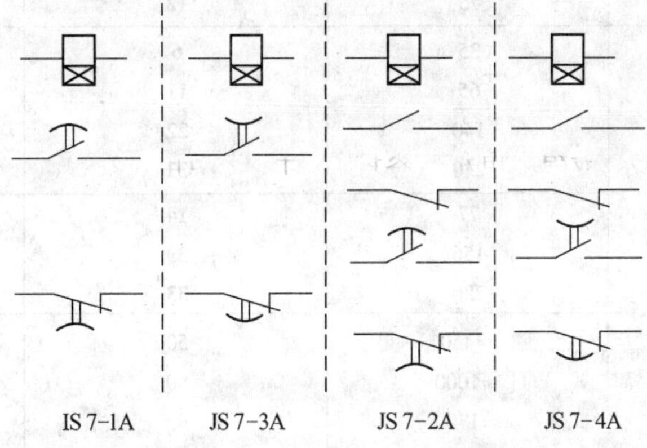

图3–8　JS7 – A 型时间继电器触点系统

7PR系列时间继电器是引进德国西门子公司技术制造的产品,适用于交流50Hz或60Hz,电压为110V~120V、120V~127V、110V、127V、220V的电路中,特点是抗干扰能力强,延时误差小,体积小,产品符合VDE和IEC标准。

3.4.7　控制变压器的选用

当控制线路所用电器较多、线路较为复杂时,一般需采用经变压器降压的控制电源,提高线路的安全可靠性。控制变压器主要根据所要变压器容量及一次侧、二次侧的电压等级来选择。控制变压器可根据以下两种情况确定其容量。

(1) 依据控制线路最大工作负载所需要的功率计算。一般可根据下式计算

$$P_r \geqslant K_r \sum P_{xc}$$

式中:P_r 为所需变压器容量(VA);K_r 为变压器容量储备系数,$K_r=1.1\sim1.25$;$\sum P_{xc}$ 为控制线路最大负载时工作的电器所需的总功率(VA)。

对交流电器(交流接触器、交流中间继电器及交流电磁铁等),P_{xc}应取吸持功率值。

(2) 变压器的容量应满足已吸合的电器在又启动吸合别的电器时仍能吸合,可依据下面公式计算

$$P_r \geqslant 0.6 \sum P_{xc} + 1.5 \sum P_{st}$$

式中：$\sum P_{st}$ 为同时启动的电器的总吸持功率(VA)。

关于式样系数：变压器二次侧电压在电磁电器启动时负载电流的增加要下降，但一般在下降到额定值的20%时，所有吸合电器不致释放，系数0.6就是从这一点而考虑的。式中第二项系数1.5为经验系数，它考虑到各电器的启动功率换算到吸持功率、以及电磁电器在保证启动吸合的条件下，变压器容量只是该器件的启动功率的一部分等因素。

最后所需变压器容量，应由式中所计算出的最大容量决定。表3-2是常用交流电器的启动与吸持功率的数值。

表3-2 常用交流电器的启动与吸持功率(均为有效功率)

电器型号	启动功率 P_{qd}/VA	吸持功率 P_{xc}/VA	P_{qd}/P_{xc}
JZ7	75	12	6.3
CJ10-5	35	6	5.8
CJ10-10	65	11	5.9
CJ10-20	140	22	6.4
CJ10-40	230	32	7.2
CJ0-10	77	14	5.5
CJ0-20	156	33	4.75
CJ0-40	280	33	8.5
MQ1-5101	≈450	50	9
MQ1-5111	≈1000	80	12.5
MQ1-5121	≈1700	95	18
MQ1-5131	≈2200	130	17
MQ1-5141	≈10000	480	21

3.5 机床电气控制线路设计举例

设计CW6163型卧式车床的电气控制线路。

3.5.1 机床电气传动的特点及控制要求

(1) 机床主运动和进给运动由电动机M1集中传动，主轴运动的正反向(满足螺纹加工要求)是靠两组摩擦片离合器完成。

(2) 主轴制动采用液压制动器。

(3) 刀架快速移动由单独的快速电动机M3拖动。

(4) 冷却泵由电动机M2拖动。

(5) 进给运动的纵向左右运动、横向前后运动以及快速移动，都集中由一个手柄操纵。

电动机型号：

主电动机M1	Y160M-4	11kW	380V	23.0A	1460r/min
冷却泵电动机M2	JCB-22	0.15kW	380V	0.43A	2790r/min
快速移动电动机M3	Y90S-4	1.1kW	380V	2.8A	1400r/min

3.5.2 电气控制线路设计

1. 主回路设计

根据电气传动的要求，由接触器 KM1、KM2、KM3 分别控制电动机 M1、M2 及 M3，如图 3－9 所示。

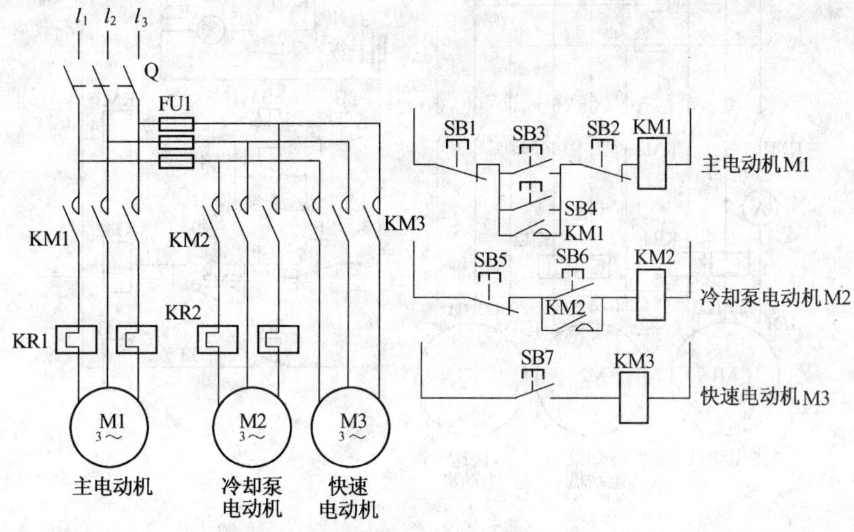

图 3－9 控制回路设计

机床的三相电源由电源引入开关 Q 引入，主电动机 M1 的过载保护由热继电器 KR1 实现，它的短路保护可由机床的前一级配电箱中的熔断器充任。冷却泵电动机 M2 的过载保护由热继电器 KR2 实现。快速移动电动机 M3 由于是短时工作，不设过载保护。电动机 M2、M3 共同设短路保护——熔断器 FU1。

2. 控制电路设计

考虑到操作方便，主电动机 M1 可在床头操作板上和刀架拖板上分别设启动和停止按钮 SB1、SB2、SB3、SB4 进行操纵，如图 3－9 所示。接触器 KM1 与控制按钮组成自锁的起停控制线路。

冷却泵电动机 M2 由 SB5、SB6 进行起停操作，装在床头板上。

快速电动机 M3 工作时间短，为了操作灵活，由按钮 SB7 与接触器 KM3 组成点动控制线路，如图 3－9 所示。

3. 信号指示与照明电路

可设电源指示灯 HL2（绿色）。在电源开关 Q 接通后，立即发光显示，表示机床电气线路已处于供电状态。设指示灯 HL1（红色）表示主电动机是否运行。这两个指示灯可由接触器 KM1 的动合和动断两对辅助触点进行切换通电显示，如图 3－10 右上方所示。

在操作板上设有交流电流表 A，它串联在电动机主回路中（图 3－10），用以指示机床的工作电流。这样可根据电动机工作情况调整切削用量，使主电动机尽量满载运行，提高生产率，并能提高电动机功率因数。设照明灯 EL 安全照明（36V 安全电压）。

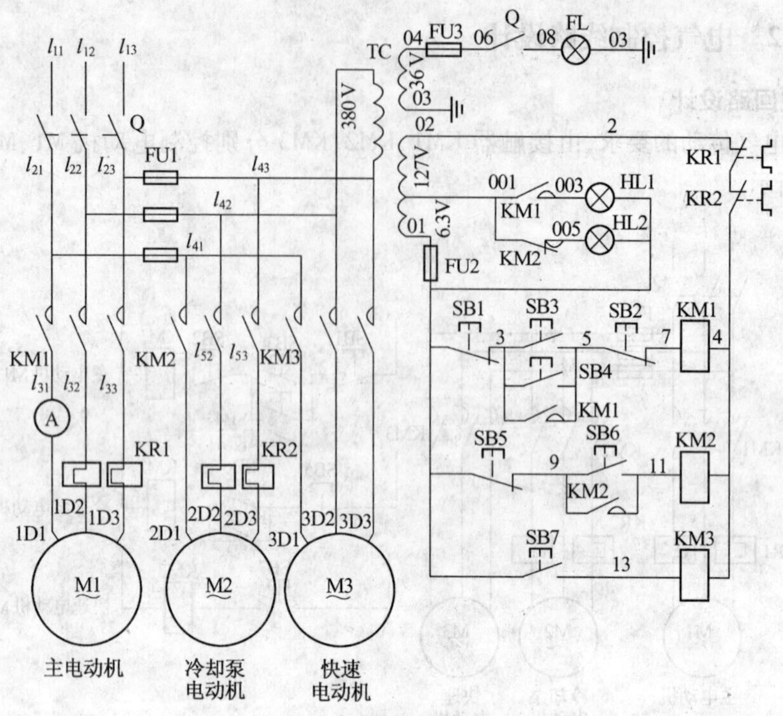

图 3－10　CW6163 型卧式车床电气原理图

4. 控制电路电源

考虑安全可靠及满足照明指示灯的要求，采用变压器供电，控制线路 127V，照明 36V，指示灯 6.3V。

5. 绘制电气原理图

根据各局部线路之间互相关系和电气保护线路，画成电气原理图，如图 3－10 所示。

3.5.3　选择电气元件

1. 电源引入开关 Q

开关 Q 主要作为电源隔离开关用，并不用它来直接启停电动机，可按电动机额定电流来选，显然应该根据三台电动机来选。中小型机床常用组合开关，选用 HZ10－25/3 型，额定电流为 25A，三极组合开关。

2. 热继电器 KR1、KR2

主电动机 M1 额定电流 23.0A，KR1 应选用 JR0－40 型热继电器，热元件电流为 25A，整定电流调节范围为 16A～25A，工作时将额定电流调整为 23.0A。

同理，KR2 应选用 JR10－10 型热继电器，选用 1 号元件，整定电流调节范围是 0.40A～0.64A，整定在 0.43A。

3. 熔断器 FU1、FU2、FU3

FU1 是对 M2、M3 两台电动机进行保护的熔断器。熔体电流为

$$I_R \geqslant \frac{2.67 \times 7 + 0.43}{2.5} = 7.6\text{A}$$

可选用 RL1－15 型熔断器，配用 10A 的熔断体。

FU2、FU3 选用 RL1－15 型熔断器，配用最小等级的熔断体 2A。

4. 接触器 KM1、KM2 及 KM3

接触器 KM1，根据主电动机 M1 的额定电流 I_c 为 23.0A，控制回路电源 127V，需主触点三对，动合辅助触点两对，动断辅助触点一对，根据上述情况，选用 CT0－40 型接触器，电磁线圈电压为 127V。

由于 M2、M3 电动机额定电流很小，KM2、KM3 可选用 JZ7－44 交流中间继电器，线圈电压为 127V，触点电流 5A，可完全满足要求。对小容量的电动机常用中间继电器充任接触器。

5. 控制变压器 TC

KM1、KM2 及 KM3 同时工作时变压器负载最大，根据 3.4.7 小节公式和表 3－2 可得

$$P_r \geqslant K_r \sum P_{xc} = 1.2(12 \times 2 + 33) = 68.4\text{VA}$$

根据式可得

$$P_r \geqslant 0.6 \sum P_{xc} + 1.5 \sum P_{st} = [0.6 \times (12 \times 2 + 33) + 1.5 \times 12] = 52.2\text{VA}$$

可知变压器容量应大于 68.4VA。考虑到照明灯等其他电路容量，可选用 BK－100 型变压器或 BK－150 型变压器，电压等级：380V/127－36－6.3V，可满足辅助回路的各种电压需要。

其他各元件的选用见表 3－3。

表 3－3　CW6163 型卧式车床电气元件表

符号	名称	型号	规格	数量
M1	异步电动机	Y160M－4	11kW　380V　1460r/min	1
M2	冷却泵电动机	JCB－22	0.125kW　380V　2790r/min	1
M3	异步电动机	CO2－21－4	1.1kW　380V　1410r/min	1
Q	组合开关	HZ10－25/13	3 级　500V　25A	1
KM1	交流接触器	CJ0－40	40A　线圈电压 127V	1
KM2、KM3	交流中间继电器	JZ7－44	5A　线圈电压 127V	2
KR1	热继电器	JR0－40	额定电流 25A　整定电流 19.9A	1
KR2	热继电器	JR10－10	热元件 1 号　整定电流 0.43A	1
FU1	熔断器	RL1－15	500V　熔体 10A	3
FU2、FU3	熔断器	RL1－15	500V　熔体 2A	2
TC	控制变压器	BK－100	100VA　380V/127－36－6.3V	1
SB3、SB4、SB6	控制按钮	LA10	黑色	3
SB1、SB2、SB5	控制按钮	LA10	红色	3
SB7	控制按钮	LA9		1
HL1、HL2	指示信号灯	ZSD－0	6.3V　绿色 1　红色 1	2
PA	交流电流表	62T2	0～50A　直接接入	1

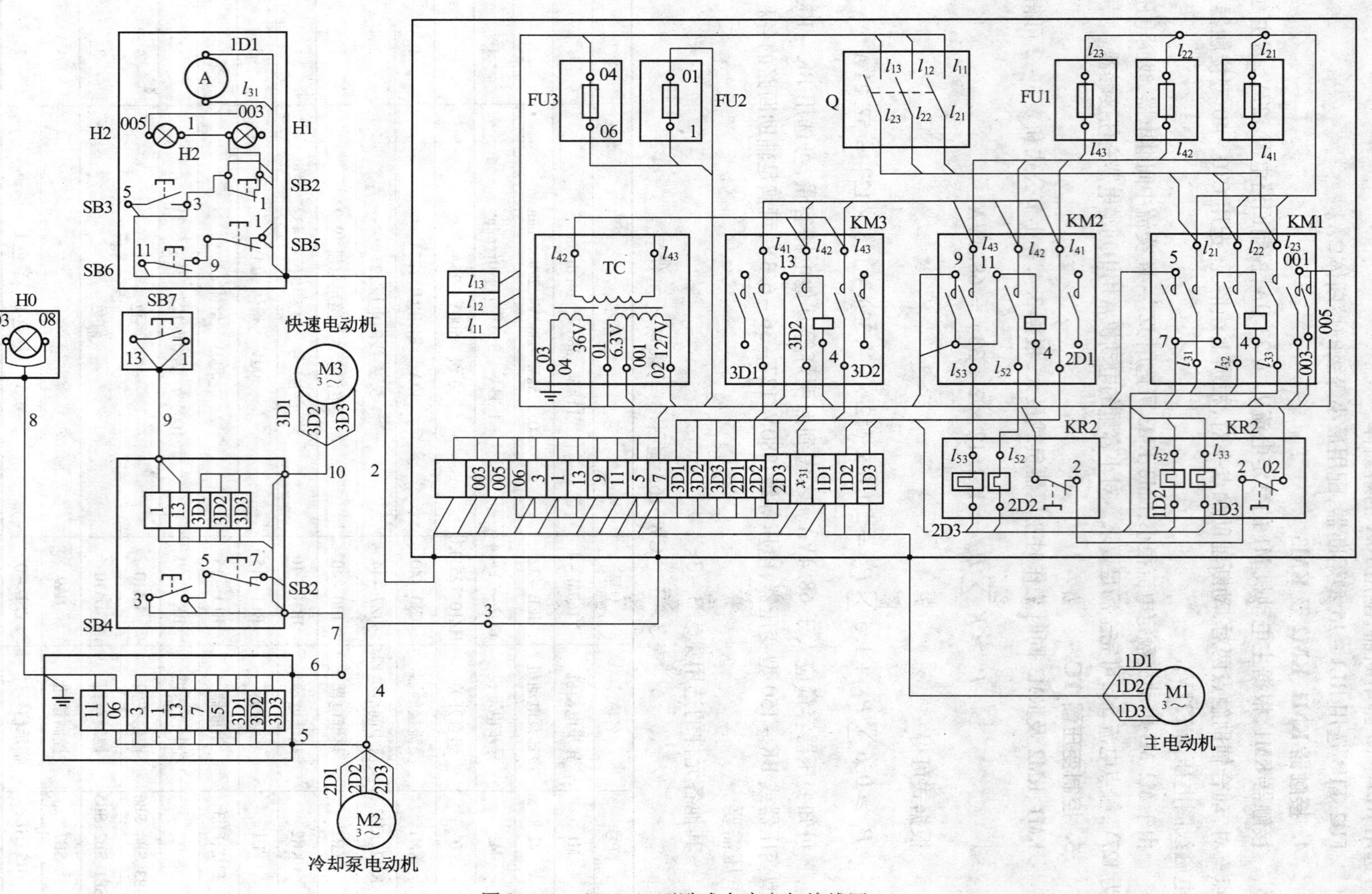

图 3-11 CW6163 型卧式车床电气接线图

3.5.4 制定电气元件明细表

电气元件明细表要注明各元器件的型号、规格及数量等,见表 3 – 3。

3.5.5 绘制电气安装接线图

机床的电气接线图是根据电气原理图及各电气设备安装的布置来绘制的,安装电气设备或检查线路故障都要依据电气接线图。接线图要表示出各电气元件的相对位置及各元件的相互接线关系,因此要求接线图中各电气元件的相对位置与实际安装的位置一致,并且同一个电器的元件画在一起,还要求各电气元件的文字符号与原理图一致。对各部分线路之间接线和对外部接线都应通过端子板进行,而且应该注明外部接线的去向。

为了看图方便,对导线走向一致的多根导线合并画成单线,可在元件的接线端标明接线的编号和去向。

接线图还应标明接线用导线的种类和规格,以及穿管的管子型号、规格尺寸。成束的接线应说明接线根数及其接线号,如图 3 – 11 所示。

图 3 – 11 为 CW6163 型卧式车床电气接线图,表 3 – 4 为该图的管内敷线明细表。

表 3 – 4 CW6163 型卧式车床电气接线图中管内敷线明细表

代号	穿线用管(或电缆)类型	电线		接线号
		截面/mm^2	根数	
1	内径 15mm 聚氯乙烯软管	4	3	1D1,1D2,1Da
2	内径 15mm 聚氯乙烯软管	4	2	1D1,X31
		1	8	1,3,5,7,9,1a,C1,Ca
3	内径 15mm 聚氯乙烯软管	1	12	2D1, 2D2, 2D3, 3D1, 3D2, 3D3 1,3,5,06,11,1a
4	G3/4 螺纹管			
5	Φ15mm 金属软管	1	9	3D1,3D2,3D3,1,3,5,06,11,1a
6	内径 15mm 聚氯乙烯软管	1	9	3D1,3D2,3D3,1,3,5,11,1a 备用 1
7	18 × 16mm^2 铝管			
8	Φ11mm 金属软管	1	2	03,06

第4章 直流自动调速系统

4.1 机床的速度调节

4.1.1 机床对调速的要求

调速是机床对电力拖动及其控制系统提出的重要要求，有些小型机床对电力拖动系统的转速没有什么严格要求，例如小型台钻或砂轮机等，只需要控制电动机的启动、停止和有一个大致符合生产要求的转动速度就可以了。但是大多数机床，对其电力拖动系统的转速调节是有着不同程度的要求的。

在机床加工工件时，必须选择最经济的切削速度，在此速度下加工时，才能够发挥机床和刀具的最大利用率。因此不同的工件，切削速度也应有所不同。也就是说，所加工工件直径大小不同，材料的硬度、性质不同，要求的精度和表面粗糙度不同，所用刀具也可能不一样。所以为保证得到最经济的切削速度，就必须保证机床能在不同的速度下工作，这就对电力拖动系统提出了调速的要求。

为了满足各种工作速度的要求，目前普通机床常用的调速方法有：机械有级调速系统、电气和机械有级调速系统、电气无级调速系统。

1. 机械有级调速

在机床主传动中，特别是小容量和中等容量，常常采用不调速的笼型感应电动机。在这种系统中，电动机转速不变，而机床主轴不同转速的获得是通过改变齿轮箱的变速比得到。这种机床很多，如卧式车床、钻床、铣床、小镗床等。

这种改变变速箱的啮合齿轮的办法常常不能保证最有利的切削速度，也就是机床不能在所有的情况下保证有最高的生产率。此外，对机械系统比较复杂的机床还会降低其工作的精度和增加机床造价。

2. 电气和机械有级调速

为了简化机床的传动系统采用多速笼型感应电动机（双速、三速或四速电动力）。机床主轴不同转速的获得，是通过改变齿轮变速比和改变电动机本身的转速配合起来得到的。

如果电动机的速度级数为 m，而机械变速级数为 y，那么机床主轴的速度级数为

$$z = my$$

如主轴速度级数 $z = 12$，采用三速电动机的主轴速度图，如图 4-1 所示。

图 4-2 所示为主轴 12 级速度对应于电动机为单速、双速和三速时变速箱的机械传动系统。从图中比较可看出，采用单速电动机时，变速箱的尺寸大，轴和齿轮用得

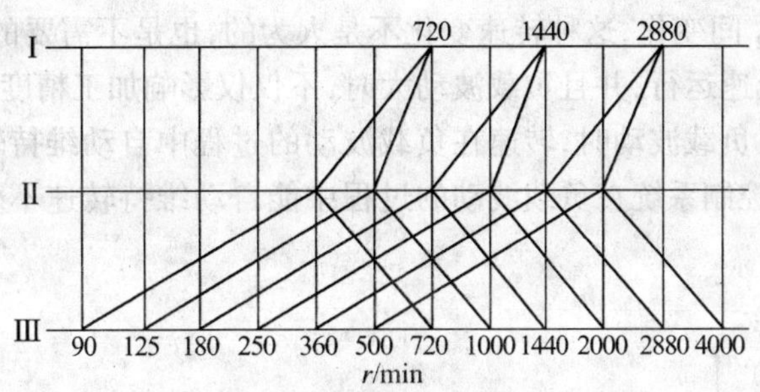

图 4-1　主轴拖动装置的转速图

多。但是多速电动机比单速电动机贵得多，因此，如果应用多速电动机之后，在减小机床变速箱方面效果不显著或成本上没有降低的话，那么采用单速电动机显然是合理的。

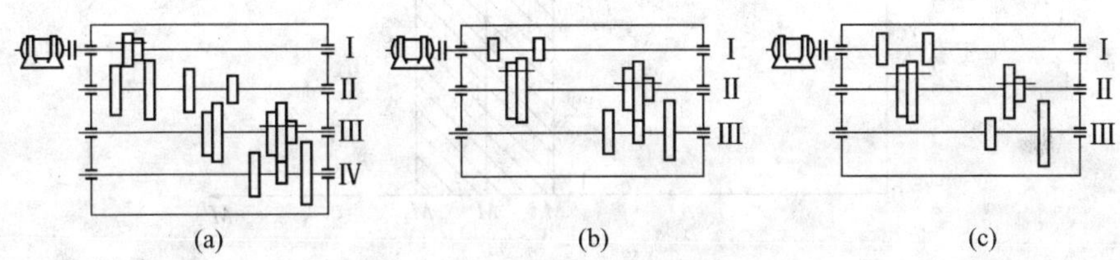

图 4-2　变速箱的机械传动系统图

3. 电气无级调速

机床的无级调速可以是电气的，也可以是液压的或机械的。但使用最多的是电气无级调速系统，这是因为电气无级调速系统调速范围宽、控制灵活，还可以实现远距离操作。

电气无级调速就是机床工作机构的不同转速是靠直接改变电动机的转速实现的。此时，传动机构的变速箱改为减速箱，机床的传动系统变得非常简单。在重型机床中，简化主拖动的机械传动系统是非常重要的。一般在重型机床中，主拖动的电动机采用直流他励电动机，以保证平滑改变转速。在很多机床的进给机构中，所需的功率不大，但要求较大的调速范围。在这些机构上根据生产率和调速平滑性的要求，采用电气无级调速也是合理的。例如重型镗床的进给机构、重型龙门铣床和外圆磨床的进给机构，一般都采用电气无级调速。

上述人为使机床工作机构根据生产工艺要求产生不同的转速，这就是调速（变速）。如上所述，调速可以是机械的，也可以是电气的。如果有负载发生变动，引起转速变化，则完全是两回事。机床除了对改变转速有一定要求外，对稳速也有一定要求。所谓稳速，就是指电动机转速应尽量不受各种干扰因素的影响，按要求以一定的精度稳定在某一速度下运行。这就要求控制系统能够自动调整转速，使其稳定在某一速度下运转。

譬如直流电动机的机械特性，由于电枢回路电阻压降的影响，其特性不是平的，如图 4-3 中特性 1 所示。可见，即使固定在某一转速下工作，如工作在图中 A 点。但是由于工件材质不均、摩擦力的变化等，电动机负载总是波动的，使工作点在 A_1 和 A_2 间变动。

而使转速在 n_1 和 n_2 间变化,这种转速变化不是人为的,也是不需要的。这样将影响到产品质量,尤其是在低速运行,并且负载波动大时,不仅仅影响加工精度,还可能影响正常运行。为此,要设法在负载波动时,转速在负载波动的过程中自动维持转速 n 不变,即工作在特性 2 上。自动控制系统在负载波动的过程中能自动维持转速不变,这就是转速的自动调整。

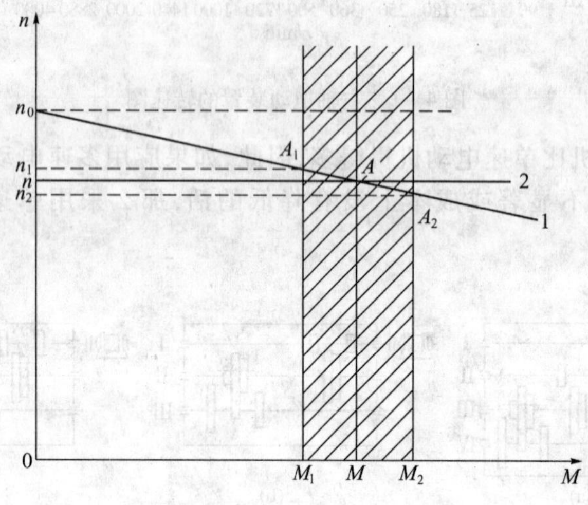

图 4-3　稳速运行工作点

4.1.2　调速指标

所谓电动机调速就是根据生产工艺要求改变电动机转速,以满足产品质量和生产率的要求。这样就必须研究调速系统的调速性能,考虑调速的技术指标。生产中,常用下列指标评价机床传动系统的调速性能。

1. 调速范围

所谓调速范围是指电动机在额定负载下最高转速 n_{max} 与最低转速 n_{min} 之比。即

$$D = \frac{n_{max}}{n_{min}}$$

许多金属切削机床要求有一定的调速范围。例如重型铣床的进给机构要求最低速度是 2mm/min,最高移动速度是 600mm/min,则要求电动机的调速范围为

$$B = \frac{600\text{mm/min}}{2\text{mm/min}} = 300$$

这样的调速范围在机床中并不少见。一般车床主轴需要的调速范围是 20~50;而精密镗床的进给机构要求 1000 以上,有的精密机床要求宽调速,其调速范围达 1~10000 以上。当然,这些宽的调速范围,一般是由特殊制造的宽调速力矩电动机及数字锁相调速系统来达到的。

一般机床主传动和进给传动的调速范围如表 4-1 所列。

表 4－1 一般机床主传动和进给传动的调速范围

机床类别	D(主传动)	D(进给传动)
中型和重型车床	40～100	50～150
立式车床	40～60	40～80
摇臂钻床	20～100	5～40
卧式和立式铣车	20～60	25～60
中型卧式镗床	25～60	30～150
中小型龙门刨床	4～10	10～50
大型龙门刨床	10～30	10～50

2. 静差度

在研究电动机的调速方法时,不能单从可能得到的最高转速和最低转速来决定调速范围。我们必须考虑到负载变化对速度的影响,即速度的稳定度问题。机床在加工时对静差度都有一定要求,如果负载变化时,电动机转速有很大变化,往往不合要求。因此,由于对静差度有一定要求,这就限制了调速范围。

用在额定负载时的转速降落与理想空载转速之比来表示静差度 s,即

$$s=\frac{n_0-n_1}{n_0}=\frac{\Delta n_{cd}}{n_0}$$

式中:n_0 为理想空载转速;n_1 为实际运行转速;Δn_{cd}为额定负载时转速降落。

实际上,静差度 s 就是表示在负载变化时,拖动装置转速降落的程度。也要用百分数表示

$$s=\frac{\Delta n_{cd}}{n_0}\times 100\%$$

对于机床,通常都希望控制系统的静特性有较大的硬度,从而使负载变动而引起的转速降落尽量小。特性越硬,静差度越小,稳速精度就越高。然而,静差度和特性硬度又是有区别的,如图 4－4 所示,特性 1 与特性 2 硬度一样。并且额定负载下的转速降落相等,$\Delta n_{cd}=\Delta n_{cd}2$。但因理想空载转速不一样,$n_{01}>n_{02}$,$s_1<s_2$。同样硬度的特性,理想空载转速越低时,静差度就越大,转速的相对稳定性也就越差。因此,对一个系统的静差度要求,就是对最低速的静差度要求。可见,调速范围和静差度这两项指标是互相关联的。

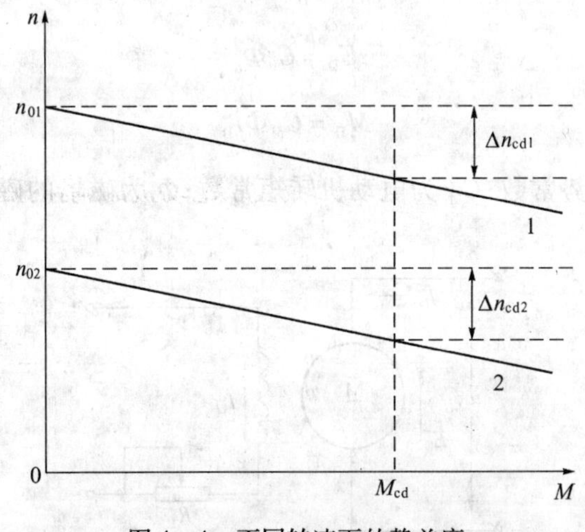

图 4－4 不同转速下的静差度

各种机床对静差度有不同的要求,例如一般车床主传动要求静差度 $s=0.2\sim0.3$;龙门刨床的工作台传动 $s=0.1$;精加工机床 $s=0.05\sim0.1$。静差度 s 不但影响产品的表面质量,而且还影响生产效率,对某些机床还可能影响产品质量。

3. 调速的平滑性

调速的平滑性可用两个相近转速之比来表示,即从某一个转速可能调节到的最低转速来评价。转速改变得越小,调速的平滑性就越高。于是,可用两相邻速度之比来表示速度的平滑性。即

$$\varphi = \frac{n_i}{n_i - 1}$$

这个比值越接近1,调速的平滑性越好。无级调速系统的调速平滑度 $\varphi=1$。在一定的调速范围内,可能得到的调节转速的级数愈多,则调速的平滑性越好,即所说的平滑连续调节转速。

4. 调速的经济性

用调速的设备费用、电力消耗、维护及运转的费用来评价其经济性。

4.1.3 恒功率负载、恒转矩负载的速度调节

我们知道生产机械不同,其机械特性也不相同,而生产机械的负载与转速之间又有一定关系。从电动机的调速性能这一角度来看,主要有两种情况:一种是恒功率负载,龙门刨床工作台的传动、车床的主轴传动都属于恒功率负载,也就是说要求在输出功率不变的情况下进行速度调节;另一种是恒转矩负载,机床的进给运动都是恒转矩负载,要求在转矩不变的情况下调节速度。

在电工学课程中,我们已经知道了交、直流电动机调速的基本原理和方法,这里不再介绍。

下面研究恒转矩负载和恒功率负载的速度调节问题。

图4-5为他励直流电动机电路图,根据直流电动机的理论,可以写出下列方程式:

$$u_D = E_D + I_D R_\Sigma$$

$$E_D = C_e \Phi_n$$

$$M_D = C_M \Phi I_D$$

式中:C_e 为电动机电势常数;C_M 为电动机转矩常数;Φ 为磁场的磁能量;R_Σ 为电枢回路总电阻。

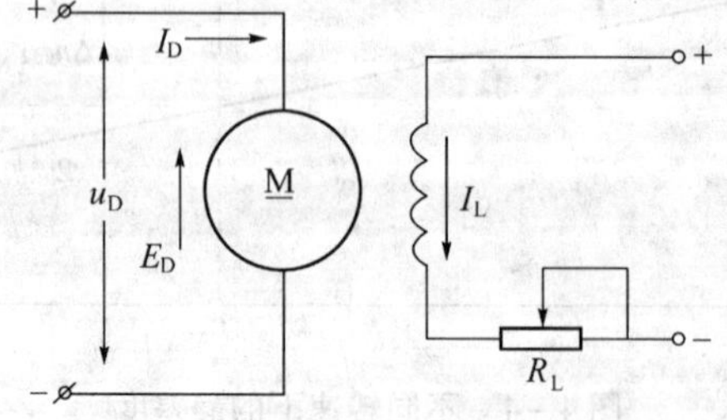

图4-5　他励直流电动机电路图

可得

$$u_D = C_c \Phi_n + I_D R_\Sigma$$

电动机转速为

$$n = \frac{u_D - I_D R_\Sigma}{C_e \Phi}$$

由式得

$$n = \frac{u_D}{C_e \Phi} - \frac{R_\Sigma}{C_e C_M \Phi^2} M_D$$

当 $M_D = 0$ 时，

$$n = n_0 = \frac{u_D}{C_e \Phi}$$

而 $\Delta n = -\frac{M_D R_\Sigma}{C_e C_M \Phi^2}$

$$n = n_0 - \Delta n$$

这时的转速仅与外加电压成正比,称为理想空载转速。上式就是电动机的机械特性方程式。

1. 恒转矩调速

从电动机机械特性方程式可知,改变电机电枢两端电压 u_D 的数值,而保持励磁磁通 Φ 和电枢回路电阻 R_Σ 不变,可得到不同转速。由于 u_D 改变了,所以 $n_0 = n_D / C_c \Phi$ 将改变,转速降落 $\Delta n = M_D R_\Sigma C_c C_M \Phi^2$ 则不变,因此,不同的 u 对应不同的机械特性,如图 4-6 所示。图中的一组平行线说明：改变电动机电枢电压,就能得到不同的转速。

这种改变转速的方法特点是：从电动机发热观点来看,电枢所允许通过的电流是一定的,而 Φ 又保持不变,所以不论电机工作在高速或是低速,电动机所能发出的转矩 $M_D = C_M \Phi I_D$ 是一定的。

电动机的功率 $P_D = M_D n$,由于电动机输出转矩 M_D 不变,所以 P_D 与 n 成线性关系,如图 4-7 所示。也就是说改变电动机电枢电压 u 调速,电动机转矩 M 不随转速 n 改变,而功率随转速 n 而线性变化。在变速过程中,电动机输出转矩 M_D 不随转速 n 改变而改变的电动机变速特性称做“恒转矩变速特性”。这种改变电动机电枢电压的调速方法也叫做恒转矩调速。

2. 恒功率调速

从电动机机械特性方程式可知,如果改变磁通 Φ,保持电枢电压 u 不变,R_Σ 为常数,就得到了如图 4-8 的所示的特性。也就是说改变电动机磁场 Φ,就可以改变电动机的转速 n。但由于磁路饱和,磁通 Φ 一般只有减弱,不能增强。

这种改变转速方法的重要特点是：电动机所允许的电流 I 一定,但由于 Φ 减少时 n 增加,所以转矩 $M_D = C_M \Phi I_D$ 是下降的。也就是说当调节励磁改变转速时,M_D 随转速 n 改变而改变,转速越高输出的转矩越低,转速越低输出的转矩越高。

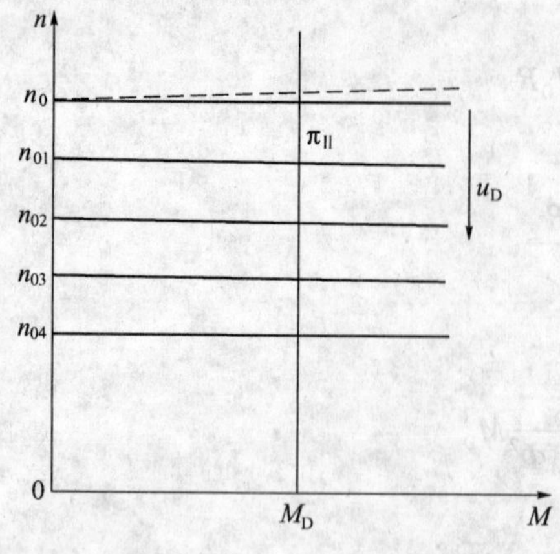

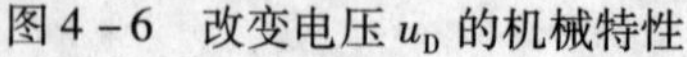
图 4-6　改变电压 u_D 的机械特性

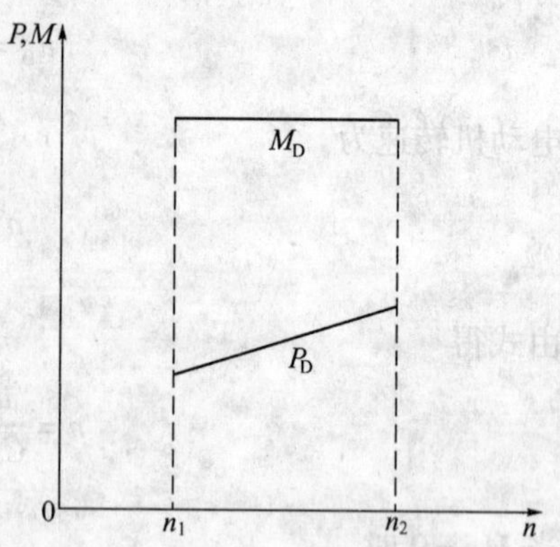

图 4-7　恒转矩变速特性

M_D 下降，而 n 上升，可维持 P_D 基本不变。上述关系可由图 4-9 表示。这种电动机功率不随转速改变而改变的特性称为“恒功率变速特性”。这种改变电动机磁场调速的方法也称做恒功率调速。

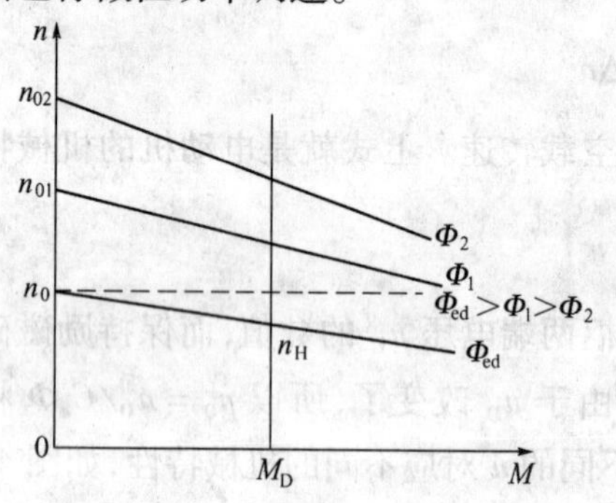

图 4-8　改变磁通 Φ 的机械特性

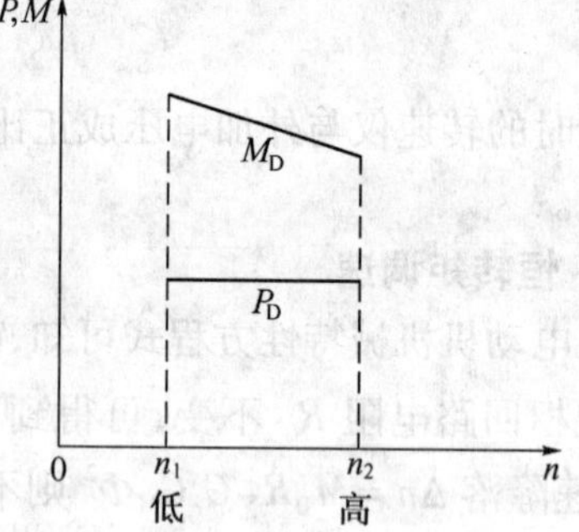

图 4-9　恒功率变速特性

所谓恒功率或恒转矩，实质上是由于电动机发热所限制，在不同工作转速下电动机长期所能给出的最大功率或最大转矩不变。

前面讲过，机床的进给运动可看做是恒转矩负载，譬如卧式车床刀架进给力是较小的，拖动进给装置主要是克服摩擦力，而摩擦力的大小一般不随速度的高低而有太大的变化。所以无论是高速进给，还是低速进给，需要的转矩是一样的，即恒转矩负载。当然需要的功率也就随转速的增高而加大。恒转矩性质的负载，就是要求在负载转矩不变的情况下调节速度。也就是说选择的电动机调速系统，应该保证在所需要的任何一级转速下工作时，都能够满足转矩和功率的要求，并使电动机得到充分利用。如果选择的电动机调速系统与负载性质配合不好，就会造成浪费。比如对恒转矩性质的负载，选择电动机调速时允许的功率恒定，但机床进给运动则要求高速时功率较大，低速时功度较小。如果选择电动机在高速时允许功率等于进给运动的负载功率，则在低速时电动机的允许功率就小于进给运动负载功率。这样电动机在低速时就不是满载运行，电动机没能充分发挥它的能力。如果电动机欠载运行，效率就更低。所以，恒转矩性质负载就应选择恒转矩调速方法来拖动，电动机才能得到充分利用。

同样,恒功率性质的负载,如车床的主轴,如果采用恒转矩调速也是不合理的。因为电动机调速时允许输出转矩固定,但车床主轴要求高速时转矩较小,低速时转矩较大。如果选择电动机在低速时的允许转矩等于车床主轴的负载转矩,则高速时电动机转矩就大于主轴负载转矩。这就造成了电动机在高速时没能充分发挥它的作用。如果选择恒功率的调速方法,这个问题就不存在了。

根据以上所述,在考虑调速系统方案时,除考虑满足调速主要指标外,同时也要考虑负载性质,使调速方案完全合理。

4.2 反馈控制的基本概念

交流异步电动机结构简单,工作可靠,价格便宜,但是对调速性能要求较高的机床就满足不了要求。制造经济的、有较高调速性能的交流传动系统,至今还是电力拖动系统要解决的问题之一。直流调速系统虽然需要变流设备,系统复杂,投资也比较大,但它具有很好的调速性能。随着机床切削速度的提高,调速范围的扩大,直流调速系统在大型车床,龙门刨床、镗床、精密磨床等机床中都得到广泛应用。

实际上直流调速系统中,电动机是用直流发电机或晶闸管整流设备供电,如图 4-10 所示。前者称发电机—电动机调速系统,后者称晶闸管—直流电动机调速系统。

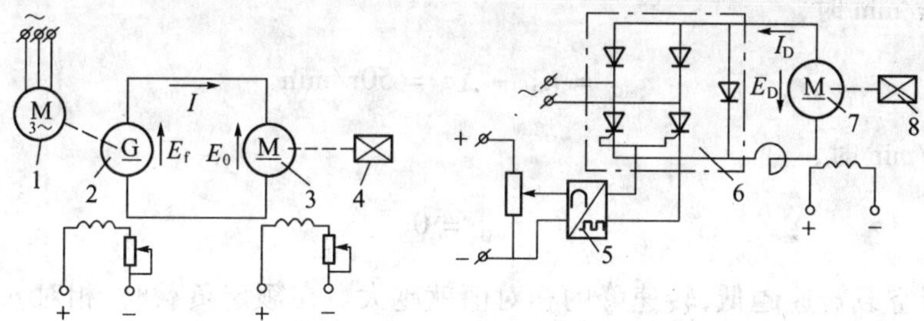

图 4-10 直流调速系统

在发电机—电动机组调速系统中,改变发电机所发出的电压或改变电动机磁场都可以改变转速,可得到很宽的调速范围,控制也较方便,但它需要的电动机数量多,设备容量大,需要占地面积大,能量损耗也大,并不是很理想的拖动系统。随着晶闸管技术的发展,目前已经逐渐用晶闸管整流装置来代替直流发电机给直流电动机供电。这种系统用静止的整流装置代替了转动的发电机及拖动发电机的异步电动机,占地面积小,振动也小,反应速度快,效率高,在目前得到了广泛地应用。

4.2.1 减少转速降落与扩大调速范围

已经知道直流电动机机械特性方程式为

$$n = \frac{u_D}{C_e \Phi} - \frac{R_\Sigma}{C_e C_M \Phi^2} M_D$$

或

$$n = \frac{u_D}{C_e \Phi} - \frac{I_D R_\Sigma}{C_e \Phi} = n_0 - \Delta n$$

从机械特性可知，当电动机端电压 u_D 不变时，负载电流 I_D 增大，电动机转速 n 要下降，如图 4－11 所示。改变电压 u_D 调速时，这时理想空载转速不同了。但在额定负载下，转速降落 $\Delta n = I_{cd}R_{\Sigma}/C_e\Phi$ 是一样的。

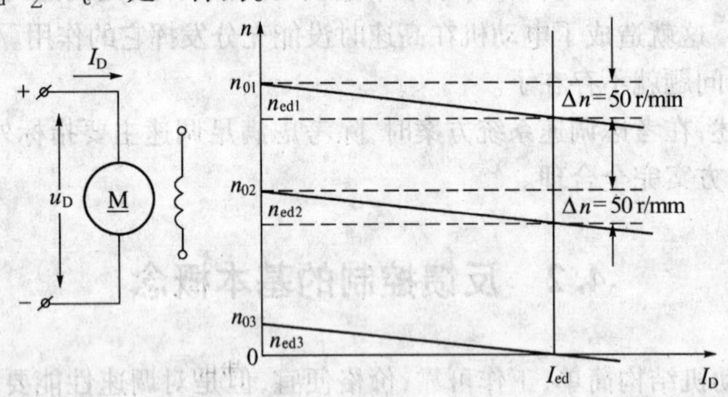

图 4－11　直流他励电动机机械特性

例如，$\Delta n = 50\text{r/min}$，

当 $n_{01} = 1000\text{r/min}$ 时，

$$n_{cd1} = n_{01} - \Delta n = 950\text{r/min}$$

当 $n_{02} = 100\text{r/min}$ 时，

$$n_{cd2} = n_{02} - \Delta n = 50\text{r/min}$$

当 $n_{03} = 50\text{r/min}$ 时，

$$n_{cd3} = 0$$

说理想空载转速越低，转速降的相对值就越大。在额定负载时，相对 n_{01} 转速降了 5%，相对 n_{02} 转速降了 100%。即电动机在低速时，负载若稍有变化，转速 n 就会波动很大，甚至出现负载增大后，转速为零的现象。这在调速范围要求较宽的情况下，是满足不了需要的。

在实际生产中，常常要求电动机转速过程中保持不变，要求转速在加工过程中保持不变，要求转速变化不大于某一给定数值。这就是前面说过的静差度。从上边的例子中可知，高速时，

$$s_1 = \frac{\Delta n}{n_{01}} = \frac{50}{1000} = 5\%$$

而低速时，

$$s_2 = \frac{\Delta n}{n_{02}} = \frac{50}{100} = 50\%$$

显然，低速时转速波是太大了，超过了实际对静差度的要求。也就是说，它的速度不能从 1000r/min 调到 100r/min。可见静差度和调速范围是有密切关系的。

如果电动机可由最低转速 n_{02} 调到最高转速 n_{cd1}，则

$$D = \frac{n_{ed1}}{n_{ed2}} = \frac{n_{ed1}}{n_{02} - 4n_{ed}}$$

额定负载低速时,静差度为

$$s_2 = \frac{\Delta n_{ed}}{n_{02}}$$

把下式代入上式中,得

$$D = \frac{n_{ed1}}{n_{02} - \Delta n_{ed}} = \frac{n_{ed1}}{n_{02}\left(1 - \frac{\Delta n_{ed}}{n_{02}}\right)} = - \frac{n_{ed1}}{\frac{\Delta n_{ed}}{n_{02}}(1 - s_2)} = \frac{n_{ed1} s_2}{\Delta n_{ed}(1 - s_2)}$$

式中:n_{cd1}为额定负载时电动机最高转速;n_{cd2}为额定负载时电动机最低转速;n_{cd}为额定负载时电动机转速降落;n_{02}为电动机是低理想空载转速;s_2 为额定负载低速时静差度。

上式表示了拖动系统的调速范围、静差度、静态转速降落和最高转速之间的关系。电动机调速时,如转速降落一定,所要求的静差度 s_2 越小,则调速范围 D 也越小。各种机床允许的最大静差度是不同的,要求的调速范围也不同,对一般调速系统总是希望 D 大,静差度 s 小。所以如何扩大调速范围,减少静差就成了电力拖动系统要解决的问题之一。

4.2.2 通过反馈控制实现速度自动调整

从上述分析可知,要想扩大调速范围,就必须减少转速降落 Δn。

如果在负载增加时使转速能够维持不变,就达到了目的。如图 4-12,当负载增加,转速下降时,设法增大给定电压 u_g,提高 u_D,使转速 n 恢复到原来的数值,就可达到既能调速又能减少静态速度降落的目的。显然用人工调速是相当困难的。

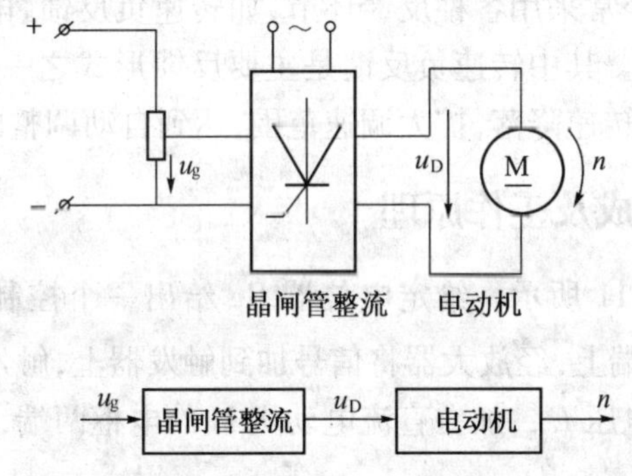

图 4-12 晶闸管—电动机速度开环控制系统

在图 4-13 中,通过测速发电机 TG,将电动机转速 n 的大小转换成电压信号 u_{TG},把 u_{TG}与给定电压 u_g 进行比较后,去控制晶闸管整流装置给电动机电枢两端的电压 u_D,也就控制了电动机的转速。

u_{TG}反映了电动机的转速,并返回到输入端参加了控制,故称做转速反馈。又因为 u_{TG} 极性与 u_g 极性相反,所以称做转速负反馈。当电动机负载增加时,n 下降,u_{TG}下降,由于 u_g 未变,$\Delta u = u_g - u_{TG}$将磁大,结果就使晶闸管整流电压增高,电动机转速 n 上升,使转速接近原来数值；如果负载减少，使 n 上升，这时 u_{TG} 增大，使 Δu 下降，整流电压降低，转速 n 下降到接近原来转速。

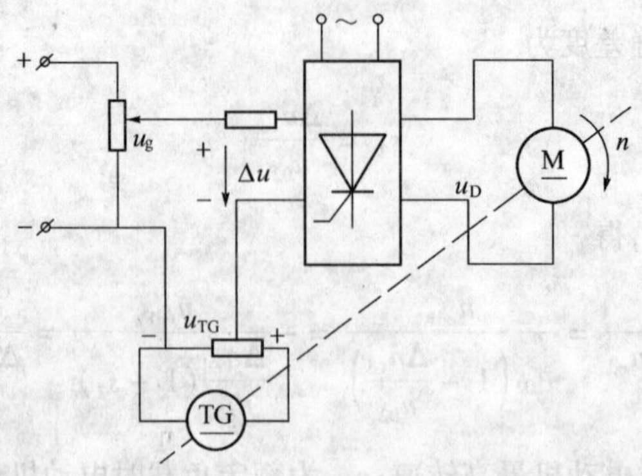

图 4-13　速度闭环控制系统

这种系统是把反映输出转速 n 的电压 u_{TG} 反馈到输入端，与给定电压 u_g 比较，形成一个闭环，由于反馈作用，系统可以自动调整转速，所以把这种系统称做闭环控制系统。又由于是反馈信号的作用，达到自动控制转速的目的，所以常把这种控制方式称做反馈控制。

同理，把如图 4-12 所示的系统叫做开环控制系统。这种系统输出端与输入端之间没有任何电路联系。一般对调速要求较高的生产机械不用所谓开环控制系统，因为它达不到自动调整的目的。

4.3　转速负反馈自动调速系统

在自动调速系统中经常采用各种反馈环节，如转速负反馈、电压负反馈、电流截止负反馈、电压同分负反馈等。其中转速负反馈是主要反馈形式之一。控制系统引入转速负反馈以后，可以减少静态转速降落，扩大调速范围，达到自动调整的目的。

4.3.1　系统的组成及工作原理

系统的组成如图 4-11 所示。给定电位器 Rg 给出一个控制电压 u_g，与反馈回来的 u_{TG} 一起加到放大器输入端上，经放大器将信号加到触发器上，触发器产生脉冲，触发晶闸管。晶闸管输出一直流电压 E_{da}，加在直流电动机 M 的电枢两端，产生电流 I，使电动要以一定转速 n 转动。

电动机转速是通过测速发电机电压 u_{TG} 反映出来的。测速发电机的电枢电动热 E_{TG} 为

$$E_{TG} = C_{cTG}\Phi_{TG}n$$

式中：C_{cTG} 为由测速机结构决定的常数；Φ_{TG} 为测速发电机励磁磁通量；n 为测速发电机转速，即电动机转速。

由于 $C_{cTG}\Phi_{TG}$ 是不变的常量，测速机与电动机同轴连接，是同一个转速 n，所以测速机

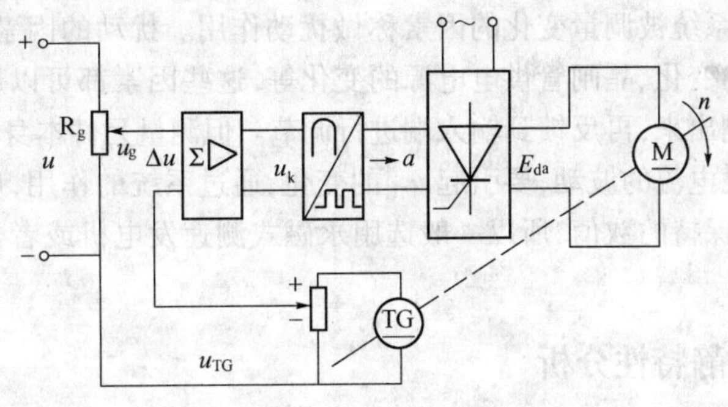

图4－14　转速负反馈调速系统

的电枢电动势 E_{TG} 反映了电动机的转速，即测速机电枢两端电压 u_{TG} 反映了电动机的转速。

反映了电动机转速的 u_{TG} 反馈到输入端与给定电压相比较，其差值作为放大器输入电压即 $\Delta u = u_g - u_{TG}$。在稳态工作时，假如电动机工作在额定转速，当负载增加时，电流 I_D 增大，电动机转速 n 下降，测速发电机的 u_{TG} 减小，由于速度给定电压 u_g 没有改变，所以 Δu 增大了，即放大器输出 u_k 增加，它使晶闸管整流器控制角 a 减少（导通角增大），使晶闸管整流电压 E_{da} 增加，电动机转速回升到接近原来额定转速值。其调整过程为：

$$负载\uparrow\rightarrow n\downarrow\rightarrow u_{TG}\downarrow\rightarrow\Delta u\uparrow\rightarrow u_k\uparrow\rightarrow a\downarrow\rightarrow E_{da}\uparrow\rightarrow n\uparrow$$

同理，当负载下降时，转速 n 上升，其调速过程可示意为：

$$负载\downarrow\rightarrow n\uparrow\rightarrow u_{TG}\uparrow\rightarrow\Delta u\downarrow\rightarrow u_k\downarrow\rightarrow a\uparrow\rightarrow E_{da}\downarrow\rightarrow n\downarrow$$

可见，当转速 n 下降时，调整的结果使 n 回升到接近原来值；当 n 上升时，调速的结果使 n 下降接近原来值。这就形成了速度负反馈闭环系统，被控制量也参加了控制作用，形成闭环控制。

我们知道，当负载增加时，在主回路产生电压降 $I_D R_\Sigma$（R_Σ 为主回路总电阻）。只要负载继续保持，这个电压就继续存在。假设原来电动机为空载，要想使电动机转速保持原来的数值，晶闸管整流电压必须比以前增加 $I_D R_\Sigma$，来补偿这个压降。晶闸管整流器输出电压增加的条件是必须使输入电压 u_k 增加，使得输出脉冲前移，控制角 a 减少，由于给定电压 u_g 不变，u_{TG} 减少，使得 Δu 增加。但 u_{TG} 如果不减少，则 Δu 就不可能增大，晶闸管整流电压就不可能增加一部分电压来补偿主回路电压降 $I_D R_\Sigma$。只要 u_{TG} 减少，说明电动机转速 n 比原来转速低。这就是说不可能恢复到原来的转速值，只能接近原来的转速。

从上述可知，这种转速负反馈控制系统有两个主要特点：

（1）利用被调量的负反馈进行调节，也就是利用给定量与反馈量之差（即误差）进行控制，使之维持被调量不变（接近不变）。

（2）为了尽可能维持被调量不变，减少静态误差，这样就得使误差量变得很小。要使误差量很小，而还希望晶闸管输出整流电压足够大，使之能够补偿负载变化所引起的转速降落，这就要求系统的放大倍数要很大才行。因此，在晶闸管触发电路之前通常接入一个高放大倍数的放大器。放大倍数越大，调节系统的准确度就越高，静差度就越小。

这种系统是靠给定与反馈之差调整的系统，从原理上说，是不能维持被调量完全不变的，总有一定的误差，因此系统叫做有差调节系统。

我们通常把使系统被调量变化的因素称做扰动作用。扰动的因素很多，例如负载的变化、电动机励磁的变化、晶闸管供电电源的变化等，这些因素都可以反映到转速的变化上来，可用测速机测出来，再反馈到输入端进行调节。但测量元件本身的误差是无法补偿的，例如测速机励磁电流的波动，要引起 u_{TG} 的变化，通过系统的作用，反而会使电动机的转速离开原来所应保持的数值，所以一般选用永磁式测速发电机或者使测速发电机的磁场工作在饱和状态。

4.3.2 系统静特性分析

无论是晶闸管供电的直流电动机自动调速系统，还是发电机—电动机组的自动调速系统，静特性分析方法是一样的。只要知道系统总放大倍数后，就可以求出系统的静特性来。之所以要分析系统的静特性，就是要找出减少静态速降、扩大调速范围的途径，改善系统调速性能。下面以晶闸管控制系统为例，分析转速负反馈自动调速系统的静特性。

我们认为控制系统的放大器、触发器、晶闸管整流装置、测速发电机等的特性都是近似线性的或者是线性化了的，这样就可以用解线性电路的方法来分析系统。所谓静特性是指电动机转速 n 与负载电流 I 的关系。即：

$$n = f(I)$$

根据图 4－14 分别写出各部分的方程表达式，然后就可写出整个系统的方程表达式来。

1. 电动机电枢回路

电动机电枢回路的电势平衡方程式为

$$E_{da} = C_c \Phi_n + I_D R_{\sum} + \Delta E$$

式中：$R_{\sum}$ 为电枢回路总电阻；ΔE 为晶闸管正向管压降（一般 $\Delta E < 1.2\text{V}$）。

$$R_{\sum} = X_a m / 2\pi = r_{T2} + r_P + r_D$$

式中：X_a 为主变压器归算到二次侧的全部漏抗；m 为整流相数；r_{T2} 为主变压器二次侧绕组电阻；r_P 为平波电抗器绕组电阻；r_D 为电动机电枢绕组电阻。

2. 晶闸管整流装置

对于晶闸管整流器，当负载 L 电感很大时，不同控制角 a 时的整流电压为

$$E_{da} = E_{d0} \cos a$$

式中：E_{da} 为 $a = 0$ 时整流电压平均值；a 为晶闸管控制角。

从上式可知，晶闸管整流器输出电压 E_{da} 是控制角 a 的余弦函数。当控制角 $a = 90°$ 时，整流电压 $E_{da} = 0$，此时对应放大器的输出电压 $u_k = 0$；当放大器输出电压 u_k 增加时，触发器脉冲向前移动，a 减小，整流电压 E_{da} 从 0 增大；当放大器输出电压 u_k 达到最大时，a 减小到零，此时整流电压达到最大值，$E_{da} = E_{d0}$，因此晶闸管整流电压 E_{da} 与 u_k 之间关系，可近似的看成线性关系，即可写成：

$$E_{da} = K_{k2} u_k$$

式中：K_{k2}为晶闸管整流装置放大倍数。它包括触发器和晶闸管整流器在内。

3. 放大器

放大器输出电压为

$$u_k = K_p \Delta u = K_p(u_g - u_{TG})$$

式中：K_p 为放大器电压放大倍数。

4. 转速反馈回路

转速反馈回路如图 4－15 所示。

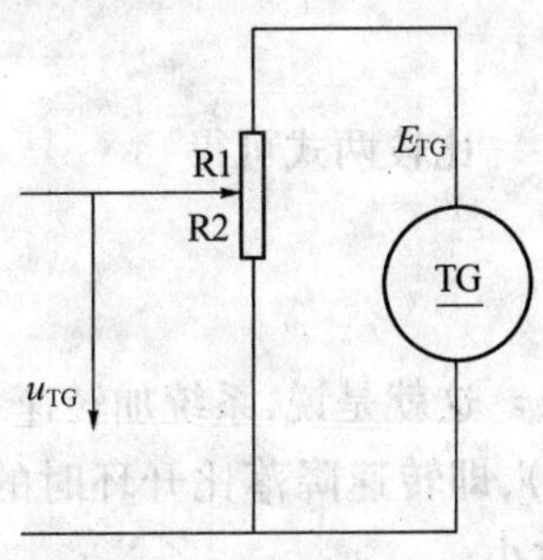

图 4－15　转速反馈回路

$$u_{TG} = \frac{R_2}{R_1 + R_2} E_{TG} = \frac{R_2}{R_1 + R_2} C_{eTG} \Phi_{TG} n = K_a n$$

$$K_a = \frac{R_1}{R_1 + R_2} C_{eTG} \Phi_{TG} = a_{TG} C_{eTG} \Phi_{TG}$$

式中：K_a 为速度反馈系数；a_{TG}为反馈电压比列系数，$a_{TG} = R_2/(R_1 + R_2)$；$C_{eTG}\Phi_{TG}$为测速发电机电动势常数（Φ_{TG}恒定）。

下面根据各环节表达式，求出系统静特性方程式。

由 $E_{da} = C_e \Phi_n + I_D E_{\Sigma} + \Delta E$

$$E_{da} = K_{k_2} u_k$$

$$u_g = K_p(u_g - u_{TG})$$

$$u_{TG} = K_a n$$

得 $K_{k2} u_k = C_e \Phi n + I_D E_{\Sigma} + \Delta E$

$$K_{k2} K_p(u_g - u_{TG}) = C_e \Phi n + I_D E_{\Sigma} + \Delta E$$

$$K_{k2} K_p(u_g - k_{an}) = C_e \Phi n + I_n n + \Delta E$$

整理后得出

$$n = \frac{K_{k2} K_p u_g - I_D R_{\Sigma} - \Delta E}{C_e \Phi + K_p K_a K_{k2}} = \frac{K_p K_{k2} u_g - \Delta E - I_D R_{\Sigma}}{C_e \Phi \left(1 + \dfrac{K_p K_a K_{k2}}{C_e \Phi}\right)} =$$

$$\frac{K_G u_g - \Delta E}{C_g(1+K)} - \frac{R_{\Sigma}}{C_g \Phi (1+K)} I_D = n_0 - \Delta n_1$$

式中：K_G 为即从给定电压到晶闸管整流电压的放大倍数，$K_G = K_P K_{k2}$；K 为系统开环总放大倍数，$K = K_p K_a K_{k2} / C_e \Phi = K_G K_a / C_e \Phi$；$\Delta n_1$ 为系统有反馈时转速降落。

上式就是转速负反馈自动调速系统的静特性方程式。下边进一步分析系统的静态误差与放大倍数、调速范围等的关系。

我们求出系统开环时的机械特性。开环系统主回路电动势平衡方程式为

$$E_D = E_{da} \cos a - \Delta E - r_{\Sigma} I_D$$

又 $E_D = C_a \Phi n$

根据以上两式,求得系统开环时机械特性:

$$n = n_0 - \Delta n$$

如果将开环和闭环系统的理想空载转速 n_0 调整得一样,则闭环系统的静特性也可写成:

$$n = n - \frac{I_D R_\Sigma}{C_e \Phi(1+K)} = n_0 - \Delta n_B$$

比较两式可得

$$\Delta n = \frac{I_D R_\Sigma}{C_g \Phi(1+K)} = \frac{\Delta n}{1+K}$$

这就是说,系统加转速负反馈后,在同样的负载下,转速降落为原来开环时的 $1/(1+K)$,即转速降落比开环时的转速降落减少了 $(1+K)$ 倍。即放大倍数 K 愈大,转速降落愈小。

可得有转速负反馈闭环系统的调速范围 D_B 为:

$$D_B \frac{n_{ed}s}{\Delta n_{edB}(1-s)} = \frac{n_{ed}s}{\dfrac{\Delta n_{ed}}{1+K}(1-s)}$$

即

$$D_B = (1+K)\frac{n_{ed}s}{\Delta n_{ed}(1-s)}$$

$$D_B = (1+K)D_h$$

式中:ΔnedB 为闭环系统额定负载时,转速降落;D_B 为闭环系统的调速范围;D_k 为开环系统调速范围。

上式表明,有转速负反馈的闭环系统的调速范围 D_B 比开环系统大 $(1+K)$ 倍。放大倍数 K 愈大,静态速降愈小,调速范围就愈大。因此,提高系统放大倍数是减少静态速降、扩大调速范围的有效措施。但是放大倍数不宜过大,以防系统不稳定。

概括起来说,当负载相同时,闭环系统的静态转速降落 Δn_B 减少为开环系统转速降落 Δn 的 $1/(1+K)$;如果电动机的最高转速相同,而对静差度的要求也一样,那么,闭环系统的调速范围是开环系统时调速范围的 $(1+K)$ 倍。即闭环系统可以获得比开环系统更稳定的特性,从而可在保证一定静差度的要求下,大大提高调速范围。

转速负反馈调速系统的静特性,当 u_g 一定时,转速 n 与负载电流 I_D 之间关系可用图 4-16 表示出来。可见闭环控制系统的静特性与开环控制系统静特性比较,转速降落明显地减少了。

4.3.3 静特性计算举例

某龙门刨床工作台采用晶闸管—电动机直流转速负反馈调速系统。已知数据如下:

电动机:Z2-93 型,$P_{cd} = 60\text{kW}$,$u_{cd} = 220\text{V}$,$I_{cd} = 305\text{A}$,$n_{cd} = 1000\text{r/min}$,电枢电阻 $R_c = 0.066\Omega$;

三相桥式晶闸管整流电路,触发器—晶闸管环节的放大倍数 $K_{k2} = 30$,主回路总电阻

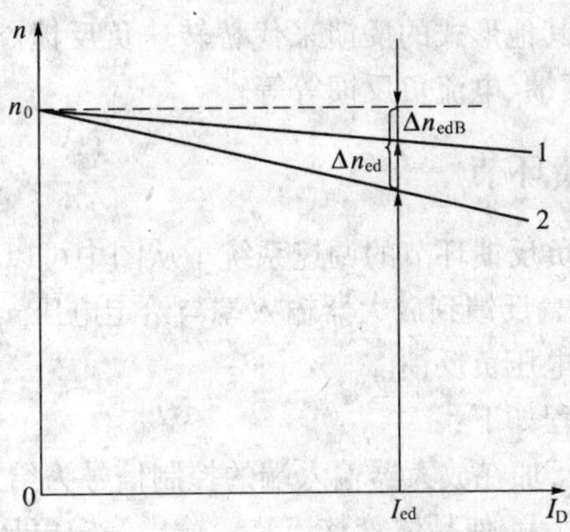

图 4-16　速度反馈调速系统的静特性

$R_{\Sigma}=0.18\Omega$，速度反馈系数 $K_r=0.015V/(r\cdot min)$。

如果采用开环系统，则电动机在额定负载下的转速降落为

$$\Delta n=\frac{I_{ed}R_{\Sigma}}{C_e\Phi}=\frac{305\times 0.18}{0.2}=275r/min$$

其中
$$C_e\Phi=\frac{u_{ed}-I_{ed}R_s}{n_{ed}}=\frac{220-305\times 0.066}{1000}=0.2$$

开环时额定转速下的静差度为

$$s_{ed}=\frac{\Delta n_{ed}}{n_0}=\frac{\Delta n_{ed}}{n_{ed}+\Delta n_{ed}}=\frac{275}{1000+275}=21.6\%$$

这个静差度 s_{ed} 已经超过了要求的5%，如果在低速运转，那就更满足不了要求，采用转速负反馈闭环系统就可满足要求。

如果满足 $D=20$，$s=5\%$，则额定负载时电动要转速降落为

$$\Delta n_{edB}=\frac{n_{ed}s}{D(1-s)}=\frac{1000\times 0.05}{20(1-0.05)}=2.63r/min$$

因为
$$\Delta n_{edB}=\frac{\Delta n_{ed}}{1+k}$$

因为
$$K=\frac{\Delta n_{ed}}{\Delta n_{edB}}-1=\frac{275}{2.63}-1=103.6$$

所以
$$K=\frac{K_{\beta}K_{\alpha}K_{k2}}{C_e\Phi}$$

即只要放大器放大倍数大于46，就能满足所提的调速指标要求。

4.4　电压负反馈和电流正反馈自动调速系统

在自动控制系统中，除转速负反馈外还有其他形式的反馈在自动调速系统中被应用。对于转速自动调节系统来说，需要有反映转速的测速发电机，但它的维护、安装都不

太方便。因此也可以采用其他形式的反馈来代替转速负反馈。在调速系统中，被常用的还有电压负反馈、电流正反馈、电流负反馈等等。

4.4.1 电压负反馈环节

图4-17为只有电压负反馈环节的调速系统。从图中可以看出反馈信号是从接在晶闸管输出端电位器RP输出，反馈到放大器输入端与给定电压 u_g 进行比较，而且两者极性相反。因此这种反馈称做电压负反馈。

电压负反馈的调整过程如下：

在某一给定电压 u_g 下，加在放大器输入端的控制信号为给定电压与反馈电压进行比较 $\Delta u = u_g - u_1$，经放大器放大，使晶体管整流装置输出一定电压，使电动机运行在某一转速下。当负载增加时，即 I_D 增大，电动机转速降低，晶闸管主回路中的电阻压降引起电动机的端电压下降，这将使反馈电压减少。这样一来加在放大器输入端的电压 Δu 增加，使晶体管整流电压增加，这就可使由于负载增加而产生的压降得到补偿。

很显然，转速负反馈系统被调量是转速，因而系统维持转速不变，但电压负反馈系统的被调量是电动机的端电压 u_D，因而它只能维持电压 u_D 接近不变。所以当负载增加时，由于负载电流 I_D 产生的电机压降 $I_D R_s$，从而使电动机的转速降落增大而得不到补偿。以电压负反馈调速系统的静差度和调速范围虽然比没有反馈的开环系统要好一些，但远远不如转速负反馈调速系统，因此它常与电流正反馈一起组成反馈调速系统。

电压负反馈引出方法分直接引出与间接引出两种。如图4-17所示，直接从主回路电动机两端取出后送到放大器输入端，这种直接引取电压反馈的方法虽然简单，但把主回路的高电压和控制回路的低电压直接混在一起，没有隔离开，易出故障。因此这种方法仅适用于小容量的调速系统。在主回路电压较高、电动机容量较大的调速系统中，常采用直流电压隔离器。电压隔离器可以使主回路的电压（隔离器的输入端）与控制回路的电压（隔离器的输出端）在电路上隔开，而又能正确地传输电压信号。

电压负反馈调速系统，由于静特性不够理想，一般仅适用于调速范围 $D<10$，静差度 $s>15\%$ 的系统，其静特性如图4-18中曲线2所示。

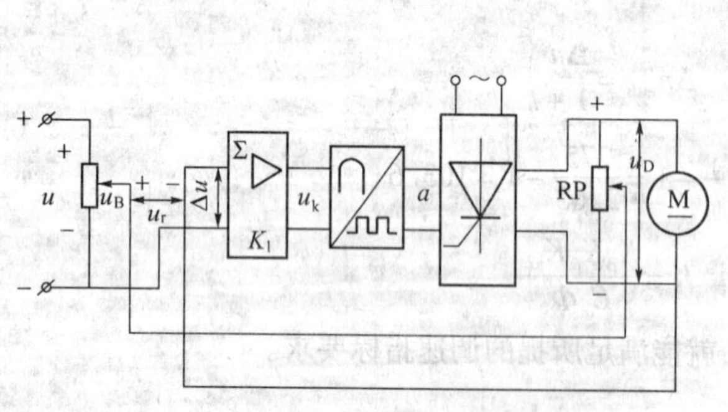

图4-17 电压负反馈环节原理方框图

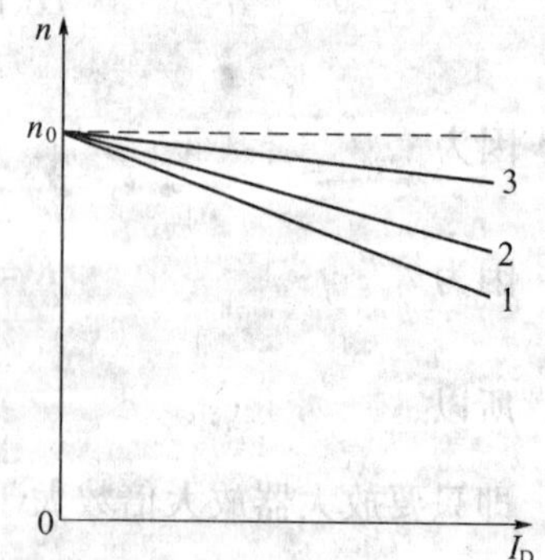

图4-18 电压负反馈系统的静特性

4.4.2 电压负反馈与电流正反馈调速系统

我们已经知道，电压负反馈转速降落比转速负反馈系统的转速降落大。即静特性不够理想，这是因为电动机电枢电阻压降所引起的转速降落未得到补偿的结果。为了补偿电枢电阻压降 $I_D R_s$，在电压负反馈的基础上增加一个电流正反馈环节，如图 4 - 19 所示。

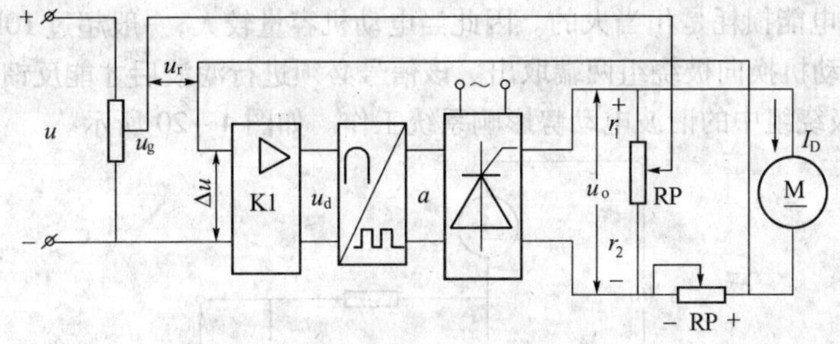

图 4 - 19　电压负反馈、电流正反馈

增加电流正反馈，也就是把一个反映电动机电枢电流大小的量 $I_D R$ 取出，也加到放大器输入端去。由于是正反馈，使放大器输入信号反映了负载电流的增减，即当负载电流增加时，放大器输入信号也增加，使晶闸管整流器输出电压 E_{da} 也增加，来补偿电枢电阻所产生的压降。

取电阻 R 上的压降 $I_D R$ 作为电流正反馈信号，把它和电压负反馈串联起来，反馈到系统的输入端，此时反馈电压为

$$u_F = u_r - I_D R$$

加在系统输入端的电压为

$$\Delta u = u_g - u_F = u_g - u_r + I_D R$$

采用电流正反馈以后，速度降落比只有电压负反馈时小了许多，系统静特性改善了很多，从而扩大了调速范围。

如果电流正反馈电阻 R 具有下列关系：

$$\frac{R}{R + R_s} = \frac{r_2}{r_2 + r_1}$$

则反馈电压

$$u_F = u_r - I_D R = \frac{r_2}{r_1 + r_2} u_D - \frac{R}{R + R_s}(R + R_s) I_D =$$

$$r[u_D - I_D(R + R_s)] = rE$$

由上式可知，这时所取的电压负反馈和电流正反馈的反馈电压 u_F 与电动机反电动势 E 成正比，也就是说相当于电动势负反馈。R 为反馈系数，当电动机励磁不变时（即 $C_c \Phi$ 不变），它就直接反映了转速反馈性质（因为 $E = C_c \Phi n$），从而调节转速使之接近不变。

但由于 $R/(R + R_s) = r_2/(r_2 + r_1)$ 平衡条件不易满足，因为电动机要发热等原因，R_s 不是固定不变的，其他电阻 R、r_1、r_2 也随温度而变化，因此实现电势反馈的条件是相对的。所以这种系统调速范围也没有转速负反馈那样宽，适用于调速范围 $D = 20$ 以下，静差度 $s > 10\%$ 的场合，由于它比转速负反馈系统省掉一个测速机，因此在中、小容量机床

中还是有应用的。

电流反馈信号由电枢回路串入的附加电阻 R 取出，在电动机容量较大时，在这一附加电阻 R 上的电能损耗是相当大的。因此当电动机容量较大，一般超过 10kW 时，电流反馈信号可从电动机换向极绕组两端取出。该信号必须进行滤波后才能反馈到放大器输入端，以免换向极绕组中的谐波电动势影响系统工作。如图 4－20 所示。

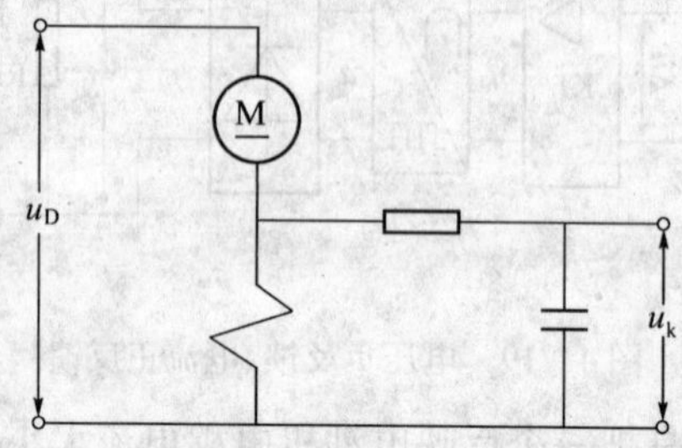

图 4－20　电动机换向极绕组两端取电流反馈信号

4.5　电流截止负反馈自动调速系统

4.5.1　电流截止负反馈的作用

许多生产机械在生产过程中，要求经常快速启动和制动，有些生产机械的电动机也经常工作在堵转状态下。在上述情况下，电动机的电流往往超过最大允许电流值。过大的电流冲击对直流电动机的换向十分不利，尤其对于过载能力差的晶闸管来说，更是不能容许的。因此必须对启制动电流或堵转电流加以限制。

对具有反馈的调速系统，如果不采取措施，将比开环系统的启动电流冲击更大，我们比较一下有反馈和无反馈时的静特性方程式就会清楚这一点。

前面已经建立了有反馈时的静特性方程式

$$n = \frac{K_G u_g - \Delta E}{C_g \Phi(1+K)} - \frac{I_D R_\Sigma}{C_e \Phi(1+K)} \approx \frac{K_G u_g}{C_e \Phi(1+K)}$$

无反馈时的静特性方程式为

$$n = \frac{E_{d0}\cos\alpha - \Delta E}{C_e \Phi} - \frac{I_D R_\Sigma}{C_e \Phi} \approx \frac{E_{de}}{C_e \Phi} - \frac{I_D R_\Sigma}{C_e \Phi} \quad (\Delta E \text{ 很小，可忽略不计})$$

当给定电压 u_g 一定时，则未加负反馈时的理想空载转速为

$$n_{ok} = K_G \frac{u_g}{C_e \Phi} \quad (E_{da} = K_G u_g)$$

加入负反馈后的理想空载转速为

$$n_{oB} = \frac{K_G}{1+K} \frac{u_g}{C_e \Phi}$$

比较 n_{0h} 与 n_{0B} 可以看出,如果给定 u_g 不变,则有反馈时 n_{0B} 降到原来无反馈时的 n_{0k} 的 $1/(1+K)$,即理想空载转速达不到原来的要求。要想使有反馈时的转速保持无反馈时的转速,则必须增大有反馈时的给定电压,使 $u_gB=(1+K)u_g$。

在电动机开始启动的瞬间,电动机转速近于零,即 $n=0$,因此其反馈电压也为零,所以启动时加于放大器输入端的电压,无反馈时为 u_g,有反馈时为 $(1+K)u_g$,由于这个电压很大,所以很快使得整流电压 E_{da} 达到最大值,电动机启动很快,使启动电流 I 也很大。

强迫电动机加快起动,这对要求快速起动、制动的电力拖动系统,如超级大龙门刨床、插床等是有必要的。由于直流电动机一般只允许短时通过 1.5 倍 ~2 倍的额定电流,所以不少调速系统中都引入一个电流截止负反馈环节来限制过大的冲击电流。

4.5.2 具有电流截止负反馈的自动调速系统分析

如图 4-21 所示,电流负反馈信号是从电枢回路中附加串联电阻 R 上取出的,取出的电压 $u_R=I_DR$,显然 u_R 是与主回路电流 I_D 成正比的。我们加一比较电压 u_B 和一个二极管 V。当电流 I_D 较小时,$u_R=I_DR<u_B$,由于二极管的单向导电性,所以电流负反馈不起作用。只有当主回路电流 I_D 增加到一定值,使 $u_R=I_DR>u_B$ 时,才有反馈电流加到放大器输入端,但方向与给定电压 u_g 相反。只有电流大到一定程度,反馈才起作用,故称电流截止负反馈。

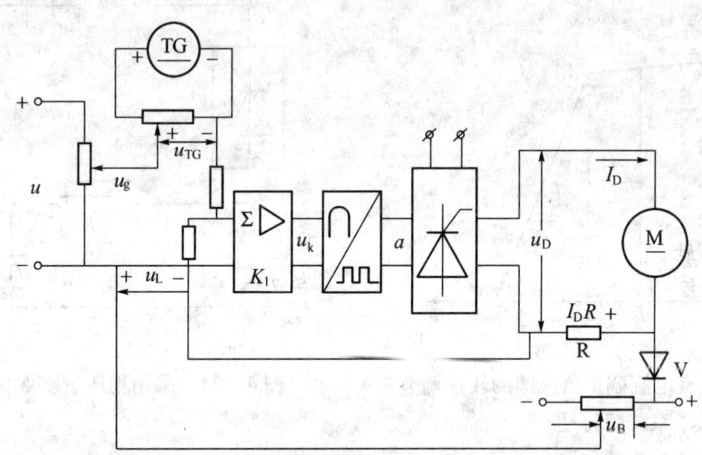

图 4-21 带有电流截止负反馈的转速负反馈调速系统

在正常工作情况下,负载电流 $I_D<I_0$,此时电流反馈 $u_R=I_0R<u_B$,电流负反馈不起作用,调速系统具有速度负反馈特性,系统静特性很稳定。如图 4-22 中的 n_0-A 段所示。当负载电流过大,$I_D>I_0$ 时,电流负反馈电压 u_R 大于比较电压 u_B,电流负反馈开始起作用。随着电流的增加,电流负反馈愈来愈强,使晶闸管整流电压 E_{da} 迅速减少,电动机转速迅速下降,直到电动机堵转为止。堵转时,$n=0$,电流 $I_D=I_{DW}$,使堵转电流 I_{DW} 仍然限制在允许的范围内。如图 4-22 中 $A-B$ 段所示。

特性 n_0-A 段,电流负反馈截止,系统具有单纯性的转速负反馈,硬度大,$A-B$ 段电流负反馈参与作用,特性变软,称下垂特性。这种两段式的特性是挖土机必须具备的特性,一般称它为"挖土机特性"。A 点称为截止点,I_0 称为截止电流;B 点称为堵转点,I_{DW}

称为堵转电流。

一般取截止电流 $I_0=(1.0\sim1.2)I_{cd}$；I_{cd}则根据生产机械的具体工作情况而定，但不能小于额定 I_{ed}。一般取堵转电流 $I_{DW}=(1.5\sim2)I_{cd}$。

电流截止负反馈，不仅在电动机处于堵转状态起作用，而且在启、制动过程中也能起限制启、制动电流过大的作用。电流截止负反馈是怎样限制启动电流的呢？在启动刚开始的瞬间，放大器输入端只有给定电压 u_g，速度反馈电压 U_{tgo}为零，因此晶闸管整流电压 E_{da}达到最大值，主回路电流迅速上升，当电流上升到 I_0 值后，则 $I_{DR}>u_B$，电流负反馈开始起作用，使整流电压 E_{da}减少，能限制电流峰值不会超过 I_{DW}。当电流减小时，电流负反馈电压也减小，使晶闸管整流电压增加，转速随着上升，主回路电流沿着 $A-B$ 段变化，能使启动电流维持在较大值，从而加快了电动机启动过程，直到电流下降至小于 I_D，电流负反馈被截止，电动机过渡到 n_0-A 段工作。

图 4-21 截止电流负反馈中，比较电压 u_D 是由比较电源取出，如图 4-23 采用稳压管获取比较电压的线路更为简单，而且更易做到。稳压管 V 的稳压值 u_{DW}相当于比较电压，当反馈信号 I_{DR}低于稳值 u_v 时，反馈回路只能通过极小的漏电流，电流负反馈被截止，当 I_{DR}大于 u_v 时，稳压管反向击穿，反馈回路有反馈电流通过，得到下垂特性。选择不同的稳压管，u_v 不同，可获得不同的截止特性。

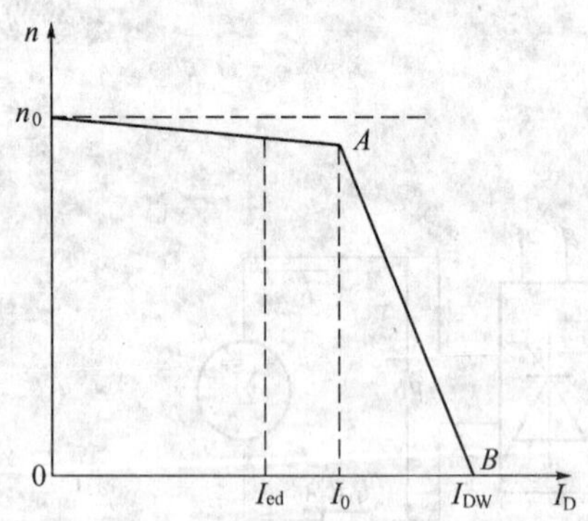

图 4-22　带有电流截止负反馈的转速调节系统静特性

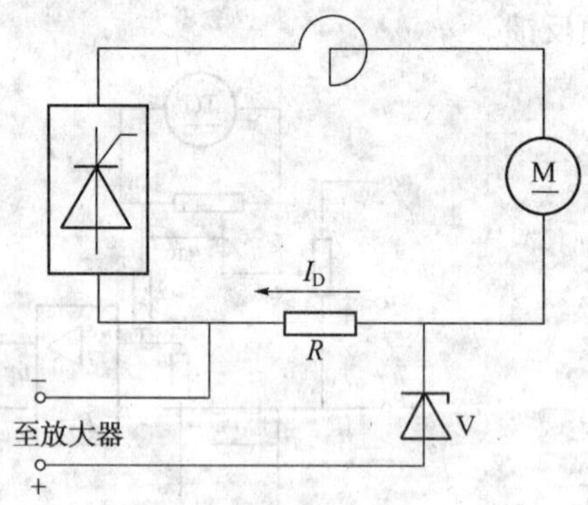

图 4-23　采用稳压管获取比较电压

以上讨论了转速负反馈、电压负反馈和电流正反馈、电流截止负反馈等。这些反馈信号都是直接反映某一参量的大小的，即反馈信号强弱与其反映的参量大小成正比，这些反馈统称为硬反馈。还有另一种形式的反馈，这种反馈是与某一次导数或二次导数成正比，这种反馈只在动态时起作用，在静态时不起作用，称之为软反馈。例如为了自动调速系统能稳定工作，系统常加电压微分负反馈环节，就是软反馈。

4.6　无静差自动调速系统

在上几节介绍的调速系统中常遇到这样的问题：要提高系统的静特性，就要增大放大倍数。但放大倍数过大时，系统又易不稳定。怎样才能使系统静特性好，又稳定，动态指标又好呢？前几节讨论的自动调速系统是采用一般按比例放大的放大器调节系统，尽管放大倍数很大,也不能维持被调量完全不变,这种系统称为有差系统,这种系统是靠误差进行调节的。有静差调速系统,放大器只是一个完成比例放大的调节器,靠被调量(转速)与给定量之间的偏差工作的。若偏差 $\Delta u=u_g-u_1=0$ 时,放大器的输出电压 $u_k=0$,晶闸管整流电压 E_{da} 也为零,电动机便要停止转动,系统无法工作,这种系统的正常工作是依靠偏差来维持的。所谓无静差调速系统,就是系统的被调量在静态时完全等于系统的给定量,其偏差为零。要想偏差为零,系统又能正常工作,必须引入有积分作用的 PI 调节器。

4.6.1 比例(P)、比例积分(PI)调节器

集成运算放大器具有开环放大倍数高、输入电阻大、输出电阻小、漂移小、线性度好等优点,所以它在晶闸管控制系统中作为调节器得到广泛应用。运算放大器配以比例、比例积分等反馈网络组成的调节器,可得到不同的调节规律,满足控制系统的要求。

1. 比例调节器

在电工学课程中已讲授了运算放大器的一般原理及比例调节器的性能。在自动调节系统中,往往有几个信号同时加在调节放大器的输入端进行综合,如图 4-24 所示,有两个输入信号,u_g 为给定信号,u_f 为反馈信号进行综合。

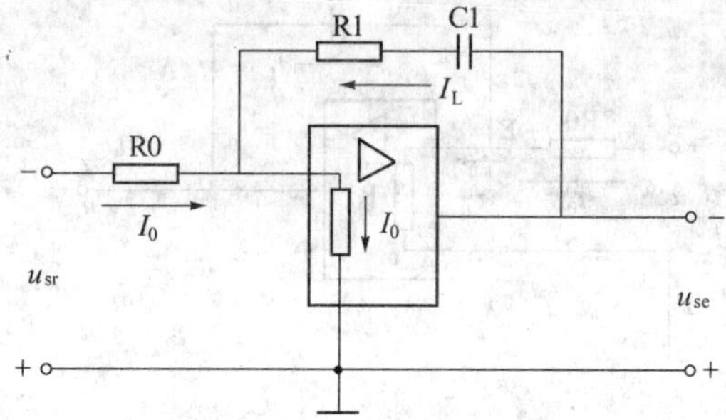

图 4-24 比例调节器

由于可认为 Σ 点为虚地点,即

$$i_0=0$$

也即 $i_{\Sigma}=0$

$$i_{\Sigma}=i_0-i_{02}+i_f=0$$

故

$$\frac{u_g}{R_0}-\frac{n_f}{R_0}+\frac{u_{se}}{R_1}=0$$

$$u_{se}=\frac{R_1}{R_0}(-u_g+u_f)$$

$$u_{se}=-K(u_g-u_f)$$

式中:K 为比例系数,$K=R_1/R_0$。

输出信号 u_{se} 与 $(u_g - u_f)$ 成比例，负号是因为反向输入。

前几节讲述的自动调速系统中的放大器完全可用比例调节器来代替。图 4-25 就是用比例调节器的转速负反馈调速系统。

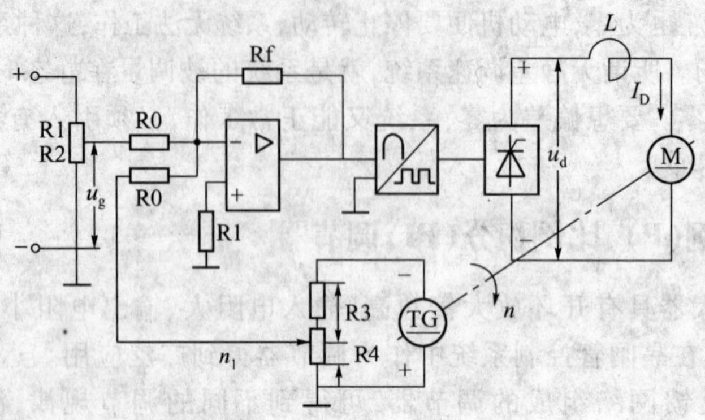

图 4-25　转速负反馈调速系统

2. 比例积分调节器

图 4-26 所示是在放大器反馈回路中，用电容 Cf 代替比例调节器中的 R1，则构成积分调节器。

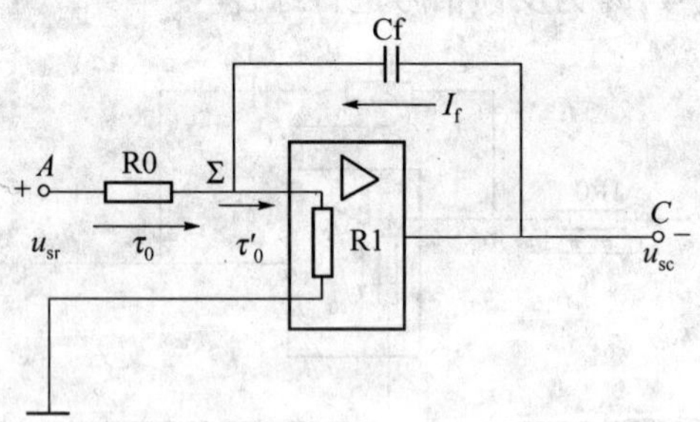

图 4-26　积分调节器

根据虚地点，即

$$u_{\Sigma} = 0$$

$$i_0 = 0$$

并有 $i_0 = -i_f; i_f = -i_0 = -u_g/R_0$

所以电容两端电压 u_C 为

$$u_C = \frac{1}{C}\int \frac{u_{sr}}{R_0}dt = -\frac{1}{R_0 C}\int u_{sr}dt = -\frac{1}{\tau_0}\int u_{sr}dt$$

调节器输出电压 u_{ac}

$$u_{sc} = u_C - u_{\Sigma} = u_C$$

故得

$$u_{sc} = \frac{1}{\tau_0}\int u_{sr}dt$$

式中：τ_0为调节器积分时间常数 $C,\tau_0 = R_0C_f$。

由式可见，积分调节器输出电压 u_{sc}与输入电压 u_{sr}的积分成正比。

当 u_{sr}为恒值时，输出电压 u_{sc}随时间线性增长。当 u_{sr}突然增加时，由于电容尚未充电以及其两端电压不能突变，相当于电容短路，使放大器全部输出电压都反馈到输入端，有很强的负反馈作用，使 u_{sc}开始为零(或很小)，然后电容充电，随着 u_{sc}电压升高，负反馈逐渐减弱，u_{sc}线性增长，其上升斜率决定 u_{sr}/τ_0，积分时间常数越大，u_{sc}增长越慢，如图 4-27(a)所示。

从上述分析及图 4-27 可看出，积分调节器的输出相对输入有明显的滞后作用，尤其较大时，将使系统调节时间加长，动态响应太迟缓。为了弥补积分调节器的缺欠，可组成比例积分调节器，也称 PI 调节器。PI 调节器，既保持了积分调节器的静态无差调节的特点，又保持了比例调节器快速性的特点，因此在晶闸管控制系统中常采用它做调节元件。

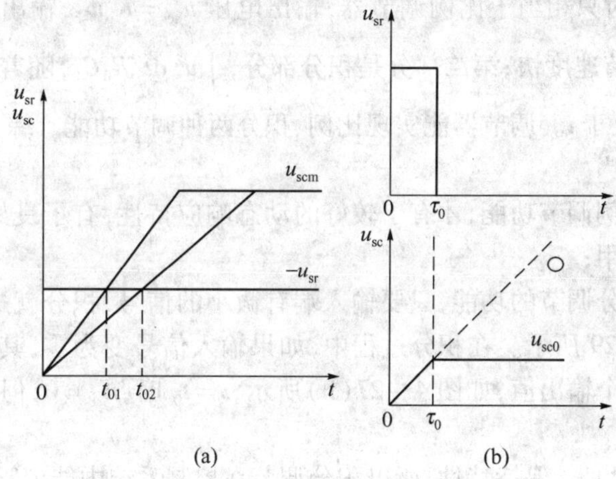

图 4-27　积分调节器的输出特性

如图 4-28 所示，在运算放大器的反馈回路中，串入电阻和电容，就构成了 PI 调节器。根据上述相同的原理，即 $u_\Sigma = 0, i_0 = 0$。

$$i_0 = -i_f = -u_{sr}/R_0$$

输出电压

$$-u_{sc} = i_fR_1 + u_c = i_fR_1 + \frac{i}{c}\int i_f\mathrm{d}t = \frac{u_{sr}}{R_0}R_1 + \frac{1}{C_1}$$

$$\int\frac{u_{sr}}{R_0}\mathrm{d}t = \frac{R_1}{R_0}u_{sr} + \frac{1}{R_0C_1}\int u_{sr}\mathrm{d}t = K_pu_{sr} + \frac{1}{\tau_i}\int u_{sr}\mathrm{d}t$$

$$u_{sc} = K_pu_{sr} + \frac{1}{\tau_i}\int u_{sr}\mathrm{d}t$$

式中：τ_i为 PI 调节器积分时间常数，$\tau_i = R_0C_1$；K_p 为 PI 调节器比例系数，$K_p = R_1/R_0$。

由式可知，在输入电压 u_{sr}(阶跃函数)的初始瞬间，输出电压有一跃变，以后随时间线性增长，变化规律如图 4-29 所示。

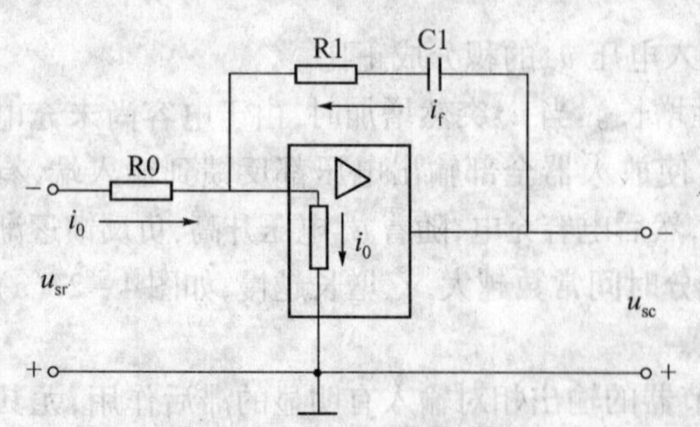

图 4－28　比例积分调节器

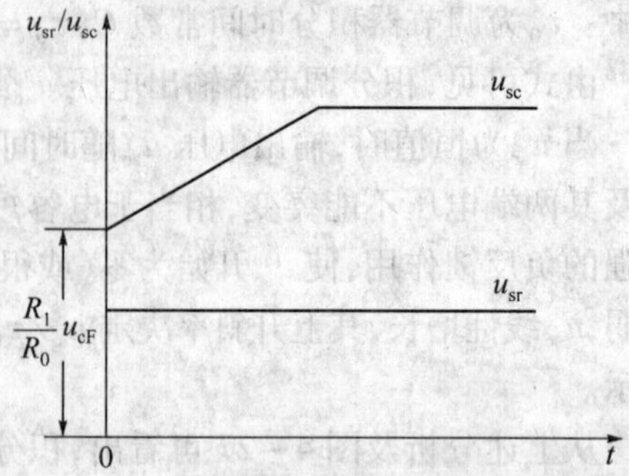

图 4－29　PI 调节器的输出特性

输出电压 u_{sc} 由两部分组成，第一部分是比例部分，在输入电压 u_{sr} 加上的初始瞬间，C_1 相当于短路，此时只相当于比例调节器，输出电压 $u_{sc}=K_pu_{sr}$，输出电压毫不迟延地跳到 K_pu_{sr} 值，因而调节速度快；第二部分是积分部分，$\int u_{sr}\mathrm{d}t/R_0C_1$，随着 C_1 被充电，u_{sc} 不断上升，上升快慢取决于 i。调节器能实现比例、积分两种调节功能。综上所述，比例积分调节器有以下特点：

（1）由于有比例调节功能，才有了较好的动态响应持性，有了良好的快速性，弥补了积分调节的延缓作用；

（2）由于有积分调节的功能，只要输入端有微小的信号，积分就进行，直至输出达限幅值为止，如图 4－29 所示。在积分过程中，如果输入信号变为零，其输出则始终保持输入信号改变前的那个输出值，如图 4－27(b) 所示，$t=t_0$ 时，$u_{sr}=0$，但在 $t=t_0$ 后，仍保持 $u_{sc}=u_{sr0}$ 的值。

正因为有这种积累、保持特性，所以积分调节在控制系统中能消除静态误差。

4.6.2　采用 PI 调节器的单闭环自动调速系统

在调节系统中引入比例积分调节器组成的反馈控制系统能够消除误差，维持被调量不变，这样的调节系统称为无差调节系统。

采用 PI 调节器的单闭环调速系统的原理图如图 4－30 所示。这个系统的被调量是电动机的转速，这里比例积分调节器在系统中起调节转速不变的作用，因此也叫做速度调节器。

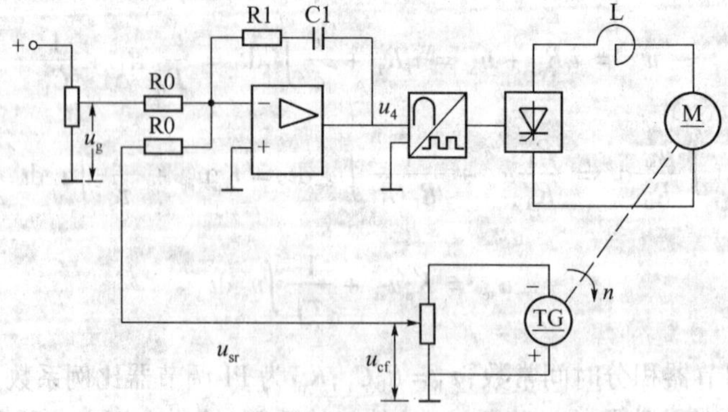

图 4－30　采用 PI 调节器的单闭环调速系统

从图中可看到，电动机的转速实际值 n 通过反馈电压 u_{TG} 反映出来，把 u_{TG} 反馈到输入端与速度给定电压 u_g 相比较，把差值 Δu 作为速度调节器的输入，当电动机启动时，接通速度给定电压 u_g（相对电动机转速 n_1），开始时电动机转速为零，即 $u_{TG}=0$。此时速度调节器输入 $\Delta u = u_g$ 是很大的。速度调节器输出电压很快达到最大值（即限幅值 u_{KJ}，这个电压使晶闸管整流电压达到最大值 E_{dM}。电动机在这个电压下启动，转速迅速上升，当电动机转速上升到给定 n_1 时，速度负反馈电压 u_{TG} 正好与给定 u_g 相等。也就是此时速度调节器的输入信号 $\Delta u=0$。但是由于调节器的积分作用，速度调节器的输出仍然保持在限幅值，晶闸管整流器输出电压仍然保持最大值 E_{dM}，所以电动机转速要超过 n_1 继续上升。刚一上升，负反馈电压 u_{TG} 就要大于 u_g，此时 $\Delta u=(u_g-u_{TG})<0$，这样就使速度调节器反向积分，其输出电压从最大值下降，则晶闸管整流电压也下降，电动机转速也下降，下降到转速为给定值 n_1 时，则又出现 $u_{TG}=u_g$，速度调节器输入电压 $\Delta u=0$，而它的输出电压 u_k 保持在一定值，使电动机维持在给定转速下运转。

上述可以看出，无差调节系统在稳定时，虽然比例积分调节输入电压 $\Delta u=0$，但由于积分作用仍保持一定输出电压 u_k，使电动机在给定速度下运行。

上面讨论了电动机启动时系统的工作过程。下面进一步讨论，在系统正常运转负载有变化时，系统又是怎样进行调节的。

当负载增加时，比如电动机负载电流由 I_1 增大到 I_2 时，电动机转速开始下降产生一个转速偏差 Δn，如图 4-31 所示，这时速度反馈电压 u_{TG} 减小，而送到调节器的输入偏差电压 $\Delta u=(u_g-u_{CF})>0$。

比例积分调节器的输出电压是由比例和积分两部分组成的。首先看它的比例输出部分的调节作用。比例输出是没有惯性的，由于产生的偏差 $\Delta n(\Delta u)$ 使晶闸管整流电压增加了 ΔE_{da1}，如图 4-31(c)曲线 1 所示。这个电压使电动机转速很快回升，速度偏差 Δn 愈大，调节作用愈强，ΔE_{da1} 就愈大，电动机转速回升也愈快，当转速回到原转速 n_1 以后，ΔE_{da1} 也减少到零。

当负载增加时，电动机转速降低，调节器输入出现偏差 Δu，在积分调节的作用下，晶闸管输出电压开始升高。积分作用产生的电压 E_{da2} 等于调节器输入偏差电压 Δu 的积分，也就是说由于调节器的积分作用使晶闸管整流电压增加的那一部分电压 ΔE_{da2} 等于偏差电压 Δu 的积分，即 $\Delta E_{da2}=\Delta u \Delta t$ 或 $\Delta u=\Delta E_{da2}/\Delta t$。偏差愈大，电压 ΔE_{da2} 增长很慢，在调节后期 Δn 减小了，ΔE_{da2} 增加地也慢了。一直到 Δu 等于零时，ΔE_{da2} 才不再继续增加，在这以后就一直保持这个值不变，如图 4-31(c)曲线 2 所示。

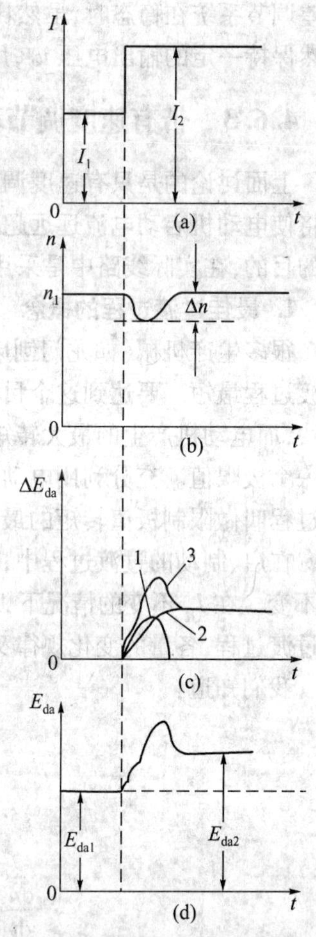

图 4-31　负载变化时调节过程曲线

因为比例作用与积分作用是同时发生，同时对系统起调节作用的，因此应该看它们的合成效果。图 4-31(c)曲线 3 为其合成效果曲线。从这里可以看出，晶闸管整流电压增长的速度与偏差 Δn 相对应，只要有偏差，电压就要增长，而且电压增长的数值是积累的。因为 $\Delta E_{da}=\Delta u\Delta t$，所以整流电压量值不仅取决于偏差值的大小，还取决于偏差存在的时间。因此不论负载怎样变化，积分调节的作用是一定要把负载变化的影响完全补偿掉，使转速回到原来的转速为止。在调节的开始和中间阶段，比例调节起主要作用，它首先阻止 Δn 的继续增大，并能使转速回升。在调节的后期转速偏差 Δn 很小了，比例调节的作用不显著了，而积分调节作用上升到主导地位，最后依靠它来完全消除偏差 Δn。这就是无差调节过程。

从上边分析可知，在调节过程结束以来，电动机转速又回升到给定转速 n_1。速度调节器的输入偏差 $\Delta u=0$。但速度调节器的输出电压 u_k 由于积分作用，稳定在一个大于原来 u_k 的新的 u_{k1} 值上。晶闸管整流电压 E_{da} 等于调节过程前的数值 E_{da1} 加上比例和积分两部分的增量 E_{da1} 和 ΔE_{da2}，调节结束后，晶闸管整流电压 E_{da} 稳定在 E_{da2} 上，如图 4－31(d) 所示。增加的那部分电压正好补偿由于负载增加引起的那部分主回路压降 $(I_2-I_1)R_{\Sigma}$。从这里也可以看出，电动机的负载愈大，速度调节器的输出电压 u_k 和晶闸管整流电压 E_{da} 也愈高。但是由于速度偏差 Δn 等于零，因此速度调节器的输入偏差电压 $\Delta u=0$。所以无差调节系统在稳态时，虽然比例积分调节器的输入偏差电压 $\Delta u=0$，但由于积分作用，仍然保持一定的输出电压 u_k，用来维持电动机在给定速度下运转。

4.6.3 带有速度调节和电流调节的双闭环调速系统

上面讨论的是只有速度调节的单环转速反馈控制系统，没有限制主回路电流的环节，这将使电动机启动电流远远超出最大允许范围。为了使设备安全运行，达到最佳过渡过程的目的，在实际线路中是采用带电流调节的多环系统。

1. 最佳过渡过程的概念

很多生产机械(如龙门刨床)，启、制动很频繁，为了提高生产率，就要求调速系统的过渡过程最短。要达到这个目的，就得使电动机产生最大的转矩，以便使电动机转速上升最快，而电动机产生的最大转矩是由它的过载能力所决定的，也就是说电动机的最大转矩有一个极限值。充分利用电动机这个极限值，使过渡过程时间最短，获得最高生产率的过渡过程叫做限制极值转矩的最佳过渡过程。

在启、制动的过渡过程中，尽量保持最大转矩不变，也就是保持电动机最大允许电流 I_D 不变。在 I_D 不变的情况下，电动机是怎样加速的呢？也就是说，从最佳条件出发来进行过渡过程，各量的变化规律又是怎样的呢？

我们知道：

$$M_{Dm}-M_c=\frac{J^2}{375}\frac{dn}{dt}$$

即

$$\frac{dn}{dt}=\frac{M_{Dm}-M}{\frac{J^2}{375}}=\frac{C_M\Phi(I_{Dm}-I_c)}{\frac{GD^2}{375}}$$

电动机机电时间常数

$$T_{\mathrm{m}}=\frac{J^{2}R_{\Sigma}}{375C_{\mathrm{M}}C_{\mathrm{e}}\Phi^{2}}$$

所以，
$$\frac{\mathrm{d}n}{\mathrm{d}t}=\frac{C_{\mathrm{M}}\Phi(I_{\mathrm{Dm}}-I_{\mathrm{c}})}{T_{\mathrm{M}}C_{\mathrm{M}}C_{\mathrm{e}}\Phi/R_{\Sigma}}=\frac{I_{\mathrm{D}}-I_{\mathrm{e}}R_{\Sigma}}{T_{\mathrm{M}}C_{\mathrm{g}}\Phi}$$

式中：$\mathrm{d}n/\mathrm{d}t$ 为电动机加速度；M_{Dm}为电动机最大转矩；J^2 为电动机飞轮惯量；I_{D} 为电动机最大允许电流；I_{c} 为电动机负载电流；T_{m} 为机电时间常数；R_{Σ} 为主回路总电阻；C_{M} 为电动机转矩常数；C_{e} 为电动机电动势常数。

如果主回路已定，R_{Σ} 为常数，$C_{\mathrm{c}}\Phi$ 为常数，负载电流 I_{c} 一定，而且过渡过程中维持电动机最大电流 I_{Dm}不变，这时电动机加速度 $\mathrm{d}n/\mathrm{d}t$ 为常数。因此这种最佳系统是恒加速系统。从公式可知，过渡过程的快慢与 T_{m} 成反比，T_{m} 越小，过渡过程越长。

我们可以求出速度变化规律：

$$n=\int\frac{(I_{\mathrm{Dm}}-I_{\mathrm{c}})R_{\Sigma}}{T_{\mathrm{M}}C_{\mathrm{e}}\Phi}\mathrm{d}t$$

即 n 按线性增长，当速度 n 上升到稳定值时，加速度为零，即 $\mathrm{d}n/\mathrm{d}t=0$，此时电动机最大允许电流 I_{D} 等于负载电流 I_{c}，即加速的动态电流为零。也就是说加速结束时电流应从最大值立即下降到稳态值 I_{c}。

当电动机以最大恒加速度升速时，晶闸管电压 E_{da}怎样变化呢？我们知道：

$$E_{\mathrm{da}}=C_{\mathrm{c}}\Phi n+I_{\mathrm{Dm}}R_{\Sigma}$$

如果电枢回路电感相对值很小，在电流变化时的影响不计时，上式是成立的。这就是说，因为 $I_{\mathrm{Dm}}R_{\Sigma}$ 为常数，$C_{\mathrm{e}}\Phi$ 为常数，即 E_{da}也与 n 一样线性增长。各量变化关系由图 4－32 可表示出来。但实际情况与理想情况是有差别的，实际上电流不可能立即从零上升到最大值 I_{Dm}，又由最大值立即下降到稳定值 I_{c}。实际曲线如图 4－33 所示。

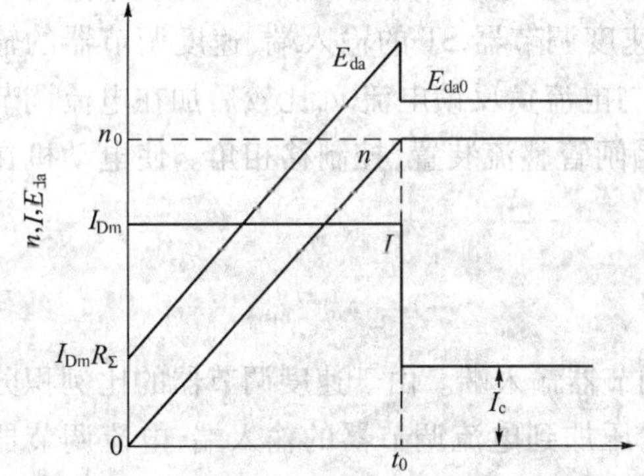

图 4－32　最佳条件下各量变化曲线

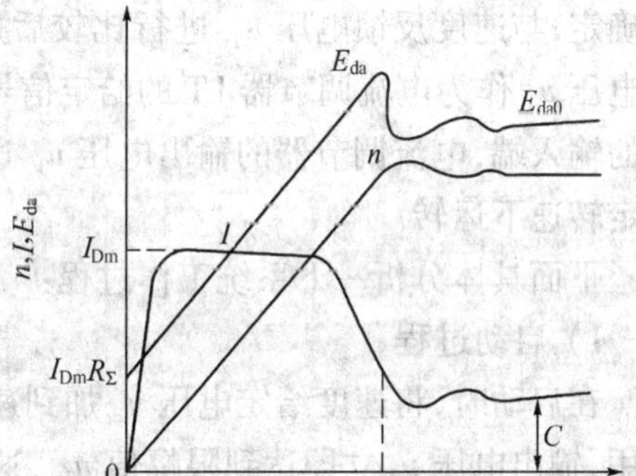

图 4－33　实际最佳条件下各量变化曲线

从上面分析可知，要实现最佳过渡过程，必须满足下列要求：

（1）电动机在启动过程中，电流应一直保持最大容许值 I_{Dm}，在过渡过程结束时，立即下降到稳态值。

（2）电动机转速 n 是按照线性上升（即恒加速度上升）到给定转速，加速度的大小与动态电流（$I_{\mathrm{Dm}}-I_{\mathrm{c}}$）成正比，与表示机电惯性的机电时间常数 T_{M} 成反比。

(3) 为了使电流 I 立刻增大为最大允许值 I_{Dm}，晶闸管整流器的整流电压 E_{da} 必须立即为 $I_{Dm}R_{\Sigma}$，以后按线性上升。到转速 n 达到给定稳态值时，又立刻下降到 E_{da0}。

2. 双闭环调速系统的工作原理

在一般常用的速度调节系统中，被调量不止一个，例如电动机转速、电枢电流、电动机激励等。每一个被调量都可以通过反馈形成一个闭环，这就形成了所谓多环调节系统。在调速系统中，主要被调量是电动机转速，依靠速度调节扩大调速范围，改善系统性能，满足生产工艺的各种速度要求。为了提高生产效率，缩短工作过程，把电动机电流也作为被调量进行调节，改善系统静态、动态指标，以实现最佳过渡过程。

图 4－34 是双闭环反馈调速系统原理图。为了区别，有时也把电流环叫做系统内环，速度环称外环，这样一个双闭环系统，不但能够调节速度，而且能够实现最佳过渡过程。

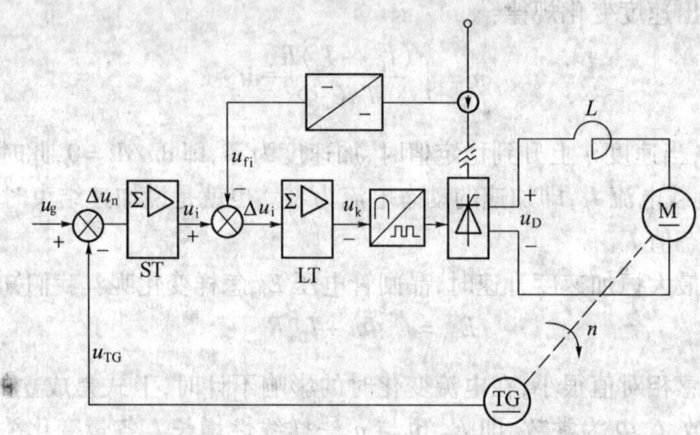

图 4－34 转速、电流双闭环调速系统

速度调节器与电流调节器都是由比例积分调节器组成。电动机转速由速度给定电压来确定，与速度反馈电压 u_{TG} 进行比较后加在速度调节器 ST 的输入端，速度调节器的输出电压 u_1 作为电流调节器 LT 的给定信号，它与电流负反馈电流 u_{fi} 比较后加在电流调节器的输入端，电流调节器的输出电压 u_k 送到晶闸管整流装置，控制移相角。使电动机在给定转速下运转。

下面具体分析一下系统工作过程：

1) 启动过程

在启动时，将速度给定电压 u_g 加到速度调节器输入端。由于速度调节器的比例积分作用，输出电压 u_i 立即达到限幅值 u_{im}，这个电压加到电流调节器的输入端，电流调节器输出电压 u_k 加到触发器上，使晶闸管整流器输出电压 E_{da} 迅速增长，电动机立即启动，由于电动机有惯性，转速 n 和速度反馈电压 u_{TG} 不可能立即达到相应 u_g 的值。因此在转速 n 从零上升到给定转速 n_0 的一段时间内，速度负反馈电压 u_{TG} 一直小于 u_g，速度调节器的输入偏差电压 $\Delta u=(u_g-u_{TG})>0$，所以速度调节器的输出便一直处于限幅不变。这种情况实际上相当于速度负反馈闭环开路，不起作用。也就是说，电流调节器在启动这一段得到的给定电压是一个固定不变的值。此时，调节系统相当于一个电流调节器的单闭环系统。因为电流调节器给定的就是速度调节器的输出，在速度调节器输出电压限幅值的作用下，电流调节器的电流给定为最大值，E_{da}迅速上升，主回路电流经转换成电压反馈到电流调节器的输入电压为 $\Delta u_i = (-u_i - u_{fi}) > 0$，由于调节器的积分作用，调节器输出电压 u_k 不断增大，一直到主回路电流 I 增大到 I_{Dm} 为止。电流从零上升到最大允许值 I_{Dm} 所需的时间是极短的。所以可以认为启动一开始，电流就达到了最大值 I_{Dm}。当电流增加到 I_{Dm} 时，电流负反馈电压 u_f 正好等于电流给定电压 u_i（在调速时，速度调节器输出电压限幅值 u_{im} 是根据最大反馈电流 I_{Dm} 转换成的电压 u_i 来确定的），此后，电动机在一最大给定电流下加速，转速迅速上升。随着电动机转速的增长，电动机反电势也随着增加（$E_D = C_e \Phi_m$），使主回路电流 I 下降，即比 I_{Dm} 小了。此时 u_{fi} 也就低于 u_{im}，即 $\Delta u_1 = (u_{im} - u_{fi}) > 0$，电流调节器又进行积分，增加它的输出电压 u_k，使 E_{da} 增加，主回路电流增加，使之电机达到 I_{Dm} 为止。这样在启动过程中，电动机在最大启动电流作用下，以最大加速度不断加速。电流调节器的输入端不断出现正的偏差电压，调节器不断积分，整流电压不断增长，在整个启动过程中一直维持主回路电流为最大允许值 I_{Dm} 不变。实现了在起动中最佳波形的要求。

在最大允许电流 I_{Dm} 下启动，电动机转速很快达到给定转速 n_0。当电动机转速超过给定转速后，速度调节器的输入偏差 $\Delta u = (u_g - u_{TG}) < 0$，这时速度调节器的输出电压低于限幅值 u_{im}，也就是速度闭环系统起作用。此时速度调节器的输入偏差电压 $\Delta u_1 = (u_i - u_{fi}) < 0$，其输出电压 u_k 立刻降低，因而晶闸管输出电压 E_{da} 和主回路电流 I 迅速下降，转速 n 又重新降到给定转速 n_0。此时速度调节器的输入偏差电压 Δu 又等于零，但由于积分器的保持作用，它的输出电压 u_1 不再下降，并等于反馈电流的电压信号值。这时，电动机电流等于负载电流 I_c，电流调节器的输入偏差电压 $\Delta u1 = 0$，它的输出电压 u_k 不再下降了。

从这一调节过程可知，在转速 n 升到给定稳定速度以后，速度调节器开始起作用，一直把转速调节到给定速度为止。这个过程中，电流调节器只起到了一个传递信号的作用，不起电流调节作用。电流调节器主要作用是在主回路电流增大，如启动、制动、过载时，保证电流维持最大允许值 I_{Dm} 不变。

在启动过程中，各参量的变化情况如图 4－35 所示。从图中可见各参量的变化情况与图 4－32 理想最佳情况很相似。

2）负载变化时调节过程

假设电动机正在稳速运转，转速等于给定速度 n_0，电动机电流等于负载电流 I_c，当负载突然由 I_c 增至 I_{c1} 时，转速开始下降，使速度调节器的输入偏差 Δu 大于零。它的输出电压 u_i 增加，使电流调节器的输入偏差 Δu_i 大于零，其输出电压 u_k 增大，晶闸管输出电压 E_{da} 增加，电动机电流迅速增加，一直到电流增加超过了负载电流 I_{c1}。当 $I > I_{c1}$ 时，转速 n 便开始回升，经过一段时间之后转速 n 又重新回到 n_0。当转速 n 回升以后，速度调节器和电流调节器的输入电压都不断减少，并在转速等于 n_0 时，它们也都减少到零。图 4－36 为负载有变化时，调节系统各量的变化情况。从图中曲线可看出，随着负载的增加，速度调节器的输出电压 u_i 也随之增加。因此负载增加的过程也是速度调节器起调节作用的过程，依靠它的输出电压 u_i 增加，使电流调节器和晶闸管输出电压增加，来补偿电流在主回路引起的压降，以保证在稳定状态时电动机转速等于给定转速 n_0。

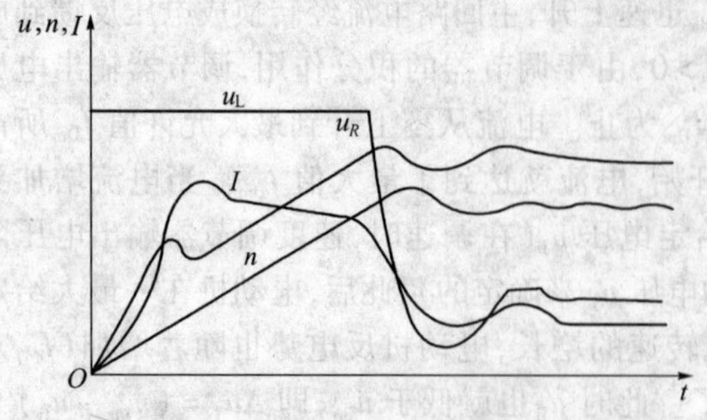

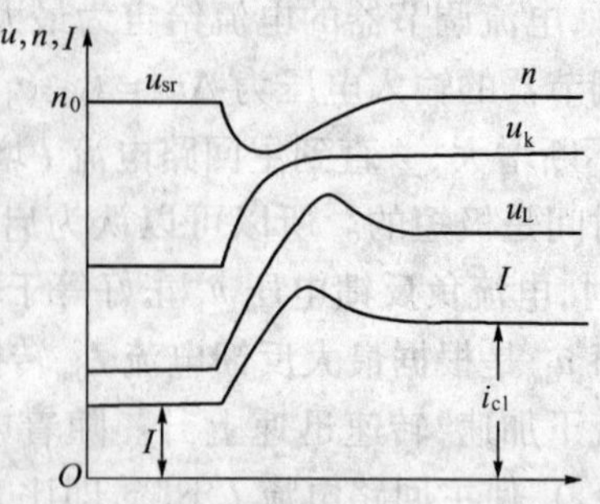

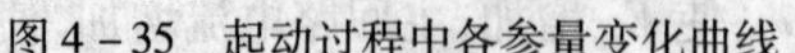

图 4-35　起动过程中各参量变化曲线　　　　图 4-36　负载变化时各参量变化曲线

3）静特性

系统的静特性为一条与横轴平行的水平线，如图 4-37 所示。其中曲线 1 和曲线 2 为不同给定速度 n_1、n_2 时的静特性。为了说明有差和无差的区别，在图中还绘出了有差调节的静特性，如曲线 3 和曲线 4 所示。可以看出无差调节系统特性硬度大，限流准确，而有差调节系统的特性硬度小。采用调节器的双闭环调节系统，从理论上讲，系统的静态误差为零，但实际上调节器不是理想的，它的放大倍数并不是无穷大，因此系统仍有一定的静差，但静差很小，一般能够满足静特性的要求。从上述分析可知，这种系统，动静态指标都比有差调节系统好得多，因此在直流调速系统中应用广泛。

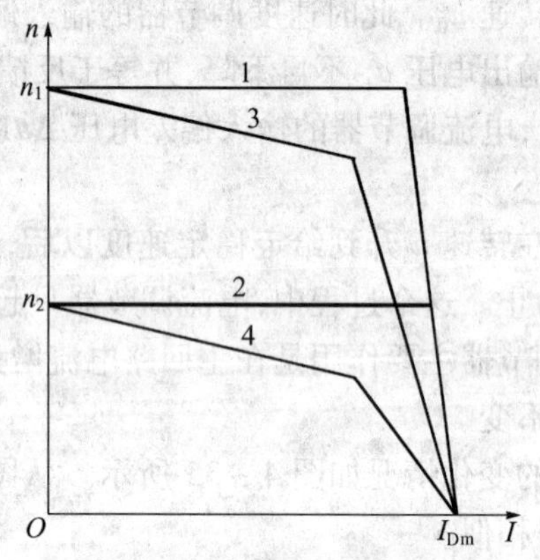

图 4-37　系统静特性曲线

4.7　晶闸管—电动机直流调速系统举例

下面以某机床厂生产的 SA7512 螺纹磨床主传动为例，说明晶闸管—电动机直流调速系统在机床上的实际应用。

磨床是一种用砂轮进行加工的精密机床，对电气控制系统要求较高。因磨床种类很多，故电气控制系统的类型也不少。

SA7512 螺纹磨床主传动为晶闸管—电动机无级有差调速系统。头架电动机转速为 60r/min～1200r/min，即调速范围为 1∶20，最大可达到 1∶30；在满载时，系统的机械特性硬度小于 10%。由于加工工艺的需要，电动机需要正反转，机床采用了方向接触器来改变电动机正反转，接线简单，操作方便。

4.7.1 调速系统的组成和调速原理

控制系统主回路是单相半控桥式全波整流电路。为了达到特性硬度和调速范围的要求，本系统采用了转速负反馈，并在系统中加入了电流截止负反馈和电压微分负反馈。这样既限制了系统的启动和突然改换转向时的最大电流，又提高了系统的静态和动态性能，并能使系统可靠稳定运行。系统的各种反馈如图 4-38 所示。

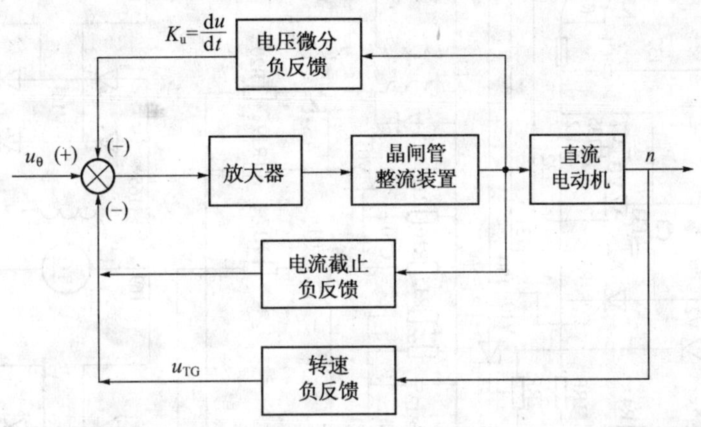

图 4-38 控制系统的示意方框图

已经知道直流电动机的转速

$$n=\frac{u}{C_e\Phi}-\frac{R_\Sigma I_D}{C_e\Phi}=n_e-\Delta n$$

在额定状态下，上式为直流电动机的自然特性。若保持励磁电流不变，负载固定，则转速 n 随外加电枢电压 u 的减少而成比例下降，其机械特性是一簇与自然特性平行的直线，该方法是利用改变电动机电枢端电压（即改变晶闸管整流电压 E_{da}）进行调速的。我们知道可连续改变晶闸管电压的大小，用此电压给直流电动机供电，所以其转速也就能够无级变化，而且可以满足调速范围内的任意速度。

改变给定电压 u_g 就可得到不同速度，当改变电枢电压 u，电流 I 保持不变，电动机输入功率 $P=uI$ 也随之改变，故不是恒功率调速；因为调速时保持 Φ、I 不变，即 $M=C_M\Phi I$ 不变，故必是恒转矩调速。已知转速负反馈自动调速系统的静特性方程式

$$n=\frac{K_G u_g-\Delta E}{C_e\Phi(1+K)}-\frac{R_\Sigma}{C_e\Phi(1+K)}I_D$$

由上式可知：调节给定电压 u_g，就可以改变电动机转速，电动机电枢电压是由给定电压 u_g 减去反馈电压 u_{TG}，经过放大移相触发晶闸管而获得的。

4.7.2 电气线路的工作原理

调速系统的原理图如图 4-39 所示。

下面着重说明各个环节线路的具体工作原理。

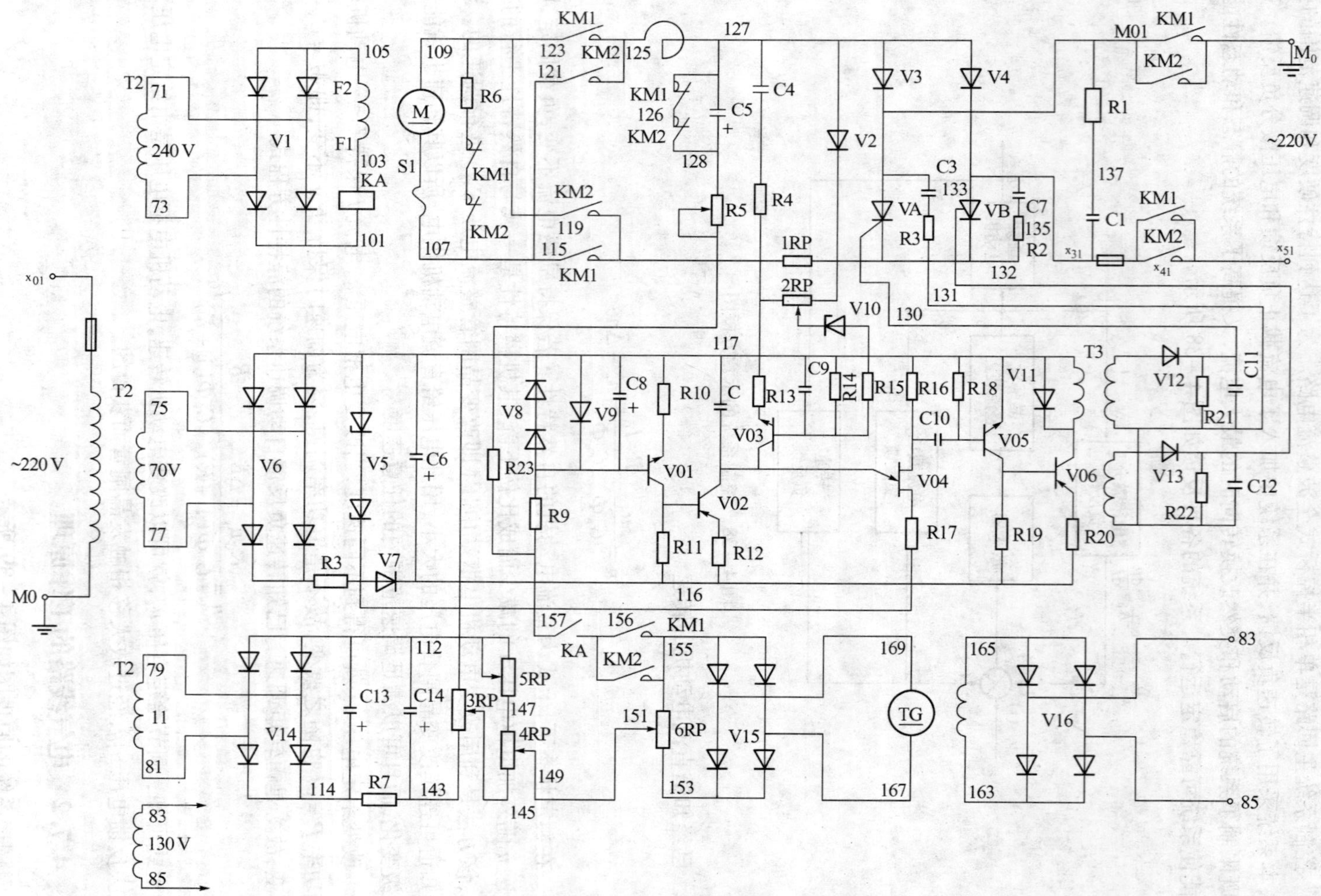

图4－39 SA7512螺纹磨床头架晶闸管调速系统原理图

1. 主回路

主回路采用了两只晶闸管和两只二极管组成的单相半控桥式全波整流电路，如图4－40所示。

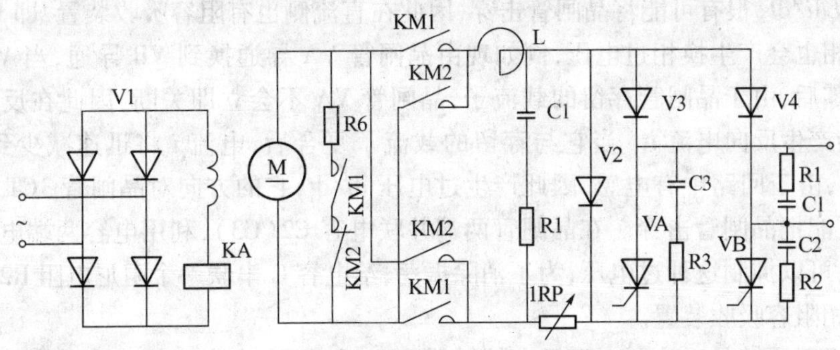

图4－40　SA7512 螺纹磨床晶闸管调速系统主回路

在电工学课程中我们知道，在正半周时，一只晶闸管导通，交流电压为零时，该晶闸管停止导通；在交流电压负半周时，另一只晶闸管导通，这样两只晶闸管轮流导通，就得到全波整流的输出电压波形。而晶闸管在不同控制角α时的波形如图4－41所示。当α角从0变化到π时，整流输出电压的平均值从$2\sqrt{u_2}$变化到0，而当$0<\alpha<\pi$时，则有

$$u_d=\frac{\sqrt{2}}{\pi}u_2(1+\cos\alpha)$$

式中：u_d为晶闸管整流器输出电压平均值；u_2为整流器的交流电压有效值。

当$\alpha=0$，$u_2=220V$时，$u_d=\frac{\sqrt{2}}{\pi}\times 2u_2=198V$，即当导通角为180°时，相当于不控整流，其直流输出电压平均值最大为198V，实际上移相范围达不到180°。考虑到晶闸管整流元件本身压降，在电阻性负载时，u_d最大也只有180V。晶闸管—电动机系统，电动机启动后，接近于反电势负载性质，这又可使u_d升高，甚至可达到250V。在该调速系统中，为了保持一定的特性硬度，必须留有一部分控制角作为负载变化时的电压补偿。因此实际使用的最高电压，在电动机空载时约为220V，故本系统选用额定电压$u=220V$的直流电动机，这样能够充分利用电动机的功率和转速。

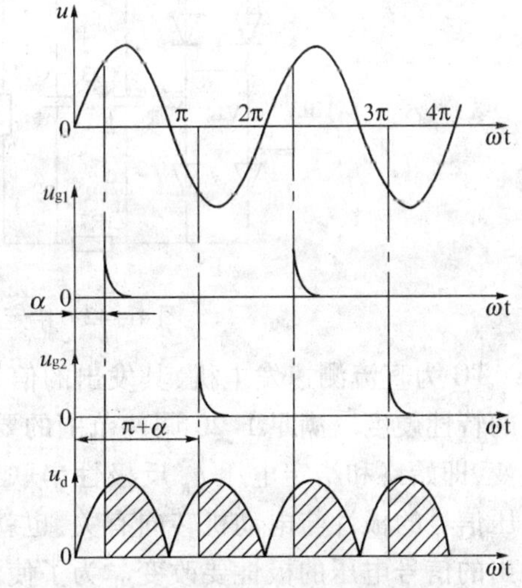

图4－41　单相半控桥式整流电路输出电压波形

在主回路中加有滤波电抗器L滤波，以便减弱可控整流输出电压的脉动成分，使整流电流平稳，减小被加工工件的表面粗糙度。由于电动机的电枢绕组和滤波电感L的存在，主回路负载呈电感性，为了保证晶闸管可靠换相而不失控，故接入续流二极管V2。

当接通电源或断开电源时,在整流器交流侧会造成很高的过电压,这种过电压如不加抑制,就会使晶闸管过电压击穿。因此在整流器交流侧接有阻容吸收装置 R1、C1,以保护晶闸管。由于电感性负载,在突然切断负载时,电感电流不能突变,将在电感两端产生很高的电压 $L\mathrm{d}i/\mathrm{d}t$,很有可能将晶闸管击穿,因此在直流侧也有阻容吸收装置,即 R4 和 C4。晶闸管换相也会产生换相过电压,例如现由晶闸管 VA 导通换到 VB 导通,当 VA 相的电流降落到零后,由于晶闸管存留的载流子,晶闸管 VA 不会立即关断,因此在反向电压的作用下,会产生反向电流 i。当它与存留的载流子复合后,电流 i 将迅速减少到零,这种 $\mathrm{d}i/\mathrm{d}t$ 很大,由于回路中有电感,因此产生过电压 $\mathrm{d}i/\mathrm{d}t$,它的方向对晶闸管 3CT 来说是反向电压,可能把晶闸管击穿。在晶闸管两端并联电容 C2(C3),利用电容两端电压不会突变的特性,可以抑制这种过电压,为了消除振荡,给电容 C 串联一个阻尼电阻 R2(或 R3),这称做换相阻容吸收装置。

电动机正反转是通地两对正反向接触器 KM1 和 KM2 来实现的。该系统采用的是能耗制动,R6 为能耗制动电阻,在电动机正常运转时,由于 KM1(或 KM2)的动断触点断开,R6 并未接入主回路,只有停车时,接触器 KM1 和 KM2 都失电释放,其动断触点闭合,R6 才接入主回路,电动机进行能耗制动。

直流电动机的励磁由 4 个 V1 二极管组成的单相整流桥供电,KA 是零励磁保护电器。

2. 给定回路和转速负反馈

给定回路和转速负反馈比较环节如图 4-42 所示。由 T2 变压器取出的 110V 电压为给定的交流电源,经 4 个二极管 V14 全波整流,再经 C13、R7、C14 滤波后作为给定电源。4RP 为调速电位器,3RP 为高速上限调整用电位器,5RP 为低速下限调整用电位器,调整 4RP 不同位置可得出不同的给定电压 u_g。

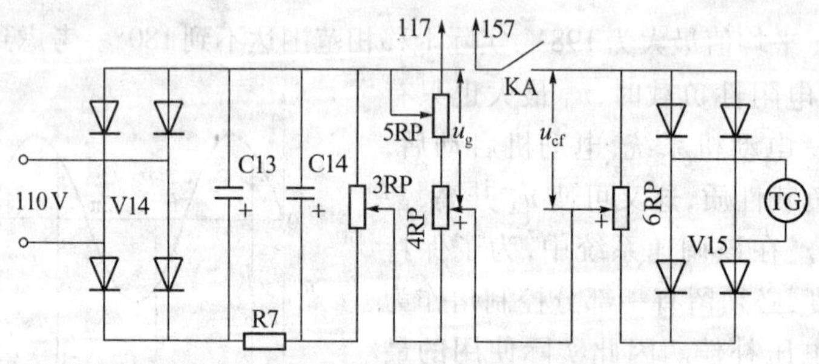

图 4-42 给定与转速负反馈比较回路

TG 为直流测速发电机,其发出的信号电压与转速成正比。通过转速负反馈提高系统的特性硬度。满足 1:20 调速范围的要求。系统要求测速反馈的信号电压 u_{TG} 的极性不变,即始终和给定电压 u_g 反极性串联,以保证转速的负反馈。但测速发电机发出的电压信号的极性与电动机转向有关,也就是说转向从正转变成反转,则测速发电机 TG 发出的信号电压的极性要改变。为了使测速反馈信号电压 u_{TG} 极性不改变,采用 4 个二极管 V15 组成整流电路,这样无论电动机正转还是反转,都能保证测速发电机电压 u_{TG} 极性不变。

3. 放大电路和电压微分负反馈

1）放大回路

由变压器 T2 取出的 70V 交流电压，经 V6 组成的桥式全波整流，经限流电压 R8 和稳压管 V5 稳压，再经 C6 滤波后，作为放大器、触发器的直流电源。如图 4－43 所示。

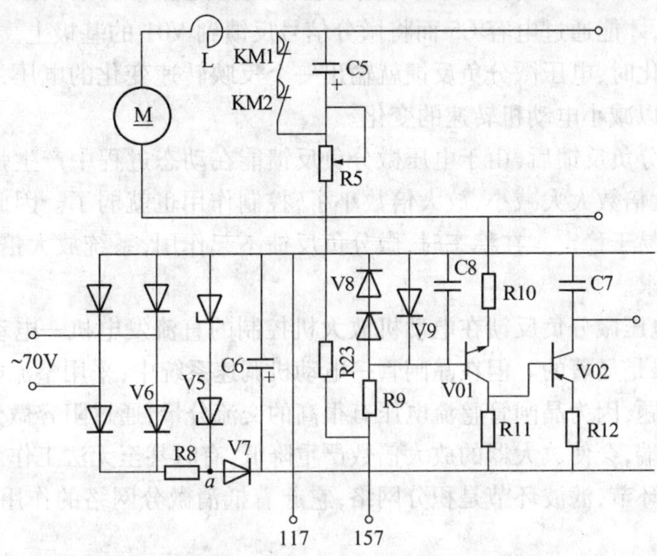

图 4－43 放大和电压微分负反馈电路

由给定信号与反馈信号综合而成的差值信号，由 117 和 157 两端输入给晶体管 V01 作为电压放大，而晶体管 V02 相当于一个可变电阻，改变输入信号的大小，即改变了 V02 集电极 c 与发射极 e 间的电阻。从而改变了对电容 C7 的充电时间，进行移相触发。

2）电压微分负反馈

该系统由于引入转速负反馈，可使调速范围很宽。但由于系统放大倍数很大，再加上电动机的惯性，容易造成系统振荡，特别在低速时更为严重。以下具体说明为什么会产生这种现象。

譬如电动机在某一稳定转速下运转，晶闸管整流电压为 E_{da}，当负载突然增加时，电动机转速 n 下降，此时转速负反馈电压 u_{TG} 减少。通过反馈和放大环节使晶闸管的整流电压 E_{da} 增大到 E_{da1}，电动机转速又回到接近原来转速。但是由于放大倍数很大，微小的转速下降就使 E_{da} 增加很多，并使 E_{da} 上升很快，但电动机惯性很大，转速上升很慢，这就可能使电压 E_{da} 的上升超过转速降落的值，使 n 也超过原来的转速。此时，转速负反馈电压 u_{TG} 反而比原来的值增大。E_{da} 减小到比原来值低。这就迫使电动机的转速又重新下降到低于开始的转速 n。这样循环下去，就形成了振荡，有时经过几次振荡就稳定下来了，这就是衰减振荡。当放大倍数太大时，也有可能引起幅值越来越大的振荡，这样系统就不能正常工作了。

从上面分析可知，振荡的原因是由于系统放大倍数太大和系统本身有惯性而形成的，电压微分负反馈环节就能使放大倍数既不减小，系统又能稳定的工作。

下面讨论微分负反馈。电压的变化率就是电压微分，也就是电压变化的快慢，电压微分大，就是电压变化的快；电压不变，电压微分就等于零。电压由小往大变，电压微分为正;电压由大往小变,电压微分为负。我们知道,主回路电压近似对应电动机转速。因此电压微分也就近似对应转速变化的快慢。电压微分反馈的信号是由 C5 和 R5 取出的,由于引进了电容 C5,就起微分反馈的作用,我们知道电容具有隔直流的作用,因此当电动机端电压在平常恒定不变时,由于 C5 的作用不会加到三极管 V01 基极上。只有当电动机的端电压变化时,才能通过电容 C5 而将微分信号反馈到 V01 的基极上。这样,当电动机转速忽高忽低变化时,电压微分负反馈就输出一个反映转速变化的电压,加到放大器上,改变 E_{da}的大小,以减小电动机转速的变化。

加入电压微分负反馈后,由于电压微分负反馈能在动态过程中产生强烈的负反馈作用,使系统的放大倍数大大减小,放大倍数小了,控制作用也就弱了。因此系统的超调量减小,振荡减弱,易于稳定。在稳态时,微分负反馈不起作用,系统放大倍数就大,也就保证了静特性的要求。

必须指出,电压微分负反馈在电动机放大机控制的直流发电机—电动机组调速系统中,对稳定的效果是显著的。但在晶闸管—电动机调速系统中,采用整流电压的微分负反馈却存在一定问题,因为晶闸管整流电压有很高的交流分量,通过阻容微分网络反馈到直流放大器的输入端,会使放大器的放大倍数严重降低,有时甚至无法工作。这就往往需要经过较强的滤波环节,滤波环节是积分网络,它起着抵消微分网络的作用,这样就往往得不到满意的结果。

在系统中采用比例积分调节器,或在放大器输入端加入 RC 网络,都能较好地解决系统稳定性问题。在小功率直流调速系统中经常采用,在放大器输入端加一个很大的电容,也能较好地解决系统的稳定问题。

图 4-43 线路中的二极管 V8、V9 是用来保护 V01 管的发射极的,以免产生过高电压,造成 V01 的击穿损坏。线路中的 C8 为滤波电容,防止交流成分或其他电压波动加入 V01 内,在 V01 输入端并联 C6 可大大减小低频信号的影响。

电容器 C5 两端并联 KM1、KM2 的动断触点,以使电动机停转时 C5 通过 KM1、KM2 的动断触点及时放电,以便电动机能较频繁的启、制动。

4. 触发脉冲电路

晶闸管整流电路的输出电压的改变,是靠可以控制的触发脉冲装置来完成的。SA7512 磨床采用的是单结晶体管构成的简单触发脉冲装置,如图 4-44 所示。

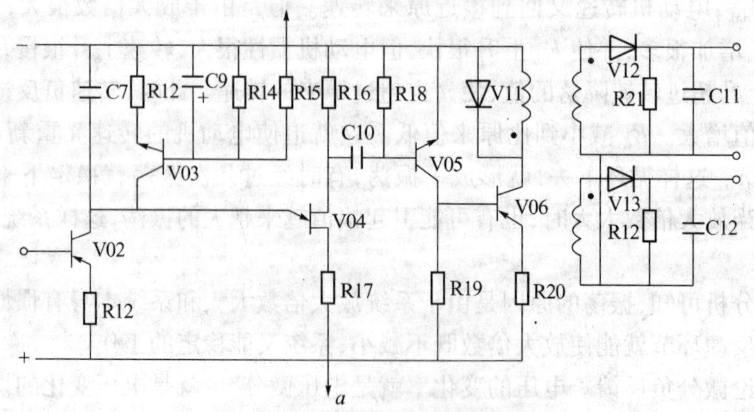

图 4-44 触发脉冲放大电路

我们知道晶闸管整流电路,必须解决触发脉冲与交流电源同步的问题。该磨床的触发脉冲电路是通过变压器 T2 和稳压管 V5 来解决触发脉冲的同步问题的。

单结晶体管的电源一端是从 a 点取出的(见图 4-43),变压器 T2 一次侧与主回路是同一电源接入的(图 4-39)。经过整流电路加到稳压管 V5 上的电压,与主回路的输入电压同步。主回路的交流电压通过零点时,稳压管上的电压也通过零点,由于稳压管的削波作用,所以稳压管两端得到梯形波(见图 4-45a 点波形)。在梯形波内,电容 C7 从零电压开始充电后放电,产生一个尖顶脉冲。这个脉冲是与主回路交流电压同步的。

单结晶体管触发器的工作原理的电工学中已经讲过,下面做简单的说明。当给定信号增大时,V01 基极电位上升,集电极电压下降,而使 V02 更趋于导通。由于 V02 集电极与发射极间电阻减少,则对 C7 充电电流增加,使单结晶体管 V04 到达各点电压 V_P 相位前移,C7 在 R10 上放电所得脉冲也相应前移。即晶闸管可提前导通,整流输出电压 E_{da}增加,电动机转速升高,因此改变给定电压就可改变晶闸管导通角,于是电动机转速就改变了,C7 和 R16 上的波形如图 4-45 所示。

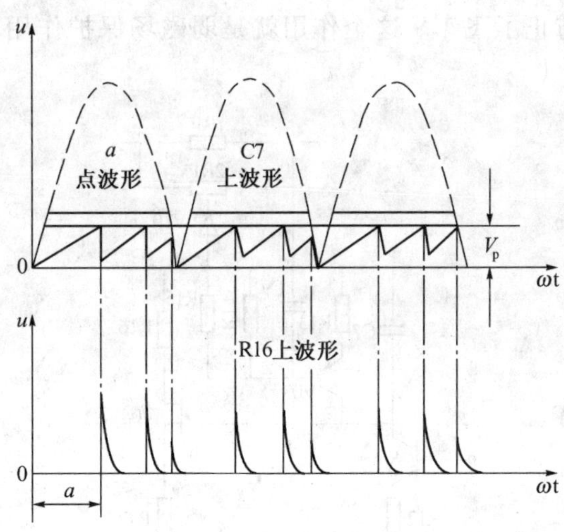

图 4-45 单结晶体管触发移相电路输出波形

为了使晶闸管能可靠地触发,本系统加有脉冲放大环节。脉冲放大环节由晶体管 V05、V06 组成。单结晶体管输出的正脉冲经过 C10 耦合到 V05 基极,经过两级放大,再由脉冲变压器 T3 耦合输出,正脉冲经过 V12、V13,同时触发两只晶闸管。但因为在正半波时,仅有一只晶闸管处于正向电压,故只能触发一只处于正向电压下的晶闸管导通;在负半波时,另一只晶闸管处于正向电压下导通,这样两只晶闸管依次轮换导通和截止。

并联在脉冲变压器 T3 一次侧的二极管 V11 给 T2 一次侧绕组提供放电回路。当晶体管 V05 截止时,T3 一次侧绕组产生自感电动势,这个过电压对 V06 是有害的,提供放电回路可避免 V06 受过电压而损坏。V12、V13 可保证只有在正脉冲时才能加在晶闸管控制极上。为了防止干扰信号引起晶闸管的误触发,在 T3 输出并联电容 C11 和 C12。

5. 电流截止环节和电动机弱磁场保护

1)电流截止环节

该磨床控制系统中还设有电流截止保护环节,以防电动机在高速启动、正反转等情况下电流过大。电流截止环节由1RP、2RP、V10和V03等元件组成，如图4-46所示。

当主回路电流超过规定值时，则在电动机主回路中的电阻1RP上产生的电压也增大，稳压管V10被击穿，使V03导通，则对电容C7的充电电流起分流作用，使C7的充电速度变慢，触发脉冲后移，从而使晶闸管整流电压E_{da}降低，主回路电流就被限制在规定值之内。当主回路电流在规定值之内，稳压管V10两端电压就小于它的稳压值，V03不导通，即电流截止回路不起作用。调节电位器2RP，就可以改变限制主回路电流值，C9为滤波电容。

2）电动机弱磁场保护

该磨床在电动机励磁回路中，串有弱磁继电器KA线圈，如图4-40所示。其触点接在放大电路的输入端，如图4-42或图4-39所示。接通励磁回路后，只有励磁电流达到一定数值时，也就是电动机磁场有了一定强度，KA才能吸动，其触点才闭合接通放大触发回路，晶闸管整流电路才会有输出电压，主电动机才开始启动。如果励磁整流二极管V1损坏，或励磁电流变得很小，继电器KA就会释放，切断放大触发回路，使晶闸管整流电路没有输出电压，防止了飞车。这个作用就是弱磁场保护作用。KA是弱磁保护继电器。

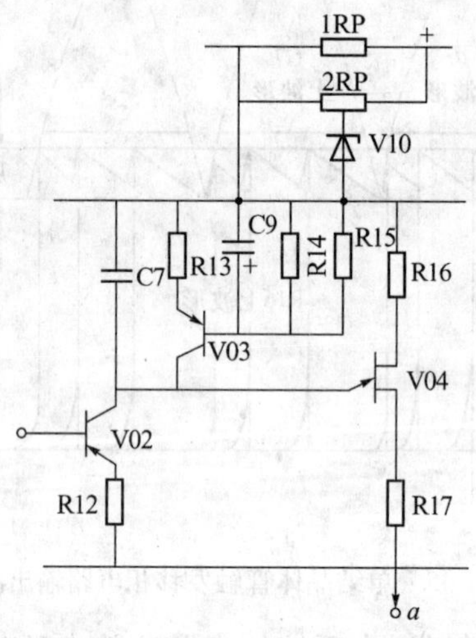

图4-46　电流截止环节

第5章 交流调速系统

交流调速就是以交流电动机作为电能—机械能的转换装置,通过对电能的控制来调节交流电动机的转矩和转速。

长期以来,由于直流调速系统的调速性能优于交流调速系统,因此直流调速系统一直在调速领域内占居首位。但是由于直流电动机本身结构上有机械换向器和电刷,所以给直流调速系统带来了以下缺点:① 维修困难;② 使用环境受限制,不适用于易燃、易爆及环境恶劣的地方;③ 从结构上考虑,制造大容量、高转速及高电压的直流电动机比较困难。

随着电力电子学、大规模集成电路及计算机技术的飞速发展,各种大功率半导体器件(晶闸管、可关断晶闸管和功率晶体管等)、集成电路及微型计算机的出现,促使交流调速飞跃进步,现在它已进入与直流调速相媲美、相竞争的时代,并有取而代之的趋势,从而开始转变人们已形成的直流调速比交流调速好的旧印象。

目前,交流调速的主要方法之一是变频调速,变频调速需要为交流电动机提供频率和电压均可改变的交流电源,这种电源通过变频器获得。由变频器组成的交流调速系统有以下主要优点:① 交流电动机特别是笼型异步电动机几乎不受使用环境的限制;② 维修量小;③ 异步电动机结构简单,坚固耐用,经济可靠,惯性小;④ 由于高性能、高精度新型调速系统的不断出现和发展,完全可以得到同直流调速系统一样好的性能指标;⑤ 可以制造比直流电动机容量更大、转速和电压更高的交流电动机,除此之外,如果将一些旧有的恒速交流电力拖动系统改造成转速可调的交流调速系统,可以取得明显的节能效果。例如,交流调速应用于风机、压缩机、水泵类机械,把原来用挡板,节流阀控制风量、流量方式改为转速控制方式,由于电动机所消耗的功率与转速的立方成正比,因而可以获得10%以上的节能效果。

综上所述,交流调速系统在性能上可赶上直流调速,它克服了直流调速系统现存的缺点,且具有明显的节能效果,所以近些年来得到了广泛的应用,在国内也引起了人们极大的重视,并得到了可喜的发展。

交流调速的方法很多,本章仅介绍串级调速和变频调速这两种广为流行的调速方法。

5.1 串级调速系统

绕线转子异步电动机传统的调速方法是在转子电路串电阻。这种调速方法的本质是利用改变消耗于转子外串电阻中的功率来改变转差率,从而达到调速的目的,因此这种调速方法是一种耗能调速的方法。由于耗能大、效率低,同时外串电阻的级数不能太多,使得调速范围小,静差率大,平滑性差(有级调速),因此这种方法只能用于大功率电动机和对调速性能要求不高的场合。如果要将绕线转子异步电动机用于调速性能要求较高的场合,可以采用串级调速方式。串级调速方式利用了在转子电路串电阻调速方法中,消耗于转子外串电阻中的功率。它可以把这部分功率变为机械功率送回到电动机轴上,或是将这部分功率送回交流电网,因此这种调速方法的效率比较高。但是只靠电动机本身是不能实现的,还需要增加一些其他的设备。例如,可以在绕线转子异步电动机转子电路中加一整流器,把其交流功率变为直流功率,再利用一套有源逆变器把直流功率送回交流电网。这样就构成了由绕线转子异步电动机和变流器共同组成的串级调速系统。本节就对这种类型的串级调速系统进行分析。

5.1.1 串级调速的工作原理

为了说明串级调速的工作原理,我们先分析一下绕线转子异步电动机中,转子电路串电阻调速的功率关系。设电动机定子输入的电功率为 P_1,除去定子绕组的铜损耗 P_{Cu1} 和定子铁心的铁心损耗 P_{Fe},即为电动机定子通过空气隙传递给转子的电磁功率 P_M,因此有以下关系:

$$P_M = P_1 - P_{Cu1} - P_{Fe}$$

电磁功率中的一部分为电功率,它消耗于转子绕组本身电阻及转子外串电阻中。以 P 代表此功率,则

$$P = 3I_2^2(r_2 + R_Q)$$

式中:I_2 为转子每相电流;r_2 为转子绕组每相电阻;R_Q 为转子绕组每相外串电阻;P 为转差功率,它是定子传递给转子电路的电功率。

电磁功率中的另一部分转化为机械功率 P_m,机械功率与电磁功率的关系为

$$P_m = P_M - P$$

当异步电动机拖动恒转矩负载调速时(即在转速变化时,负载转矩 M_2 为常数),则电磁转矩

$$M = P_M/Q_1 \approx M_2 = \text{常数}$$

式中,Q_1 为电动机旋转磁场旋转的机械角速度(同步角速度),在电动机定子电源的频率不变时,Q_1 也不变。由于电磁转矩 M 近似等于负载转矩 M_2,故电磁功率 P_M 为常数。又因为电磁转矩

$$M = C_M \Phi I_2 \cos\varphi_2 = \text{常数}$$

式中:C_M 为常数;Φ 为电动机的主磁通,当电源电压恒定时,$\Phi \approx$ 常数;$\cos\varphi_2$ 为转子电路的功率因数,当电动机在机械特性的稳定区域工作时,因转差率 s 变化不大,故 $\cos\varphi_2$ 也基本不变。因此由式可见,在调速时若负载转矩不变,则转子每相电流 I_2 也保持不变。

由上面的分析可以得出以下结论,在绕线转子异步电动机拖动恒转矩负载外串电阻调速时,增加外串电阻 R_Q,电动机的转速下降,电动机输出的机械功率 M_2Q_2 也随之下降(Q_2 是转子旋转的机械角速度)。但是定子传递给转子的电磁功率 P_M 不变,而转子外串

电阻 R_Q 中的损耗 $3I_2^2R_Q$ 将随 R_Q 的增加而增加，因此电动机的效率随转速的下降而下降。对于大中容量的绕线转子异步电动机，若要求长期在低速下运转，是不宜采用这种低效率的能耗调速方法的。串级调速则是设法利用转子外串电阻中损耗的功率，并对其进行控制，因此可使串级调速系统的效率得以提高。

若在绕线转子异步电动机每相转子电路中，串入与转子电动势同频率的附加电动势 E_f，如图 5－1 所示。E_f 的相位可以与转子电动势同相位或反相位，通过改变 E_f 的幅值大小和相位，同样也可以实现调速。这样，电动机在低速运转时，转子中的转差功率 P，只有小部分在转子绕组 r_2 上消耗掉，而转差功率的大部分 $3I_2E_f$ 被串入的附加电动势 E_f 所吸收，再利用产生 E_f 的装置，设法把所吸收的这部分转差功率反馈到交流电网或再送回电动机轴上输出，就能使电动机在低速运转时仍具有较高的效率。这种在绕线转子异步电动机转子电路中，串入附加电动势 E_f 的高效率调速方法，称为串级调速。

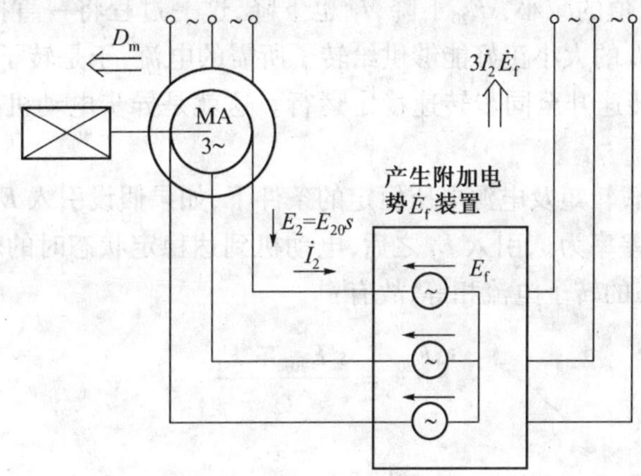

图 5－1　转子电路串联 E_f 的串级调速原理图

为什么在转子电路中改变 E_f 的大小和相位就能调节电动机转速的高低呢？下面对串级调速原理作简要定性分析。

在绕线转子异步电动机转子电路中，引入一个与转子电动势 sE_2（E_{20} 为 $s=1$ 时电动机转子相电动势）的频率相同、相位相反的附加电动势 E_f，此时转子电流便取决于转子电路中电动势的代数和，即

$$I_2 = \frac{sE_{20} - E_f}{\sqrt{r_2^2 + (sX_{20})^2}}$$

式中：X_{20} 为 $s=1$ 时转子绕组每相感抗。

为了简化问题，突出基本概念，假定电动机运行时 s 很小，故 $s_2 \gg sX_{20}$。如忽略 sX_{20}，则转子电流全部是有功电流，即

$$I_2 = I_{2a} = \frac{sE_{20} - E_f}{r_2}$$

假定电动机拖动恒转矩负载，稳定运行于转速 n，当加入的 E_f 与 sE_{20} 反相位时，转子电流便要减小，又因定子电压恒定气隙主磁通 Φ 保持不变，则电磁转矩将减小，出现电动

机电磁转矩值小于负载转矩值的状态，稳定运行条件被破坏，迫使电动机降速。随着转速的降低，转差率 s 增大，由式可知，转子电流 I_2 回升，电磁转矩 M 也相应回升，直到电动机转速降低到使得电动机的电磁转矩恢复到与负载转矩相等时，减速过程结束，转差率增加到一个新值 s，转速则由 n 降低到 $n=n_1(1-s)$ 稳定运行，这就是异步电动机向降低转速的方向调速的原理。

如果电动机转子每相串入的附加电动势 E_f 的相位与 sE_{20} 同相位，则 E_f 的作用是使 I_2 增加，即

$$I_2 = \frac{sE_{20} - E_f}{r_2}$$

电动机的电磁转矩相应增大，电动机电磁转矩增值大于负载转矩值，迫使电动机加速，s 值减小。随着 s 值的减小，sE_{20} 下降，I_2 也下降，这一过程将一直持续到 I_2 恢复到原有的数值为止。若 E_f 的大小正好能够供给转子所需的电流，于是转子电动势 $sE_{20}=0$，即 $s=0$，$n=n_1$，电动机转速升至同步转速稳定运行。这就是异步电动机向转速升高方向调速的串级调速原理。

综上所述，在负载转矩及电源电压恒定的条件下，如果假设引入 E_f 之前，电动机在稳定状态下运行，其转差率为 s，引入 E_f 之后，电动机到达稳定状态时的转差率为 s，由于电动机在两个稳定状态的转子电流相等，故有：

$$\frac{sE_{20}}{r_2} = \frac{s'E_{20} \mp E_f}{r_2}$$

$$s' = s \pm \frac{E_f}{E_{20}}$$

当 E_f 与 sE_{20} 的相位相反时，式取“+”号，增加 E_f 可使 s 增加，转速降低，因此可使转速向降低的方向调节；当 E_f 与 sE_{20} 相位相同时，式取“-”号，增加 E_f 可使 s 减小，因此可使转速向增加的方向调节。

从功率关系看，在引入附加电势 E_f 的同时也引入了功率，我们用 P_f 表示由 E_f 引入的附加功率，$P_f=3E_fI_2$。当 E_f 与 sE_{20} 相位相反时，此附加功率 P_f 相当于绕线转子异步电动机串电阻调速时，外串电阻上所消耗的功率，由于就有效值而言，总有 $sE_{20}>E_f$，则转子电流 I_2 的方向总是取决于 sE_{20} 的方向，而与 E_f 的方向相反，因此对于转子电路，P_f 为输出功率。对于附加电动势装置，它通过 E_f 吸收电功率 P_f，P_f 可通过附加电动势力装置加以利用。若 E_f 与 sE_{20} 相位相同，并 $n<n_1$ 时，转子电流 I_2 的方向与 E_f 和 sE_{20} 一致，I_2 由 E_f 和 sE_{20} 共同产生，对于附加电动势装置它的输出功率为 $3E_fI_2$，如忽略转子电路中的铜损耗，这部分输出功率通过电动转变为机械功率。可见不管 P_f 对附加电动势装置为输入或输出，它均不转化为损耗，因而提高了串级调速系统的效率。

由于转子电动势的频率是随转速而变化的，所以附加电动势的频率也要随转速而变化，以保持与 sE_{20} 同频率，这在技术上比较难实现。自从出现了大功率半导体整流元件后，人们开始用整流器把转子交流电动势整流为直流电压，再在直流电路中串入一可控的直流电动势，即 E_f，因此避免了随时改变 E_f 频率的麻烦。

5.1.2 串级调速的主要类型

串级调速系统有两种主要类型,现分别叙述如下。

1. 机械串级调速系统

这种系统的原理图如图 5-2 所示,绕线转子异步电动机 MA 的转子电动势经三相桥式整流后,接在直流电动机 MD 的电枢两端,MD 与 MA 的转动轴通过机械连接在一起,MD 的反电动势 E 对异步电动转子电路来说起着引入附加电动势的作用,MD 的励磁电流 I_f 可以通过可变电阻器 R_f 调节。

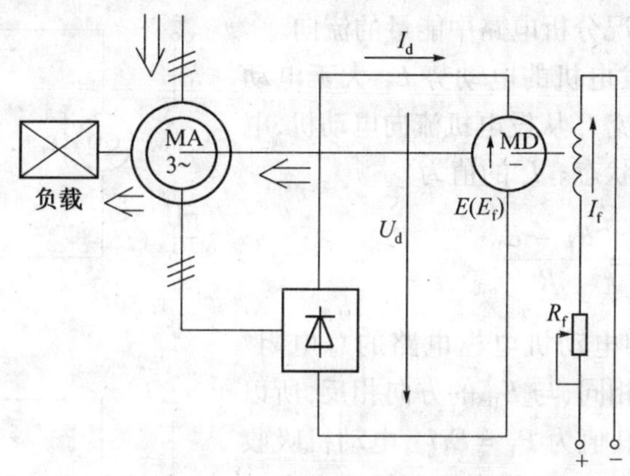

图 5-2 机械串级调速系统原理图

由直流电动机反电动势的公式 $E=K_E\Phi n$ 可知,在转速 n 一定时,改变励磁电流 I_f 可以改变电动机的磁通 Φ,从而改变反电动势 E。直流电动机 MD 和异步电动机 MA 的旋转方向相同,即是 MD 和 MA 共同拖动负载,同时输出机械功率给负载。当 $I_f=0$ 时,可近似认为 $E=0$,MA 转子电路中只是串入了 MD 的电枢电阻,其阻值很小,这时 MA 转子电路没有串入附加电动势,转速最高。当 $I_f\neq0$ 时,在 MD 电枢绕组中会产生反电动势 E,它相当于串入 MA 转子电路的附加电动势 E_f,在 MD 作电动机运行时反电动势 E 与 MA 转子电势的整流电压 U_d 的方向相反,则转速 n 便降低。调节 I_f 的大小即可改变 E 的大小,转速 n 随之改变,从而达到调速的目的。如果不计一切损耗,则输入给 MD 的电功率即为 MA 的转差功率,这部分功率经 MD 转变为机械功率后又送回至 MA 轴上,传递给负载,从而使转差功率得以利用。

这种机械串级调速系统需要增设一台直流电动机,结果使系统庞大,而且直流电动机有换向器及电刷,维修困难,所以应用受到了限制。

2. 晶闸管串级调速系统

在讨论晶闸管串级调速系统之前,先介绍单相有源逆变电路。

1) 单相有源逆变电路

在电工学课程中,讨论过晶闸管整流电路,研究把交流电转变成直流电供给负载。下面要研究利用晶闸管电路把直流是变成交流电,这对应于整流的逆向过程,定义为逆变。而将直流电逆变成交流电的电路称为逆变电路。如果把逆变电路的交流侧接到交流电源上,把直流电逆变为工业频率的交流电送回交流电源去,称为有源逆变电路。在许多场合下,同一套晶闸管电路既可作为整流电路,又能作为逆变电路工作,这种装置通常称为变流装置或变流器。

(1) 直流发电机—电动机系统电能的流向。图5-3所示的直流发电机—电动机系统中,MD为他励直流电动机,具有恒定的励磁电流,它拖动负载运行。GD为他励直流发电机,具有可调励磁电流的励磁电路,它由原动机拖动以确定的转速运行。现就下述几种情况分析电路中能量的流向。

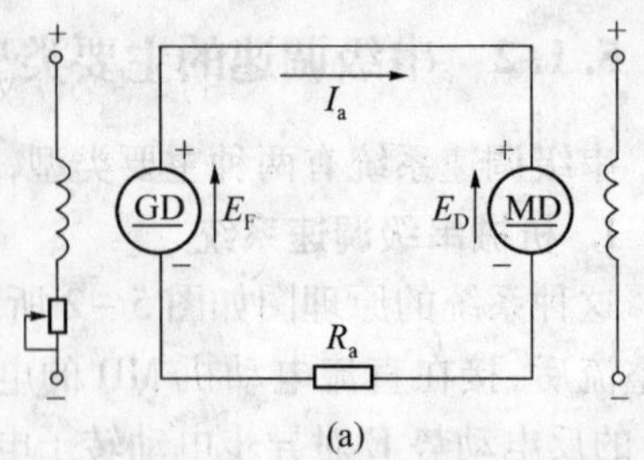

(a)

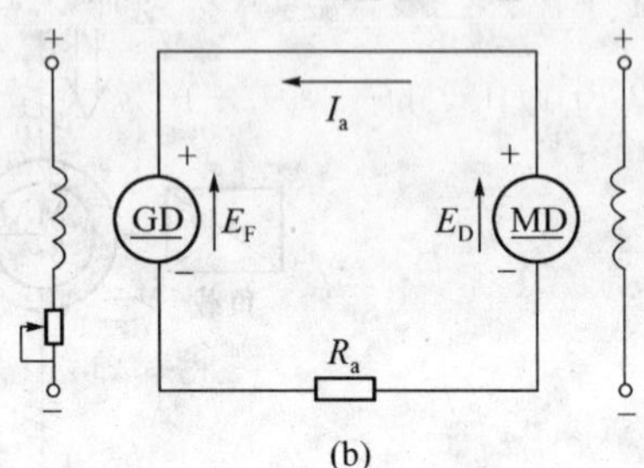

(b)

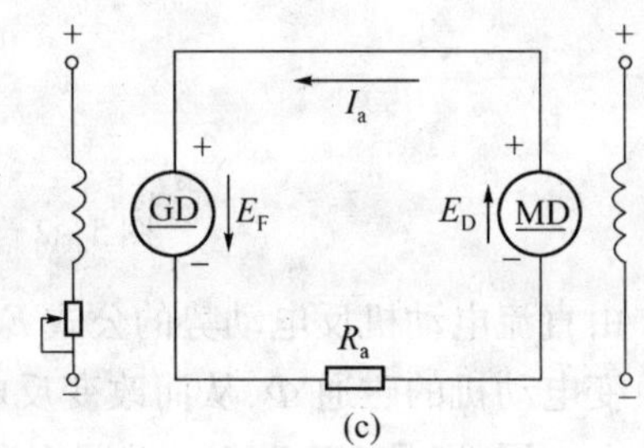

(c)

图5-3 直流发电机—电动机之间电能流向

图5-3(a)中,发电机的电动势E_F大于电动机的反电动势E_D,电流I_a从发电机流向电动机,电动机MD工作在电动状态。I_a的值为

$$I_a = \frac{E_F - E_D}{R_a}$$

式中,R_a为发电机和电动机电枢电路的总电阻。由于I_a与E_F的方向相同,与E_D的方向相反,所以发电机输出电功率,其值为$P_F = E_F I_a$,电动机吸收电功率,其值为$P_D = E_D I_a$,电能由发电机流向电动机,经电动机转变为它轴上的机械能输出。

在图5-3(b)中,如减小发电机的励磁电流,从而减小发电机的电动势E_F,并使电动机的反电动势E_D大于发电机的电动势E_F,电流倒向,从电动机MD流向电发机GD,I_a的值为

$$I_a = \frac{E_D - E_F}{R_a}$$

此时I_a与E_D同方向,与E_F反方向,所以电动机MD输出电功率,发电机GD则吸收电功率,电动机MD工作在发电机制动状态,把轴上输入的机械能转变为电能送回给发电机。

再看图5-3(c),这时两个电动势顺向串联起来向电阻R_a供电,发电机和电动机均输出电功率,由于R_a的阻值一般很小,实际上形成短路。

通地上面的讨论,可得出两个基本概念:

① 两个电动势同极性相接时,电流总是由高电动势流向低电动势。电流从电动势正极端流出的为输出功率,从电动势正极端流入的为输入功率。由于电功率为电动势与电流的乘积,随着电动势方向的改变,电功率的流动方向也改变。

② 两个电动势反极性相接时,当回路电阻很小时,即形成电源短路,在工作过程中必须防止这类事故发生。

(2) 逆变产生的条件。下面以单相全波晶闸管电路代替上述直流发电机给电动机供电,来分析电路中电能的流向。晶闸管电路的负载是直流电动机时,一般要串接平波电抗

器，以保持电流的连续。为便于分析，特作以下假设：① 忽略变压器的阻抗；② 忽略晶闸管的管压降；③ 平波电抗器的电感量极大，直流电流波形接近一条水平线；④ 电动机的电枢电阻归入主电路的总电阻中。

在图5-4(a)中，设电动机MD作电动状态运行，则全波电路应工作在整流状态。控制角的变化范围在$0\sim\pi/2$之间，直流侧输出的平均电压U_d为正值，端点3为正极性，0为负极性，并U_d应大于电动机的反电动势E_D，才能输出整流电流I_d，其值为

$$I_d=\frac{U_d-E_D}{R}$$

式中，R为主电路的总电阻。电流的方向是从U_d的正极端流出，到E_D的正极端流入，故交流电源输出电功率，直流电动机输入电功率，电能的流向是由交流电源流向直流电动机。

在整流状态下，整流电压U_d及电流I_d的波形示于图5-4(b)中。由图可见，在$\alpha\leqslant\omega t\leqslant\pi+\alpha$期间，晶闸管的阳极电位处于交流电压正半周的时间占晶闸管导通时间的大部分，只有小部分时间处于负半周，即使当交流电压变为负值，也因电抗器的续流作用，使晶闸管承受正向电压而导通，整流电压的平均值为正。

在图5-4(c)中，设电动机MD作发电制动运行。对于晶闸管电路，由于晶闸管的单向导电性，电流不能从它的阴极流向阳极，电路内电流的流向不能倒向，因此欲改变电能的输送方向，只有改变电动机反电动势的极性，在图5-4(c)中，反电动势的极性已反过

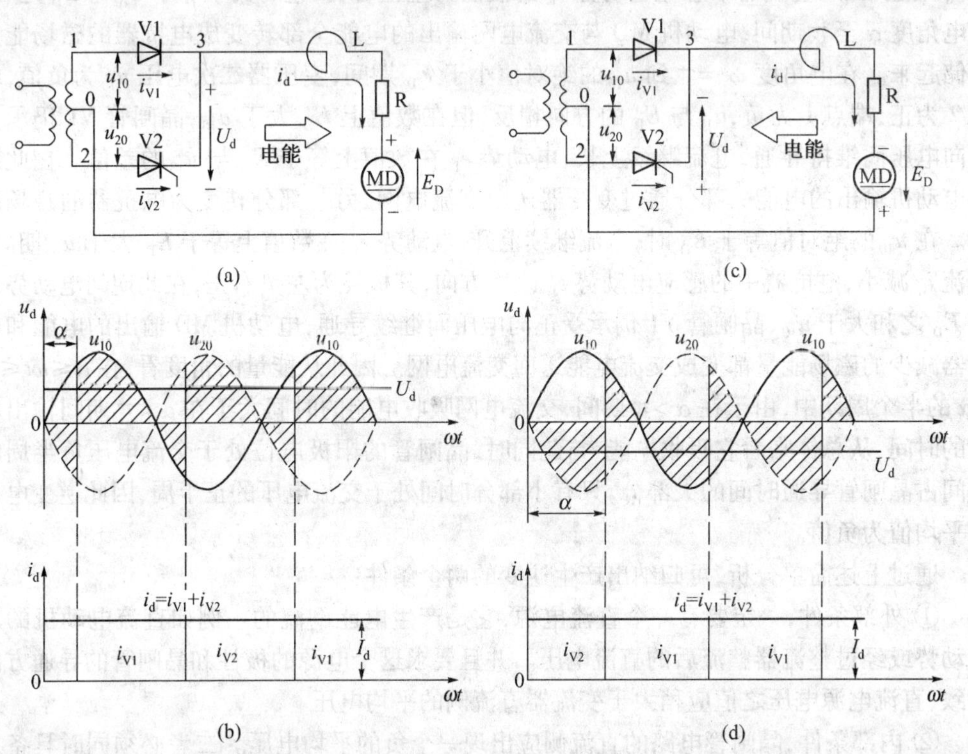

图5-4 单相全波电路的整流和逆变

来，为了实现电动机的发电制动运行，全波电路的直流侧输出平均电压的极性也必须反过来，即 U_d 应为负值，端点 3 为负，端点 0 为正，否则，反电动势 E_D 和 U_d 将成为顺向串联，形成短路。与此同时，电动机的电动势 E_D 应大于 U_d，才能把电流从直流侧送到交流侧，完成逆变。这时电流值为

$$I_d = \frac{E_D - U_d}{R}$$

这时电路内电能的流向与整流时相反，电动机输出电功率，为发电机工作状态，交流电网则吸收电功率，实现了有源逆变。

全波电路直流侧输出平均电压的极性如何反向呢？从整流电路的分析中已知，在电流连续的情况下，整流器输出平均电压 U_d 与控制角之间存在着余弦函数关系，即

$$U_d = U_{d0}\cos\alpha$$

可以证明，只要保持电流连续的条件，这个关系在全部整流和逆变范围内都是适合的。由此可见，控制角的变化，不但可以改变 U_d 的大小，而且可以改变 U_d 的极性，当控制角在 $\pi/2 \sim \pi$ 范围内变化时，U_d 为负值。

图 5－4(d)表示了全波电路工作在逆变化状态下的输出电压及电流波形。为了分析方便，假设主电路电阻为零。当变压器的二次电压 u_{10} 为正时，端点 1 为正，端点 2 为负。在 $\omega t = \alpha$ 时刻触发晶闸管 V1，由于此时 u_{10} 与 E_D 顺向串联，V1 承受正向电压而导通，电流 i_d 迅速增加，电抗器中感应电动势 e_L 的极性为左正右负，它的大小等于 u_{10} 与 E_D 之和。在电角度 α 至 π 期间，电动机 MD 与交流电网输出的电能全部转变成电抗器的磁场能量存储起来。在电角度 $\omega t = \pi$ 到 u_{10} 的绝对值小于 E_D 期间，变压器二次电压 u_{10} 为负值，端点 2 为正，端点 1 为负，u_{10} 与 E_D 的方向相反，但在数值上 E_D 大于 u_{10}，晶闸管 V1 仍承受正向电压而维持导通，电流继续上长，电动势 e_L 在数值上等于 E_D 与 u_{10} 的差值。在此期间电动机输出的电能一部分通过变压器送回交流电网，另一部分转变为电抗器的磁场能量。在 u_{10} 的绝对值等于 E_D 时，电流继续上升，电动势 e_L 在数值上等于 E_D 大于 u_{10} 期间，电流 i_d 减小，电抗器中的感应电动势 e_L 改变方向，其极性为左负右正，在此期间电动势 e_L 与 E_D 之和大于 u_{10}，晶闸管 V1 仍承受正向电压而继续导通，电动机 MD 输出的电能和电抗器减少的磁场能量都变成交流电能送回交流电网。因此从能量的角度看，在 $\alpha \leqslant \omega t \leqslant \pi + \alpha$ 的半个周期中，由于在 $\alpha > \pi$ 期间，交流电网吸收电能的时间大于在 $\alpha < \pi$ 期间输出电能的时间，从总体来看它吸收电能，与此同时，晶闸管的阳极电位处于交流电压负半周的时间占晶闸管导通时间的大部分，只有小部分时间处于交流电压的正半周，因此逆变电压的平均值为负值。

通过上述简单分析，可归纳出产生逆变的两个条件：

① 外部条件，一定要有一个直流电源，它是产生电能倒流的。例如直流电动机的反电动势或经过整流器整流后的直流电压。并且要求这个电源的极性和晶闸管的导通方向一致，直流电源电压之值应稍大于变流器直流侧的平均电压。

② 内部条件，晶闸管电路的直流侧应出现一个负的平均电压。二者必须同时具备才能产生有源逆变。

2）晶闸管串级调速系统

这种系统的原理图如图 5－5 所示，绕线转子异步电动机 MA 的转子三相电动势由三相桥式整流器变为直流电压 U_d，经平波电抗器滤波后加至由晶闸管组成的单相有源逆变器上（在实际应用的串级调速系统中，多采用三相逆变器），逆变器的交流侧通过逆变变压器接到交流电网。如果晶闸管的触发角 $\alpha > 90°$，逆变器作逆变运行，逆变器的直流侧输出电动势 E_β 的极性为上负下正，它相当于电动机转子电路中串入的附加电动势 E_β。附加电动势由下式确定，即

$$E_\beta = 0.9U_2\cos\alpha$$

式中：U_2 为逆变变压器的二次电压。

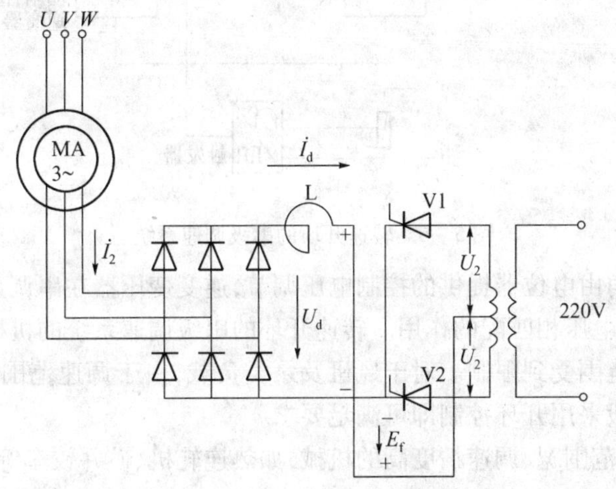

图 5－5　晶闸管串级调速系统原理图

逆变器通过附加电动势 E_β 所吸收的电功率为

$$P_\beta = E_\beta I_d$$

式中：I_d 为直流电流。

转子电路将电功率 P_β 通过整流器和逆变器送给交流电网。在忽略电动机损耗的情况下，这个电功率 P_β 就是异步电动机的转差功率。

如果电动机带动恒转矩负载，则电动机的转子相电流 I_2 和 I_d 在稳定运行时保持恒定。当逆变器的触发角 α 在 90°至 180°之间增大时，逆变器直流侧的输出电势 E_β 也增大，从而引起 I_2 和 I_d 减小，最后导致电动机的电磁转矩 M 小于负载转矩，电动机的转速 n 下降，转差度 s 上升。随着转速 n 的降低，电动机转子电动势 sE_{20} 上升，从而引起 I_2 和 I_d 回升。这一过程一直持续到电动机的电磁转矩 M 恢复到与负载转矩又相等时，减速过程结束，电动机在较低的转速下稳定运行，由此达到对电动机进行调速的目的。从功率的角度看，随着逆变器触发角 α 的增大，逆变器输出电动势 E_β 增加，从而电动机的转差功率 $P_s \approx P_\beta \approx E_\beta I_d$ 增加，逆变器送回交流电网的电功率 P_β 也随之增加，因此提高了电动机低速运行时的效率。

5.1.3　晶闸管串级调速系统的构成

转速开环的串级调速系统如图 5－6 所示，逆变器中晶闸管和的触发脉冲由触发器供

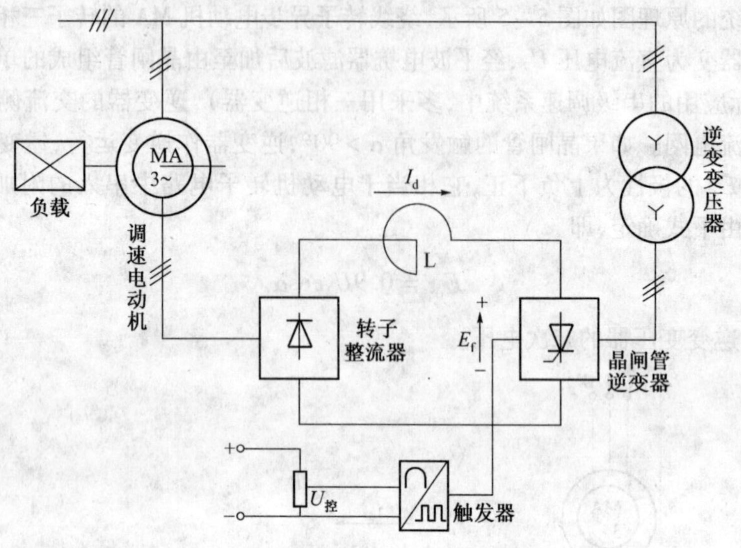

图 5 - 6　转速开环的串级调速系统

给，晶闸管的控制角由电位器提供的控制电压调节，逆变变压器在串调系统中起到使电动机转子电压与电网电压相匹配的作用。转速开环的串级调速系统的机械特性比电动机自然特性要软，调速范围受到限制。对于风机及泵类负载，由于调速范围不宽，对调速的精度要求也不高，一般采用开环控制即可满足要求。

对于要求调速范围宽、调速精度高的机械，如热连轧机、矿井铰车等，采用开环控制就不能满足要求了。这时可以采用与直流拖动系统相似的双闭环控制结构。串级调速的双闭环控制系统方框图如图 5 - 7 所示。由于双闭环调速系统在第 4 章直流自动调速系统中已经介绍过了，所以闭环系统的工作原理这里就不再赘述。

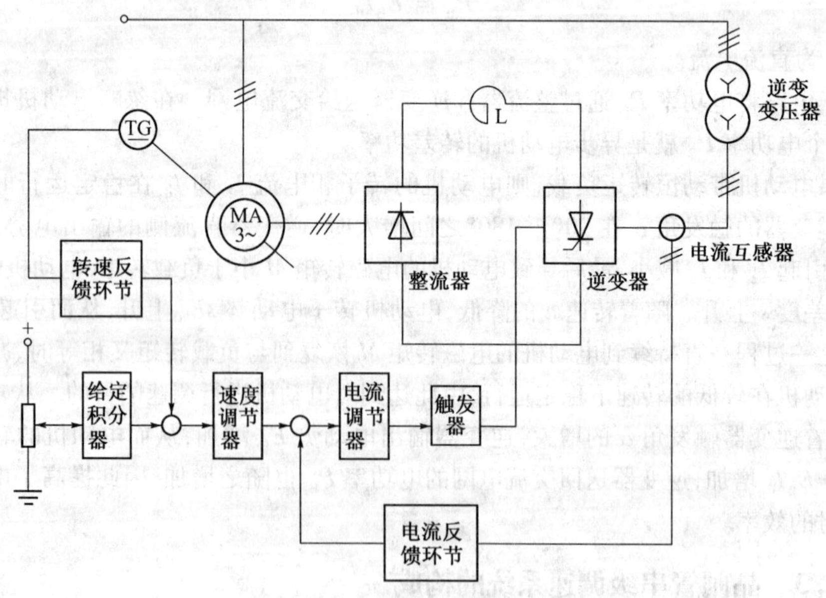

图 5 - 7　双闭环串级调速系统方框图

5.2 变频调速系统

在电工学课程中，我们已经知道了交流电动机的旋转磁场转速(即同步转速)表达式为

$$n_1 = 60f_1/P$$

式中：f_1 为电动机定子绕组的供电频率；P 为电动机定子绕组的极对数。

根据异步电动机转差率的定义：

$$s = \frac{n_1 - n}{n_1} = 1 - \frac{n}{n_1}$$

可知异步电动机的转速为

$$n = n_1(1 - s) = \frac{60f_1}{p}(1 - s)$$

由上式可见，如均匀地改变定子绕组的供电频率 f_1，电动机的同步转速可以平滑地改变，从而电动机的转速 n 也可以平滑地改变。变频调速被人们公认为具有高效率、宽调速范围和高精度的调速方法，因此变频调速是交流电动机的一种比较理想的调速方法。

为了使交流电动机得到可变的频率，自然需要一套变频电源。但在过去是采用一套旋转变频机组或离子变频器来得到可变的电源频率，这套设备的投资大、效率低、可靠性差，因此这种变频调速方法没能得到推广。直到晶闸管以及功率晶体管等半导体电力开关问世后，由于它们具有接近理想开关元件的性能，促使这种静止变频器获得了迅速地发展，从而研制出各种类型的变频调速装置，并在工业上得到了推广。特别是电力半导体元件制造工艺的成就与电子技术及微型计算机的发展相结合，促使变频装置向大容量、高性能的方向发展。目前国外生产的变频装置容量已达一万千瓦以上，而价格和性能已可与直流拖动系统相媲美了。国内也有一定数量的变频器问世，但由于元件制造水平低，价格较高，加上技术上要求复杂，因此限制了它的推广应用。但可以预期，随着生产和技术水平的提高，变频调速将在某些领域逐步取代传统的直流拖动系统。

5.2.1 晶闸管变频器的工作原理

1. 单相交—直—交变频器

单相交—直—交变频器的工作原理如图 5 – 8 所示。先用晶闸管整流器将交流电压整流为幅值可变的直流电压 U_d，直流电压 U_d 通过电容 C 滤波，减小 U_d 的波动。然后令晶闸管开关元件 V1、V3 和 V2、V4 轮流切换导通，则在电阻负载 R 上得到交流输出电压 u_0。例如，在 $t = 0$ 时刻触发晶闸管 V1、V3 使其导通，在电阻 R 上便得到左正右负的电压，我们假定此时的电压极性为正。在 $t = t_1$ 时刻触发晶闸管 V2、V4 使其导通，同时让晶闸管 V1、V3 关断，在电阻 R 上便得到右正左负极性的电压，我们在图上表示为负电压。在 $t = t_2$ 时刻再触发晶闸管 V1、V3 使其导通，同时让晶闸管 V2、V4 关断，这将重复 $t = 0$ 时刻的过程，如此循环下去，我们将在 R 上得到交流电压 u_0。u_0 的幅值由晶闸管整流器

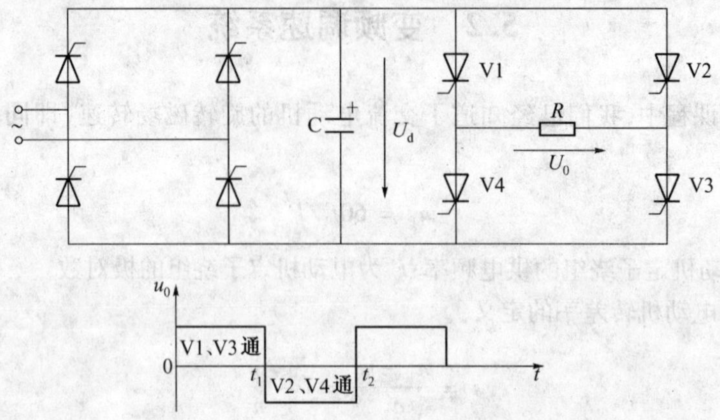

图 5-8 单相交—直—交变频器原理图

输出电压 U_d 决定，这 4 个晶闸管开关元件具有将直流电压变为交流电压的功能，称之为逆变器。输出电压 u_0 的频率由逆变器开关元件切换的频率所决定。开关元件切换得快，u_0 的频率高；反之 u_0 的频率低，同时 u_0 的频率不受电源频率的限制。

2. 三相交—直—交变频器

图 5-9 三相交—直—交变频器的主电路，它由整流器、中间滤波环节及逆变器 3 部分组成。

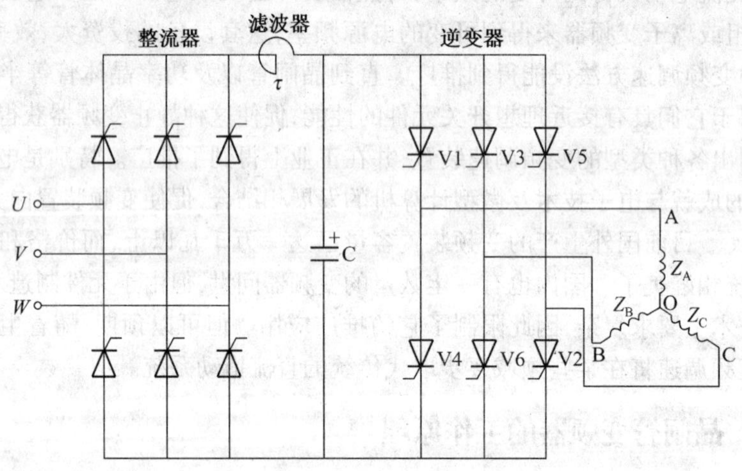

图 5-9 三相交—直—交变频器原理图

整流器晶闸管三相桥式可控整流电路的作用，是将交流电源的定压、定频交流电变换为幅值可调的直流电压，然后作为逆变器的供电电源。逆变器也是三相桥式电路，但它的作用与整流器相反，它将直流电压变换为可调频率的交流电压，它是变频器的主要组成部分。中间滤波环节由电容器或电抗器形成，它的作用是对整流后的电压或电流进行滤波，减小电压或电流的波动。

根据中间滤波环节滤波方法的不同，可以形成两种不同类型的线路，一种为电压型变频器，另一种为电流型变频器。电压型变频器采用电容器进行滤波，由于电容两极板上的电压波动很小,因此逆变器输出的电压波形为一比较平直的矩形波。电流型变频器采用电抗器滤波,由于电抗器中流动的电流波动很小,所以逆变器输出的电流波形为一比较平直的矩形波。

在逆变器中,晶闸管或功率晶体管都是作为开关元件使用的,因此要求它们要有可靠的开通和关断能力。晶闸管的触发导通比较容易,只要在晶闸管的控制极与阴极之间加入正的触发信号,并且阳阴极间承受正向电压即可。而晶闸管的关断却不太容易,因为普通晶闸管一旦触发导通后,控制极就失去了控制作用,要使普通晶闸管元件由导通转为截止,必须在阳阴极间施加反相电压或使阳极电流小于维持电流。因而在交—直—交变频器的逆变器中,需增设专门的换流电路(图中未画出)以保证晶闸管准时关断。从这个意义上来说,用可关断晶闸管(GTO)或功率晶体管(GTR)作为开关元件构成逆变器显示出突出的优点,由于 GTO 和 GTR 可以方便地控制它们的导通和关断,在由它们组成的逆变器中无需增设换流电路,从而大大缩小了逆变器的体积,使变频器小型化。

下面以 180°导电型三相桥式逆变电路为例,说明三相逆变器的输出电压波形。

在图 5-9 所示的三相逆变器中,电动机正转时,晶闸管的导通顺序是 V1、V2、V3、V4、V5、V6、V1,各晶闸管的触发信号间相隔 60°电角度,每给 6 个连续触发脉冲,晶闸管 V1 ~ V6 分别循环导通一次,每个循环为 360°电角度的一个周期。180°导电型的特点是每只晶闸管的导通时间为 180°,当 V1 导通时,V4 必须关断;反之 V4 导通时,V1 也必须关断。同理,V3 与 V6,V5 与 V2 与此相同。就是说,在任一瞬间不允许发生直流电压 U_d 短路现象,现将一个周期内各晶闸管导通情况列表 5-1 之中。

表 5-1 晶闸管导通情况

导通区别	晶闸管导通情况	导通区别	晶闸管导通情况
0 ~ 60°	V5、V6、V1	180° ~ 240°	V2、V3、V4
60° ~ 120°	V6、V1、V5	240° ~ 300°	V3、V4、V5
120° ~ 180°	V1、V2、V3	300° ~ 360°	V4、V5、V6

由表可见,$\omega t = 0$ 以前,V4、V5 和 V6 导通。在 $\omega t = 0$ 时,1 号触发脉冲触发 V1,则 V1 导通,V4 关断。由此可见,在 $0° < \omega t < 60°$区间,晶闸管 V5、V6 和 V1 同时导通;在 $\omega t = 60°$时,2 号触发脉冲触发 V2,则 V2 导通,V5 关断;在 $60° < \omega t < 120°$区间,V6、V1 和 V5 同时导通。以此类推,在 $\omega t = 360°$时,1 号触发脉冲又触发 V1,重复第一个周期内所进行的过程。由此得到表 5-1 所示的结果。

由表 5-1 可以看出,在每一个 60°区间内有三个晶闸管同时导通,每个桥臂上仅有一个晶闸管导通。这样,三相电流可以同时流经三相负载阻抗 Z_A、Z_B 和 Z_C。同时每隔 60°更换一个晶闸管。

设三相负载阻抗为星形连接,并且晶闸管的关断是瞬间完成,同时以负载中性点 O 点为电位参考点。根据晶闸管的导通与关断情况,绘出三相负载阻抗的等值电路,见图 5-10。这是按不同的导通区间分别绘出的等值电路。

先求出相电压 U_{A0}、U_{B0} 和 U_{C0}。

在 0 ~ 60°区间,晶闸管 V5、V6 和 V1 导通,其等值电路如图 5-10(a)所示。由于 V1

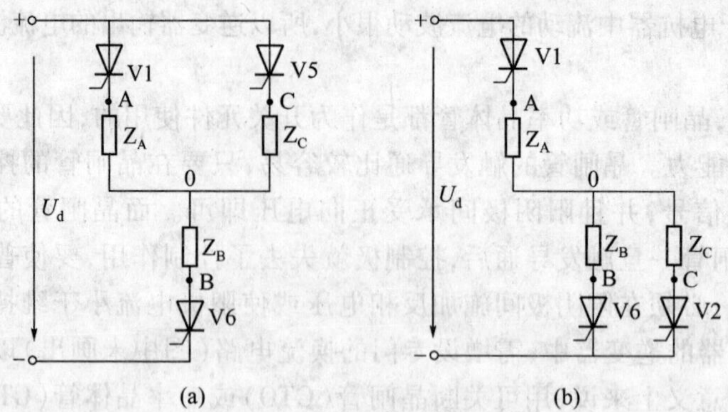

图 5 - 10　三相逆变器等值电路

和 V5 同时导通,所以 A 和 C 两点的电位都为 $+U_d$,则

$$U_{A0} = U_d \frac{\dfrac{Z_A Z_C}{Z_A + Z_C}}{Z_B + \dfrac{Z_A Z_C}{Z_A + Z_C}}$$

式中:Z_A、Z_B 和 Z_C 分别为电动机三相绕组的阻抗。

由于 $Z_A = Z_B = Z_C = Z$,所以,

$$U_{A0} = U_A \frac{Z/2}{Z + Z/2} = \frac{1}{3} U_A = U_{e0}$$

由于 V6 导通,则 B 点电位为 $-U_d$,所以,

$$U_{B0} = -U_{0B} = -U_d \frac{Z_B}{Z_B + \dfrac{Z_A Z_C}{Z_A + Z_C}} = -\frac{2}{3} U_d$$

同理,可绘出 60°~120°区间的等值电路,如图 5 - 10(b)所示,其相电压为

$$U_{AB} = \frac{2}{3} U_d$$

$$U_{B0} = U_{C0} = -U_{0B} = -\frac{1}{3} U_d$$

同样,也可以求出其他 4 个区间的相电压瞬时值。根据计算值,将这些电压波形连接起来,就得到如图 5 - 11(a)、(b)、(c)所示的相电压波形。

三相逆变器输出端的线电压

$$U_{AB} = U_{A0} - U_{B0}$$

$$U_{BC} = U_{B0} - U_{C0}$$

$$U_{CA} = U_{C0} - U_{A0}$$

根据图 5-11(a)、(b)、(c),求出线电压值,绘出线电压波形,如图 5-11(d)、(e)、(f)所示。

从相电压和线电压的波形可以看出:三相电压波形相同,都是阶梯形交变电压,A、B、C 各相的相位相差 120°,故逆变器输出的三相电压是对称的。

由于交流电压的频率 $f=1/T$,所以改变交流电压的周期 T 的长短,即可改变逆变器输出交流电压频率的大小。例如,晶闸管每隔$\frac{1}{360}$s 发出一个触发脉冲,则交流电压的周期为

$$T = 6 \times \frac{1}{360}\text{s} = \frac{1}{60}\text{s}$$

逆变器输出电压的频率为

$$f = \frac{1}{T} = 60\text{Hz}$$

若触发脉冲每隔$\frac{1}{36}$s 发出一个,则交流电压的周期为$\frac{1}{6}$s,逆变器输出电压的频率为 6Hz。所以触发脉冲出现的频率越高,逆变器输出电压的频率也越高。如改变三相可控整流器中晶闸管的触发角 α,就可以改变整流电压 U_d 的大小,从而可以改变逆变器输出电压幅值的大小。

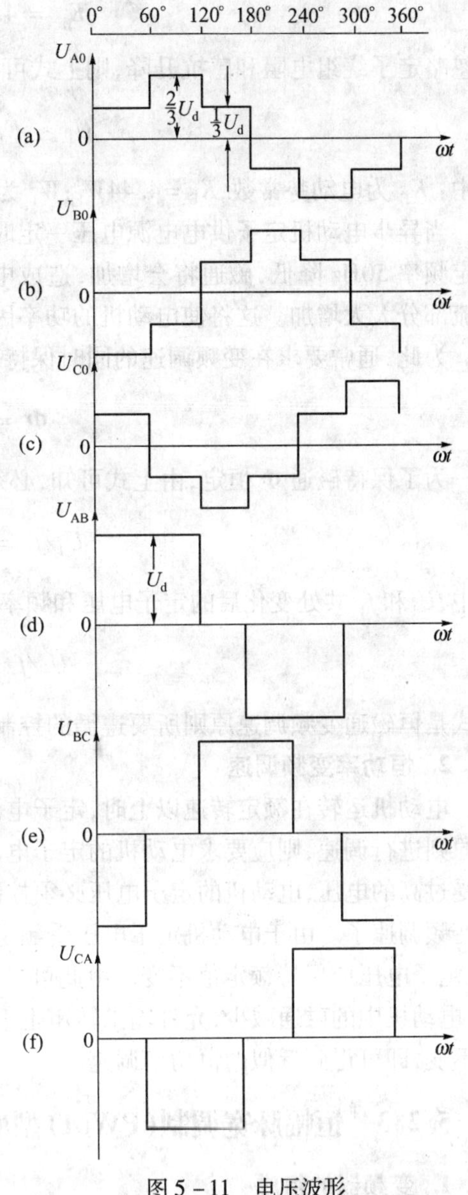

图 5-11 电压波形

通过上面对晶闸管逆变器输出电压波形的分析,我们知道三相电压波形不是阶梯波就是矩形波,它们与交流电网供电的正弦电压波形差距较大。如将这些非正弦波形的电压施加于电动机,不但会在电动机绕组中产生额外的铜损耗,而且还会在电动机中造成脉动转矩,产生噪声。因此逆变器输出的电压波形要尽量接近正弦波形,才能使电动机正常工作。

5.2.2 变频调速的原则

三相异步电动机变频调速的原则有多种,下面仅讨论应用广泛的恒磁通和恒功率变频调速。

1. 恒磁通变频调速

从电工学课程中,我们已经知道了异步电动机的定子绕组每相感应电动势为

$$E_1 = 4.44 f_1 W_1 \Phi$$

如忽略定子绕组电阻和感抗升降,则上式可写成

$$U_1 \approx E_1 = K_E f_1 \Phi$$

式中:K_E 为电动势常数,$K_E = 4.44 W_1$;W_1 为定子每相绕组的匝数。

当异步电动机定子供电电源电压一定时,则每极磁通 Φ 随频率 f_1 变化。若频率 f_1 从额定频率 50Hz 降低,磁通将会增加,造成电动机中的磁路过度饱和,定子电流中的励磁电流部分大大增加。这将使电动机的功率因数降低,铁心损耗急剧增加,因此这是不允许的。为此,通常要求在变频调速的同时保持磁通恒定,即

$$\Phi = 常数$$

为了保持磁通 Φ 恒定,由上式可知,必须使定子电压随频率成正比,即

$$U_1/f_1 = U'_1/f'_1$$

式中,U_1 和 f_1 共处变化后的定子电压和频率。或者保持定子电压与频率的比值不变,即

$$U_1/f_1 = 常数$$

上式是恒磁通变频调速原则所要遵循的控制条件。

2. 恒功率变频调速

电动机运转在额定转速以上时,定子电流的频率将大于额定频率,如按恒磁通变频调速原则进行调速,则应要求电动机的定子电压随着增大,但是由于电动机绕组本身不允许承受过高的电压,电动机的定子电压必须控制在允许电压范围内,这样就不能再保持恒磁通变频调速了。由于电动机定子电压受额定电压的限制,因此频率在额定频率以上升高时,定子电压应保持额定值不变。由此可见,随着电动机定子供电频率 f_1 的升高,转速上升,电动机中的磁通减少,允许输出转矩也下降,这样可以近似保持电动机的允许输出功率不变,即可得到近似的恒功率调速。

5.2.3 恒幅脉宽调制(PWM)型变频器工作原理

1. 变频器的组成

恒幅脉宽调制(PWM)型变频器电路如图 5-12 所示,它常采用电压型逆变器,由二极管整流桥、滤波电容和逆变器组成。逆变器的输入为恒定不变的直流电压,逆变器通常用功率晶体管(GTR)作开关零件,通过逆变器调节输出电压的脉冲宽度和输出交流电压的频率,既实现调压又实现调频,变频变压都由逆变器承担,这是目前较普遍采用的一种变频调速系统。它与由晶闸管组成的逆变器比较,它不用换流电路,其主电路简单,只要配上相应的控制电路就可以了。由于这种 PWM 型变频器输出交流电压的幅值和频率直接由逆变器决定,所以调节速度快,系统的动态性能好。若逆变器中的电力开关采用高速元件进行高频脉宽控制,并配合中、大规模集成器件组成的高性能控制电路,可以极大地提高变频调速系统的性能,缩小装置的体积,提高效率,降低成本。另外,由于采用可控整流器,它的系统功率因数极高。

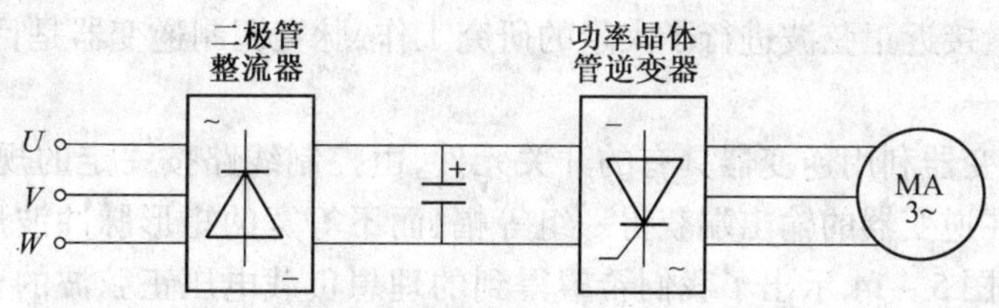

图 5-12　恒幅 PWM 型变频器电路

2. 简单的 PWM 逆变器的工作原理

单相简单的 PWM 逆变器主电路和工作波形如图 5-13 所示。

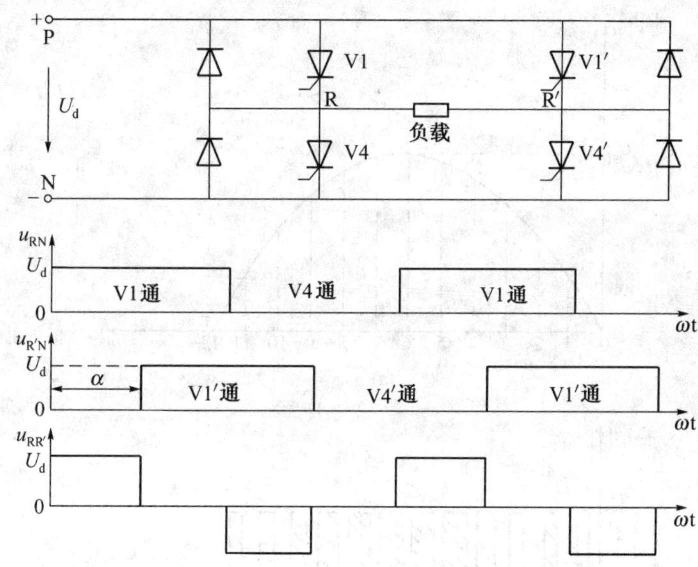

图 5-13　简单 PWM 逆变器的主电路及电压波形

为了清楚起见,图中没有画出功率晶体管的驱动电路,在单相桥式逆变器的输入端(PN 两点之间)由恒定的直流电压供电。4 个二极管与功率晶体管反并联,为负载的无功能量反馈到直流电源提供了通路。

当功率晶体管 V1 和 V4 饱和导通,V1 和 V4 截止时,在忽略晶体管导通压降的情况下,R 点对直流电压负极 N 点的电压 $U_{RN}=U_d$,R 点对 N 点的电压 $U_{RN}=0$。所以负载两端的电压 $U_{RR}'=U_{RN}-U_{R'N}=U_d$;反之,当功率晶体管 V1 和 V4 饱和导通,V1 和 V4 截止时,$U_{RN}=0$,$U_{R'N}=U_d$,$U_{RR}'=U_{RN}-U_{R'N}=-U_d$。在晶体管 V1 和 V1′或 V4 和 V4′同时导通时,负载两端对 N 点的电压相等,$U_{RR}'=0$,改变晶体管 V1′和 V4′落后于 V1 和 V4 导通的相位角 α,就可以改变负载电压 U_{RR}'的脉冲宽度,从而改变负载交流电压的基波幅值,这就是简单 PWM 逆变器的工作原理。当 α 角在 0~180°范围内变化时,逆变器输出的基波电压要从零升高到最大值。

3. 高频脉宽调制逆变器的工作原理

通常采用的交—直—交电压型晶闸管变频电路,其输出电压波形与正弦电压波相差甚远,由此带来了一系列问题。例如,由矩形电压波供电的电动机,其效率将下降 5%~

7%，功率因数下降约 8%，而电流却要增大约 10%。因此，人们为改善逆变器的输出电压波形，并使之尽量接近正弦波进行了大量的研究工作，脉宽调制逆变器是目前公认较为理想的解决办法之一。

脉宽调制逆变器利用逆变器具有的开关元件，由控制线路按一定的规律控制开关元件的通断，从而在逆变器的输出端获得一组等幅、而不等宽的矩形脉冲波形，来近似等效于正弦电压波。图 5-14 示出了我们希望得到的理想负载电压正弦波的正半周，并将其划分为 K 等份（图中 $K=12$），每等份的正弦曲线与横轴所包围的面积都用一个与此面积相等的等高矩形脉冲所代替，并按每个脉冲的宽度的中点与其相应的正弦波等分的中点相重合的原则，来安排矩形脉冲的位置。这样，由 K 个等幅而不等宽的矩形脉冲组成的波形与正弦波的正半周等效，正弦波的负半周也可用相同的方法来等效。

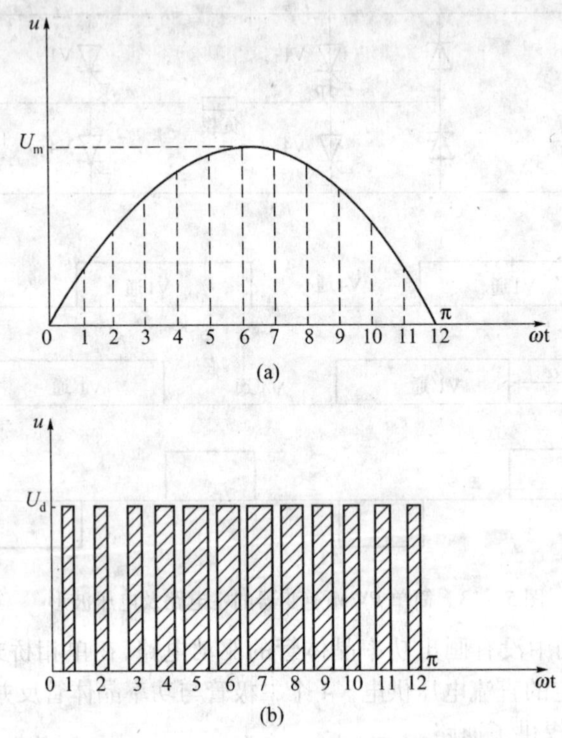

图 5-14　与正弦波等效的矩形脉冲波形

如果理想负载电压正弦波的幅值减小，自然与其等效的各等高矩形脉冲的宽度也要相应减小；反之，与其等效的各等高矩形脉冲的宽度也要相应增大。

从理论上讲，可以严格地计算出各分段矩形脉冲的宽度，作为控制逆变器开关元件通断的依据。这只能靠数字电路或微型计算机实现。如果计算出了各分段矩形脉冲的宽度，就可以用图 5-15(a)所示的具有纯电阻负载的单相桥式逆变器，利用图 5-17(b)所示的由微型计算机产生的基极控制信号 U_{b1}、U_{b3} 和 U_{b2}、U_{b4}，分别控制功率晶体管 V1、V3 和 V2、V4 的通断，就可以在负载 R 上得到与正弦波形电压等效的矩形脉冲波形，如图 5-17(c)所示。例如，在电角度 a_1 至 a_2 期间，基极控制信号 U_{b1}、U_{b3} 为高电平（逻辑"1"），U_{b2}、U_{b4} 为低电平（逻辑"0"），因此晶体管 V1、V3 导通，V2、V4 截止，负载 R 上得到左正右负的正电压$U_R = U_d$。在电角度 $\alpha 2$ 至 $\alpha 3$ 期间,U_{b1}、U_{b3} 和 U_{b2}、U_{b4} 都为低电平,所以 4 个晶体管全部截止,负载 R 与电压 U_a 断开,$U_R = 0$。在电角度 α_3 至 α_4 期间又重复 α_1 和 α_2 期间的情况。依此类推,便可得到正负两个半周的 U_R 波形。负载 R 上的矩形脉冲的幅值为逆变器直流电压 U_d。

另一种确定矩形脉冲宽度的方法是采用模拟电路来实现。图 5-15(a)中的 4 个晶体管的基极控制信号,经常采用载频信号 U_c 与参考信号 U_F 相比较的方法产生,如图 5-16(a)所示。图中,U_c 采用不变的单极性等腰三角波形电压,而 U_r 采用可变幅值、可变频率的正弦波电压,由 U_c 与 U_r 波形的交点可以确定各矩形脉冲的宽度。U_c 和 U_r 的波形由相应的信号发生器产生,参考信号 U_r 为正弦波的脉宽调制称为起码弦波脉宽调制(SPWM),由正弦波脉宽调制产生的调制波是等幅而不等宽的脉冲列,如图 5-16(e)所示。这些调制波的脉冲宽基本上按正弦函数分布,各脉冲的面积与正弦曲线下对应的面积近似成正比。由引可见,正弦波脉宽调制波似等效于正弦波形。

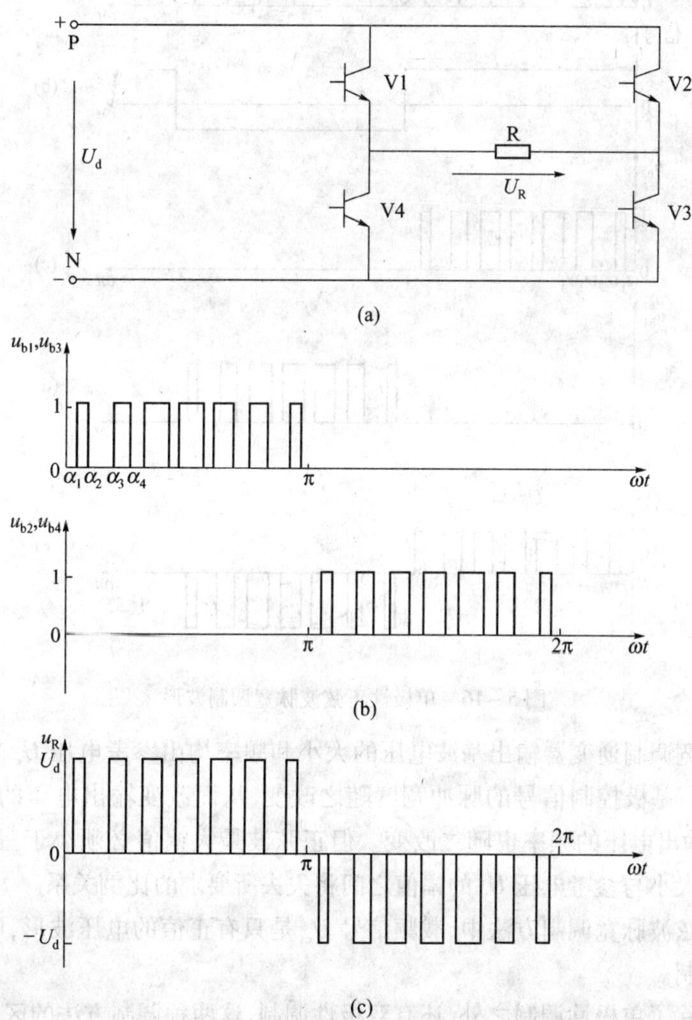

图 5-15 单相 PWM 逆变器的主电路及有关波形

下面具体说明如何获得正弦波脉宽调制的基极控制信号。在倒相信号为正电压的半个周期中，基极控制信号 U_{b2} 和 U_{b4} 始终为低电平，晶体管 V2 和 V4 截止，而 U_{b1} 和 U_{b2} 的电平高低由载频信号 U_c 与参考信号 U_r 相比较确定。当 $U_c > U_r$ 时，U_{b1} 和 U_{b2} 为低电平，例如，在电角度 0 至 α_1 和 α_2 至 α_3 期间；反之，当 $U_r > U_c$ 时，U_{b1} 和 U_{b3} 为高电平，例如，电角度 α_1 至 α_2 和 α_3 至 α_4 等期间。与此相反，在倒相信号为负电压的半个周期中，U_{b1} 和 U_{b3} 始终为低电平，V1 和 V3 截止。当 $U_r > U_c$ 时，U_{b2} 和 U_{b4} 为高电平；反之，当 $U_r > U_c$ 时，U_{b2} 和 U_{b4} 为低电平。由上述的原则，可得到如图 5－16(c)、(d)所示的正弦波脉宽调制的基极控制信号波形。

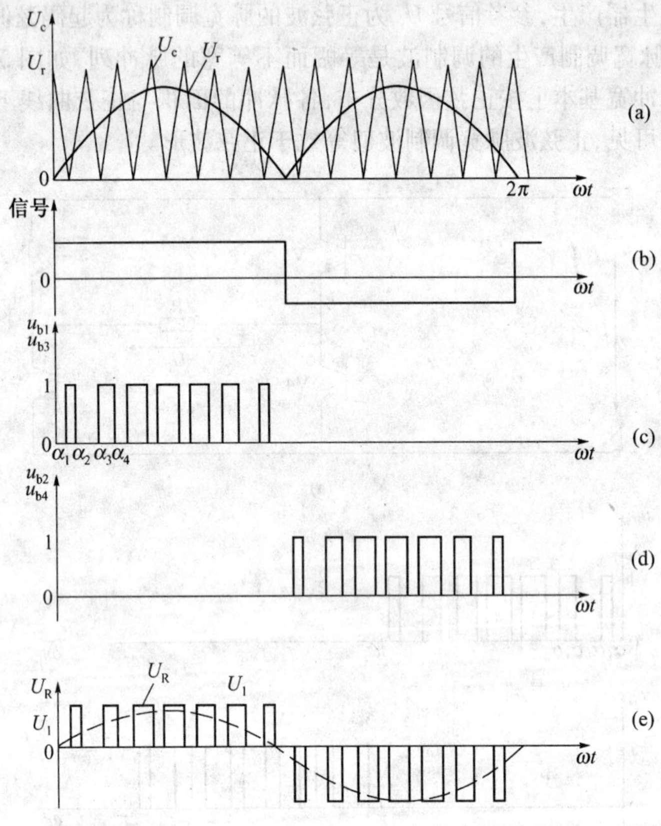

图 5－16　单极性正弦波脉宽调制波形

正弦波脉宽调制逆变器输出基波电压的大小和频率均由参考电压 U_r 来控制。当改变 U_r 的幅值时，基极控制信号的脉冲宽度随之改变，从而改变输出电压的大小；当改变 U_r 的频率时，输出电压的频率也随之改变。但正弦波最大幅值必须小于三角波幅值，否则输出电压的大小与参考电压 U_r 的幅值之间将失去所要求的比例关系。

在这种正弦波脉宽调制方法中，载频信号 U_c 是只有正值的电压波形，所以这种调制称为单极性调制。

脉宽调制除了单极性调制之外，还有双极性调制，这两种调制方法的区别在于双极性调制的载频信号是有正有负的双极性等腰三角波形电压。上述单极性调制必须有倒向信号，而图 5－17 所示的双极性调制就不要倒向信号了。双极性调制用于电感量较大的电感性负载。由于电感的存在，图中的每个功率晶体管均有一个二极管与其反并联，作为负载无功能量反馈回直流电源的通路。

下面用图 5－17(a) 所示的由两个功率晶体管组成的单相半桥逆变器为例，来分析双极性调制的工作波形。晶体管的基极控制信号 U_{b1} 和 U_{b2} 仍然由载频信号 U_c 与参考信号 U_r 的交点确定。当 $U_r > U_c$ 时，U_{b1} 为高电平，U_{b2} 为低电平；反之，当 $U_c > U_r$ 时，U_{b2} 为高电平，U_{b1} 为低电平。由此得到 U_{b1} 和 U_{b2} 的波形，如图 5－17(c)、(d) 所示。由图可见两个晶体管工作在互补的开关工作状态，即晶体管 V1 导通时，V2 截止；反之，V3 导能时，V1 截止。在电角度 $0 \sim \alpha_1$ 期间，U_{b1} 为高电平，U_{b2} 为低电平，因此 V1 导通，V2 截止，负载电压

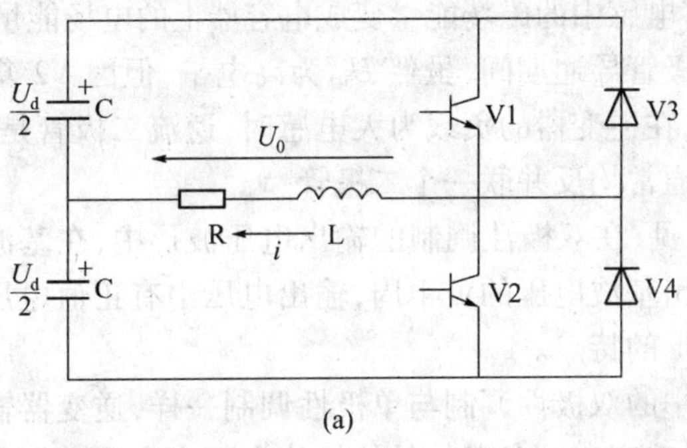

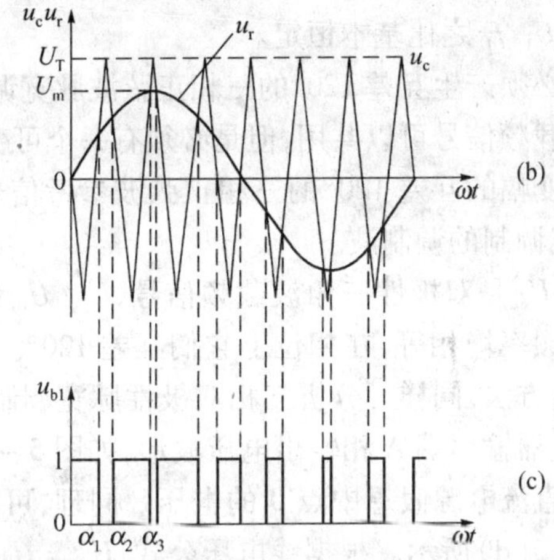

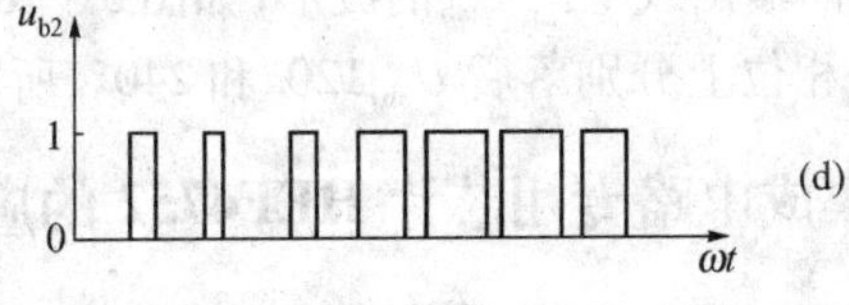

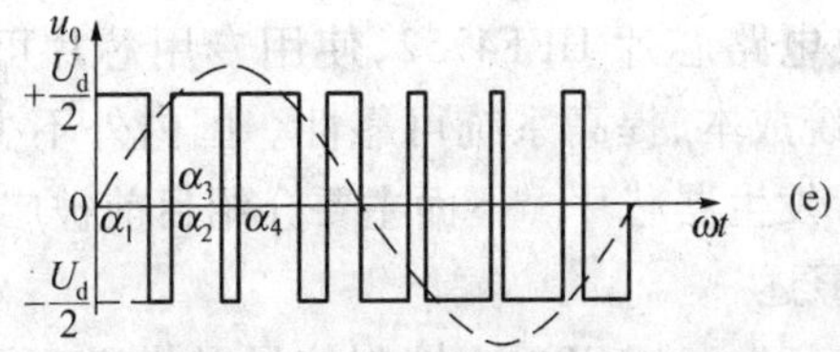

图 5－17 单极双极性正弦波脉宽调制主电路及工作波形

的极性为左负右正，U_0 为 $+U_d/2$。与此其反，在电角度 $\alpha_1 \sim \alpha_2$ 期间，U_{b2} 为高电平，U_{b1} 为低电平，所以 V2 导通，V1 截止，负载电压的极性为左正右负，U_0 为 $-U_d/2$。在电角度 $\alpha_2 \sim \alpha_3$ 期间，V1 和 V2 的工作情况与在电角度 $0 \sim \alpha_1$ 期间相似。以此类推，便可得到图 5－17(e)所示的负载电压 U_0 的波形。

下面分析返流二极管(续流二极管)的作用。当晶体管 V1 导通，V2 截止时，设负载中的电流方向为由右向左。在 V1 由导通变为截止时，由于负载电感中的电流不能突变，电流只能逐渐减小。根据楞次定律，当电感中的电流减小时，会产生与电流方向一致的感应电动势 e。此电动势比电源电压 $U_d/2$ 大，所以返流二极管 V_d 承受正向电压而导通，负载电流给电容充电，将电感中的磁场能量变成电容器上的电场能量，即将负载的能量返回直流电源。在返流二极管导通期间，虽然 U_{b2} 为高电平，但因 V2 集电极承受反向电压而不能导通。由此可见，在逆变器的负载为大电感时，返流二极管是必不可少的。因此，逆变器中的功率晶体管通常均反并联一个二极管。

由图 5－17(e)可见，在双极性调制的输出电压波形中，在基波电压的正半周有负值电压出现，反之，在输出基波电压的负半周，输出电压中有正值电压出现。这是双极性脉宽调制的输出电压波形的特点。

正弦波脉宽调制中的双极性调制与单极性调制一样，逆变器输出基波电压的大小和频率的改变，也是通过改变正弦参考信号的幅值和频率实现的。在脉宽调制应用于电动机变频调速时，要保持 U_1/f_1 之比基本恒定。

对于三相逆变器，必须产生互差 120°的三相正弦波脉宽调制的调制波。为了得到这些三相调制波，三角形载频信号可以共用，但是必须有一个可变频率和幅值的三相正弦波发生器产生可变频、可变幅的互差 120°的三相正弦波参考信号，然后将它们分别与三角波相比较产生三相脉宽调制的调制波。

在图 5－18(a)中，U_c 是双极性三角波载频信号，U_{ca}、U_{rb} 和 U_{rc} 分别为三相正弦波参考信号，它们的幅值与频率均相等，在相位上它们互差 120°。前面所讲的单相双极性脉宽调制工作波形的分析方法，同样可分析三相双极性脉宽调制中的一相。由 U_c 与 U_{ra} 波形的交点便可确定逆变器输出端 A 相输出电压波形，如图 5－18(b)所示。图中，相电压 U_a 为输出端 A 相对于直流电源假想中点 0 的电压。同理，可求出 B、C 两相的输出相电压波形，如图 5－18(c)、(d)所示。根据线电压公式：$U_{ab} = U_c - U_b$，将 U_a 的波形减去 U_b 的波形便可得到逆变器的输出线电压 U_{ab} 的波形，如图 5－18(e)所示。线电压 U_{bc}、U_{ca} 的波形与 U_{ab} 相似，只是在相位上分别落后 U_{ab} 120°和 240°，所以图中未画出。

5.2.4 大规模集成电路专用芯片 HEF4752 的应用

三相逆变器的脉宽调制(PWM)信号除了可以用微型计算机和模拟电路产生外，还可以采用专用大规模集成电路芯片 HEF4752，使用专用芯片可简化正弦波脉宽调制(SPWM)生成电路、降低系统成本、提高系统可靠性。国内外不少异步电动机变频调速产品都应用了专用的 SPWM 发生器芯片。下面主要介绍目前被广泛应用的 HEF4752 芯片。

1. HEF4752 电路概述

HEF4752 电路是为产生三相 SPWM 控制信号及供逆变器—交流电动机调速控制而设计、制造的大规模全数字化单片集成电路。它可提供逆变器 6 个功率开关器件所需的

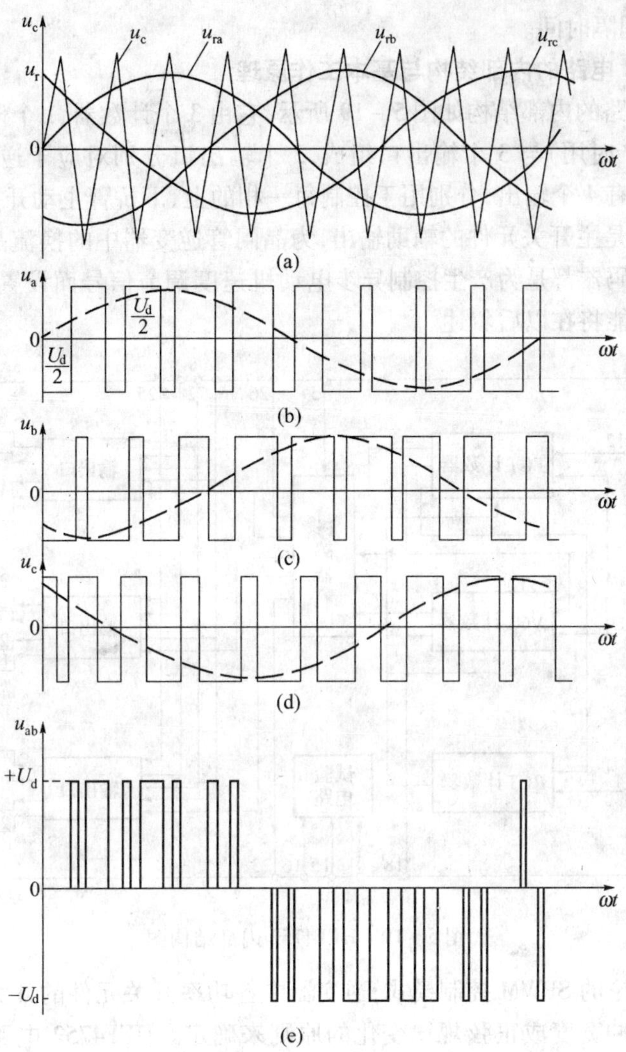

图 5－18　三相双极性正弦波脉宽调制波形

SPWM 输入信号，同时为了实现对电动机转速、电动机定子电压、PWM 载波频率以及功率开关器件开关频率的控制，设有相应的时钟输入。HEF4752 电路具有以下主要特点：

（1）可提供 3 对相位互差 120°的互补输出 SPWM 主控制脉冲，以供驱动逆变器 6 个功率开关器件，产生对称的三相输出电压。

（2）可适用于功率晶体管或晶闸管，对后者尚可附加产生 3 对互补换流脉冲，用以控制换流电路中的辅助晶闸管。

（3）采用数字控制输入，对提高系统控制精度和与微型计算机连接创造了条件。

（4）由于该集成电路为全数字电路，电路的调制方式与传统的正弦波—三角波比较的调制方式不同，它采用了在载频脉冲改变脉冲宽度的双边缘正弦调制方式，使逆变器输入的线电压呈正弦变化。

（5）SPWM 的调制波频率范围为 0～100Hz，并可与输出电压同步调节。

（6）为防止逆变器同一桥臂中上、下臂器件同时导通，每相输出脉冲间存在有时间可调的互锁,推迟间隔时间。

2. HEF4752 电路的内部结构与基本工作原理

HEF4752 电路的内部结构如图 5－19 所示,它由 3 个计数器、1 个译码器、1 个试验电路(供制造厂生产时用)与 3 个输出口组成,3 个输出口分别对应于逆变器的 A、B、C 三相。每个输出口有 4 个输出,分别用于控制每一相的上、下桥臂主动开关元件(以 M1、M2 表示),C1 和 C2 是主开关元件的辅助输出,为晶闸管逆变器中的换流晶闸管提供控制脉冲。计数器与译码器都是为产生控制异步电动机速度调节信号而设置的,它们的作用以及其他引脚的功能将在以后叙述。

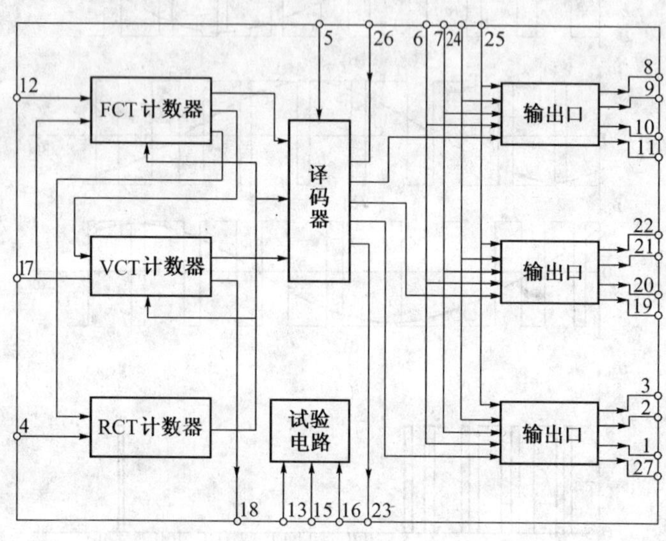

图 5－19　HEF4752 内部结构图

按以前所讨论的 SPWM 控制模式,逆变器中各功率开关元件的开关时刻必须按逆变器输出电压的脉冲宽度成正弦规律变化的原则来确定。HEF4752 电路输出的这个控制信号是调制后的载波脉冲得到的。HEF4752 电路的载波信号,如图 5－20(a)所示,是一等脉宽的矩形 $u_{C0}=f(t)$,波形的过零点时刻分别用 α_1、α_2、…表示。而被调制后的 A 相控制信号 $u_{CA}=f(t)$ 如图 5－20(b)所示,其过零点时刻以 β_1、β_2、…表示。且有

$$\alpha_i+\delta_i(i=2n-1,n=1,2,\cdots,N)\alpha_i-\delta_i(i=2n,n=0,1,2,\cdots,N)$$

其中,$\delta_i=\delta_0\sin\alpha_i$;$N=f_c/f_t$;$\alpha_i=360°\times i/2N$。

α_i 是 u_{C0} 的第 i 个过零角,β_i 为 u_{CA} 的第 i 个过零角,i 的最大值为载波比 N 的 2 倍;δ_0 是随逆变器输出电压(即输出电压控制频率 f_{VCT})而变的值,δ_i 为正比于 $\sin\alpha_i$,且随逆变输出电压而变的可变时间间隔,称 δ_i 为载波脉冲两侧边缘的调制值,N 是载波比,f_c 和 f_t 分别为载波频率和逆变器的输出频率。对应每一个载波比,FCT 计数器送出 $2N$ 个 δ 数据供脉宽调制用。这样就得到了经双缘调制的 A 相输出控制信号。从图 5－20(b)可见,A 相输出控制信号 u_{CA} 是由 u_{C0} 经双缘调制得到的,u_{C0} 的每个矩形脉冲的两个边缘各用一个可变电角度 δ_i 进行调制,且两边的调制值是不同的。当载波比 N 与 f_{VCT} 确定以后,一个工作周期中调制值 δ 的变化规律也相应确定了。同理,B、C 两相的输出控制信号 u_{cB} 和 u_{cC} 也

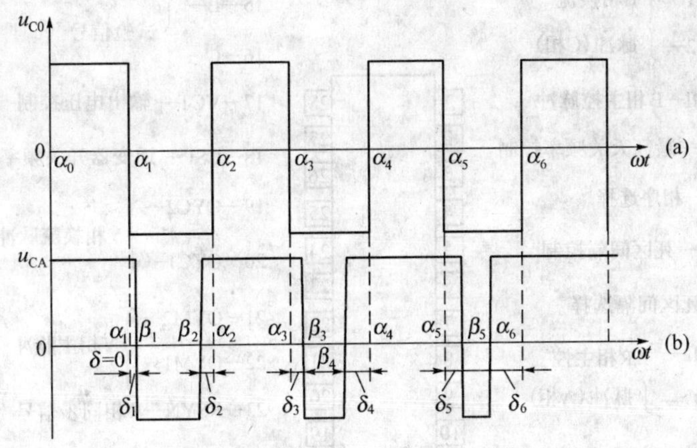

图 5－20　双缘调制原理

具有相同的性质。它们在相位上分别落后于 u_{CA} 120°和 240°

图 5－21 示出了载波比为 9 时，逆变器的功率晶体管控制电压及输出电压波形。图 5－21(a)为载波波形；图 5－21(b)、(c)分别为逆变器 A、B 两相输出电压波形，这些波形分别与经双缘调制后的 A、B 两相输出控制波形相似；图 5－21(d)为 AB 相线电压波形。

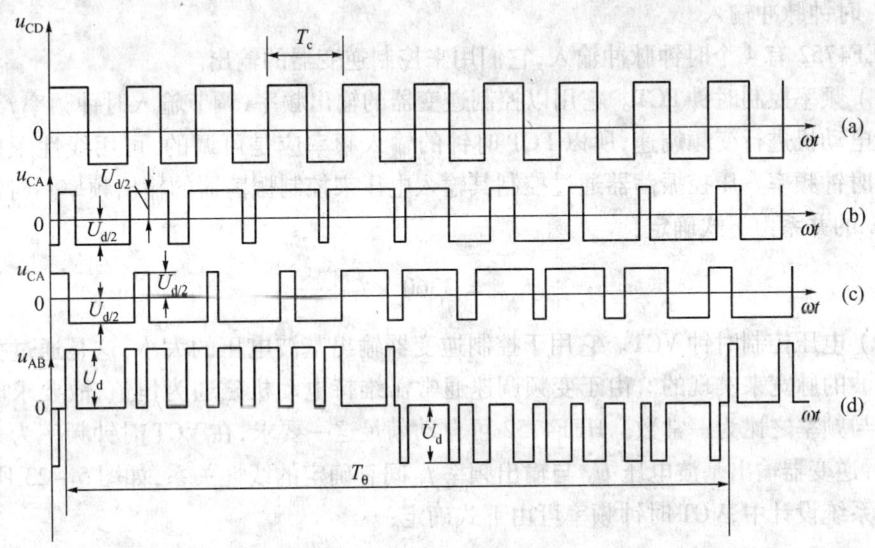

图 5－21　$N=9$ 的 SPWM 波形

3. HEF4752 各输入输出信号的功能

HEF4752 电路的引脚如图 5－22 所示，它共有 28 个引脚，可分为 4 种类型：第一类为输出供逆变器驱动用的，有 12 个输出(这在前面已说明，此处不予讨论)；第二类为时钟脉冲输入，有 4 个引脚；第三类为控制输入，有 7 个引脚；第四类为控制输出，有 3 个引脚。引脚 14 和 28 是供电电源的引入脚，它们分别接地和正电源。下面对主要引脚的功能加以说明。

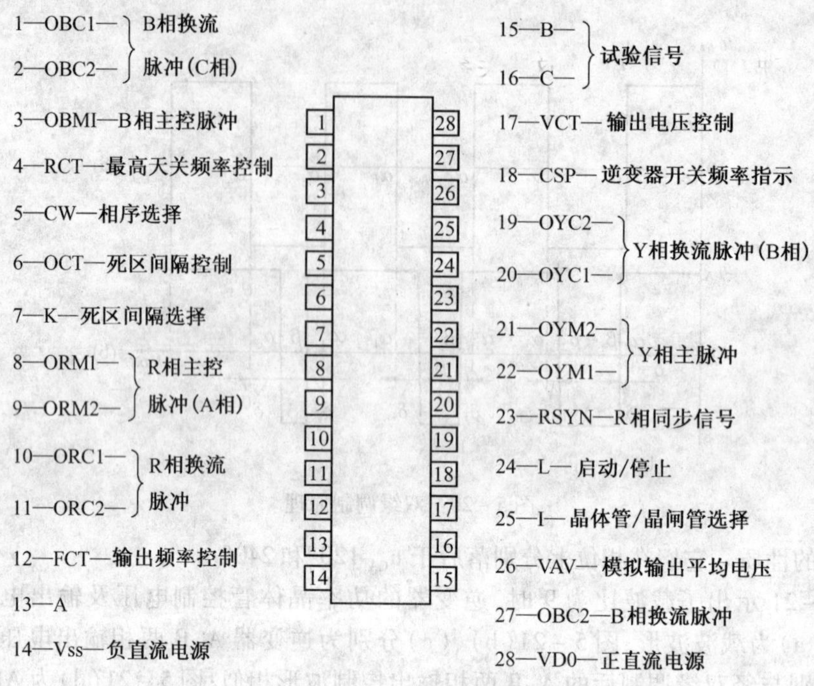

图 5-22 HEF4752 引脚图

1）时钟脉冲输入

HEF4752 有 4 个时钟脉冲输入，它们用来控制逆变器的输出。

（1）频率控制时钟 FCT。它用以控制逆变器的输出频率，调节输入时钟频率 f_{FCT} 即可对异步电动机进行变频调速，所以 FCT 时钟的输入频率应是可调的，可用线性压控振荡器提供时钟频率。压控振荡器通过控制其输入电压来控制振荡器的输出频率。时钟频率 f_{FCT} 与 f_1 的并系由下式确定：

$$f_{FCT} = 3360 \times f_1$$

（2）电压控制时钟 VCT。它用于控制逆变器输出基波电压的大小，这是通过控制脉宽调制波的脉宽来实现的。由于变频调速通常需维持电动机磁通为恒值，故要求电动机的电压与频率之比为一常数。HEF4752 可自动满足这一要求，在 VCT 时钟频率为某一确定值时，逆变器输出基波电压 U_1 与输出频率 f_1 间有确定的线性关系，如图 5-23 所示。

在系统设计中，VCT 时钟频率可由下式确定：

$$f_{VCT}(NOM) = 6720 \times f_1(M)$$

式中，$f_{VCT}(NOM)$ 是 f_{VCT} 的标称值，当 $f_{VCT} = f_{VCT}(NOM)$ 时，在 $f_1 \leqslant f_1(M)$ 情况下，输出电压与输出频率间将保持线性关系。$f_1(M)$ 为 100% 调制时的输出频率，即在逆变器输出频率 $f_1 < f_1(M)$ 时，经调制后的脉宽调制波的脉宽按正弦规律变化；而在 $f_1 = f_1(M)$ 时，载波脉冲被 100% 调制，从而使相邻被调制的载波脉冲即将并拢，而当 $f_1 > f_1(M)$ 时，被调制的载脉冲列逐渐并拢，从而使脉冲列向矩形波转变，造成 U_1 与 f_1 间的非线性关系。根据公式可知，在 $f_1 = f_1(M)$ 或 $f_{VCT}/f_{VCT}(NOM) = 0.5$ 时，出现 100% 调制，在 $f_1 < f_1(M)$ 或 f_{VCT}/f_{VCT}

(NOM) <0.5 时,调缺点是按正弦规律变化的,当 $f_1 > f_1(\mathrm{M})$ 或 $f_{VCT}/f_{VCT}(\mathrm{NOM}) > 0.5$ 时,被调制的载波向矩形波转变。这些关系如图 5-24 所示。

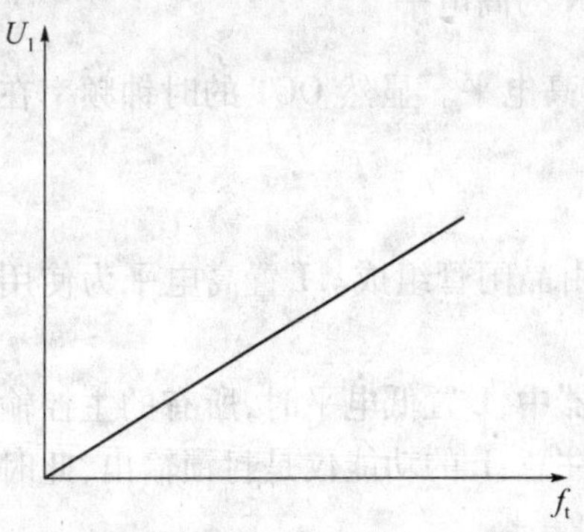

图 5-23 $f_{VCT} = 283\mathrm{kHz}$ 时的输出电压与频率的关系

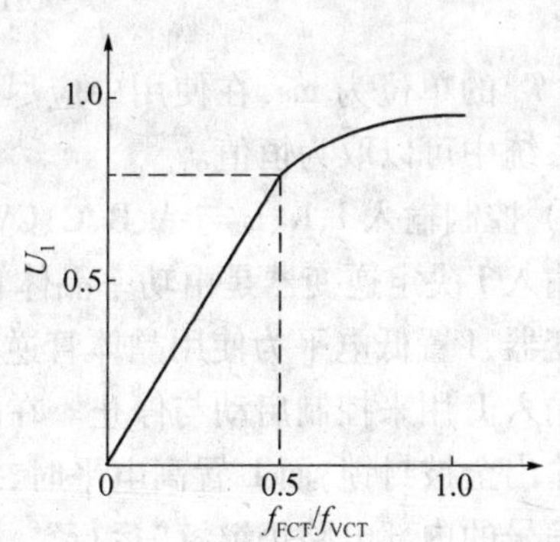

图 5-24 逆变器输出电压与 $f_{VCT}/f_{VCT}(\mathrm{NOM})$ 的关系

频率 $f_1(\mathrm{M})$ 可由下式确定:

$$f_1(\mathrm{M}) = f_{1N} \times \frac{0.624 U_d}{U_{1N}}$$

式中,f_{1N} 与 U_{1N} 分别为电动机的额定频率与额定线电压,U_d 为逆变器直流侧输入电压,$0.624U_d$ 对应的逆变器最大输出交流电压有效值。

下面举例说明如何计算 $f_1(\mathrm{M})$ 和 $f_{VCT}(\mathrm{NOM})$。一台电动机的额定线电压为 380V,额定频率为 50Hz,逆变器由三相不可控桥式整流器供电,则由上式可得

$$f_1(\mathrm{M}) = 50 \times \frac{0.624 \times 2.34 \times 220}{380} = 42.1\mathrm{Hz}$$

$$f_{VCT}(\mathrm{NOM}) = 6720 \times 42.1\mathrm{Hz} = 283\mathrm{kHz}$$

如果采用恒电压频率比控制,而不考虑低频电压补偿,VCT 时钟频率可以是固定的,可以用一个有较高稳定精度的多谐振荡器供给。

(3) 参考时钟 RCT。它用来设置逆变器中开关元件的最大开关频率 f_{cmax},即最大载波频率,

$$f_{RCT} = 280 \times f_{cmax}$$

在 f_{RCT} 确定后,则开关元件的最高和最低开关频率也就确定了。设 $f_{cmax} = 1000\mathrm{Hz}$,相应取 $f_{RCT} = 280\mathrm{kHz}$,最低开关频率 $f_{cmax} = 0.6 \times f_{cmax} = 600\mathrm{Hz}$,其中系数 0.6 为固定值。在变频调速系统中,RCT 的时钟频率是恒定的。

(4) 输出推迟时钟 OCT。HEF4752 对逆变器同一桥臂中上、下开关元件提供一对互补的输出控制脉冲,使上、下开关元件工作于互补状态。在两个开关元件状态转换的瞬间,必须有一个使它们全部截止的联锁推迟时间 T_d,以保证直流电压 U_d 不会出现直通现象,这一联锁时间由控制输入端 K 与输出推迟时钟 OCT 共同确定。在已选下 T_d 值后,可按下式确定 f_{OCT}:

$$f_{\mathrm{OCT}} = \begin{cases} 8/T_{\mathrm{d}} & \text{K 为低电平} \\ 16/T_{\mathrm{d}} \text{ 均数} & \text{K 为高电平} \end{cases}$$

式中：T_{d} 的单位为 ms，在使用中应尽量保持 K 为高电平。显然 OCT 的时钟频率在变频调速系统中可以取为恒值。

2）控制输入 I、K、L 与 A、B、C、CW

输入 I 决定逆变器是由功率晶体管组成还是由晶闸管组成。I 置高电平为使用晶闸管逆变器，I 置低电平为使用晶体管逆变器。

输入 L 用来控制启动与停止。在晶体管逆变器中，L 置低电平时，所有的主控输出与换向输出全被封锁，而 L 置高电平时，解除封锁。注意：L 的功能仅是封锁输出，此时产生输出信号的内部电路仍继续"运行"。

输入 K 的功能在 OCT 中已讨论。

输入 A、B、C 是元件生产时作试验用的。在正常运行时不使用，但这 3 个输入端必须与 V(零电平)端连接。

输入 CW 是用于控制电动机转向的，称为相序输入。CW 置低电平，电动机为正相序运转；置高电平，电动机为逆相序运转。

5.2.5 PWM 型变频调速系统的构成

下面简单介绍逆变器由功率晶体管组成、PWM 控制信号由 HEF4752 产生的 PWM 型变调速系统。变频调速系统由主电路和控制电路组成，分别介绍如下。

1. 通用型三相逆变器

功率晶体管组成的通用型三相 PWM 逆变器主电路如图 5－25 所示。逆变器由二极管三相整流桥整流的恒定直流电压供电。滤波电容器 C 起着中间能量存储作用，对异步电动机等电感性负载，要提供必要的无功功率，而有功功率由交流电网来补充。由于直流电源是由二极管整流器整流得到，所以能量只能由交流电网向逆变器单方向流动，不能向交流电网反馈能量。因此当电动机工作在发电反馈制动时，电动机反馈能量将经过返流二极管 V11→V10 向电容 C 充电，而滤波电容器的容量有限，势必将电源的直流电压抬高。为了避免直流电压过高，在逆变器的直流侧接入制动(放电)电阻 R 和功率晶体管 V7。当直流电压升高到某一限定值时，使 V7 饱和导通接入电阻 R，将部分反馈能量消耗在电阻上，这样电动机就可以实现发电反馈制动。

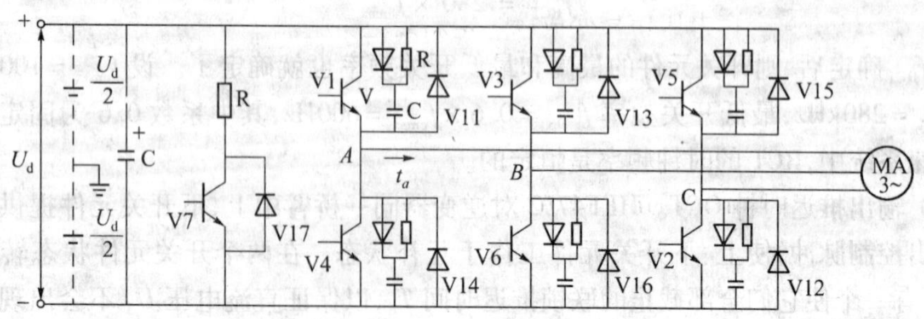

图 5－25　功率晶体管通用型三相逆变器

逆变器由 6 个功率晶体管开关和 6 个返流二极管组成。我们可用大规模集成电路 HEF4752 产生三相 PWM 控制信号,然后用这些信号分别控制 6 个功率晶体管的通断,由此得到在电感性负载情况下的逆变输出电压波形,参见图 5－21(b)、(c)、(d)。

与功率晶体管并联的二极管、电阻和电容构成了吸收电路。在功率晶体管导通时,电容上的电压近似为零,在功率晶体管由导通变为截止的过程中,由于电容上的电压上升需要一定时间,因此吸收电路可以延缓功率晶体管集射极电压 U_{CE} 的上升速率,从而降低功率晶体管的开关损耗及温升,起到保护功率晶体管的作用。

2. 控制电路

转速开环的 PWM 型变频调速系统的控制电路方框图如图 5－26 所示,控制电路主要由 PWM 控制信号形成电路、功率晶体管基极驱动电路和保护电路组成。

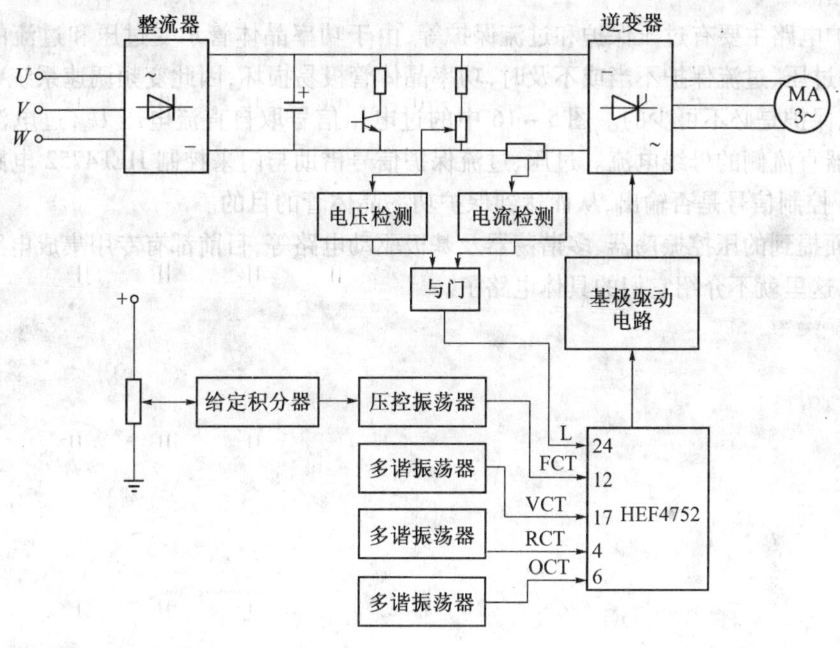

图 5－26　PWM 型变频调速系统方框图

PWM 控制信号形成电路主要由 HEF4752 电路、转速给定电位器、给定积分器、压控振荡器和 3 个多谐振荡器组成。逆变器的输出频率指令(即电动机的转速指令)由转速给定电位器以直流电压的形式表示出来。这个直流电压在启动时是个突变信号。通过给定积分器的作用将突变电压信号变成以一定斜度上升的斜坡电压,使电动机的启动电流频率及启动电压由零逐渐上升,从而减小电动机的启动电流以及启动电流对功率晶体管的冲击。启动完毕后,给定积分器的输出电压与输入电压相等。压控振荡器是一个由电压控制的振荡器,它的作用是将电压信号变换成一系列脉冲信号,脉冲列的频率与控制电压的大小成正比。它将频率给定电压转换成与此相对应的一定频率的脉冲信号,输出给频率控制时钟 FCT。电压控制时钟 VCT 的输入脉冲信号的频率,在不考虑低频电压补偿的情况下,可用一个多谐振荡器给它输入一个固定频率的脉冲信号。下面说明如何确定 HEF4752 电路的 4 个输入时钟脉冲的频率。由前面计算结果可知:$f_1(\mathrm{M}) = 42.1\mathrm{Hz}$, $f_{VCT}(\mathrm{NOM}) = 283\mathrm{kHz}$ 可知,当 $f_1 = f_1(\mathrm{M})$ 时,有:

$$f_{FCT} = 0.5f_{VCT}(NOM) = 141.5kHz$$

因此,电压控制时钟 VCT 的输入脉冲信号的频率固定为 283kHz。对应于 42.1Hz 频率给定电压,压控振荡器的输出时钟脉冲的频率应为 141.5kHz。参考时钟 RCT 的输入脉冲信号的频率,确定最大开关频率 $f_{cmax} = 1000Hz$, f_{RCT}为固定频率 280kHz,因此它可以由多谐振荡器产生。输出推迟时钟 OCT 的输入脉冲信号的频率,当 K 为高电平,T_d 为 48ms 时,f_{OCT}为固定频率 333kHz,它也可由多谐振荡器产生。

由 HEF4752 电路输出的 PWM 控制信号较弱,它们不能驱动功率晶体管饱和导通,因此需要有功率晶体管的基极驱动电路将 PWM 控制信号进行功率放大,才能驱动功率晶体管正常工作。每个功率晶体管都需要一个基极驱动电路,对于三相逆变器必须有 6 个驱动电路。

保护电路主要有过压保护和过流保护等,由于功率晶体管承受过压和过流的能力很差,如果过压、过流保护不当或不及时,功率晶体管极易损坏,因此变频调速系统中的过电压、电流保护是必不可少的。图 5-16 中的过电压信号取自直流电压 U_d,过电流信号取自逆变器直流侧的母线电流。过压、过流保护信号借助与门来控制 HEF4752 电路所产生的 PWM 控制信号是否输出,从而达到保护功率晶体管的目的。

上面提到的压控振荡器、多谐荡器及基极驱动电路等,目前都有专用集成电路可以选用,所以这里就不介绍它们的具体电路了。

第6章　可编程序逻辑控制器(PLC)及其应用

现代工业自动控制中使用的PLC种类很多,不同厂家的PLC各有特点,如输入/输出端子数目不同,但作为工业标准控制的PLC在结构组成、工作原理和编程方法等许多方面是基本相同的。本章主要介绍PLC的一般特性,重点讲解它的内部结构、工作方式和工作原理。

6.1　PLC的特点及组成

6.1.1　PLC的产生

早期,人们把各种继电器、定时器、接触器及其触点按一定的逻辑关系连接起来组成控制电路,控制各种生产设备,这就是传统的低压电器控制电路。由于它结构简单、易掌握、成本低,容易操作等,适应于工作模式固定、要求简单的场合。在一定范围内可以满足控制要求,故使用面广,在早期工业控制方面占主导地位。但低压电器控制电路有明显的缺点:设备体积大,噪声大,可靠性较差,动作速度慢,功能太少,不易实现较复杂的控制,因它是靠硬连线构成的系统,接线复杂,设计制造周期长,维修困难,特别是当生产工艺或控制对象发生变化时,原有的控制接线和控制盘(柜)不能重复使用,故通用性和灵活性较差。

随着电子技术的发展,小型计算机的出现和大规模生产及多机群控的发展,人们一直设想用小型计算机来实现工业控制,但由于成本高,输入/输出电路不匹配和编程技术复杂等原因,这种想法一直没有得到推广和应用。

1968年,美国的汽车制造业竞争越来越激烈,迫切需要先进的自动控制系统来取代传统的低压电器控制系统,以适应市场竞争需要和生产程序的要求。此时美国通用汽车公司公开招标,对新控制系统提出了10项技术要求:

(1) 编程方便,现场可修改结构;

(2) 维修方便,采用插件式结构;

(3) 可靠性高于继电器控制装置;

(4) 体积小于继电器控制盘;

(5) 数据可直接送入管理计算机;

(6) 成本可与继电器控制盘竞争;

(7) 输入可以是交流115V(美国电压标准);

(8) 输出为交流115V,容量要求在2A以上,可直接驱动接触器、电磁阀等;

(9) 扩展时原系统改变最小;

(10) 用户存储器至少能扩展到 4KB。

这 10 项指标实际上就是现在 PLC 最基本的功能。其核心要求可归纳为以下 4 点：

(1) 计算机代替低压控制器；

(2) 用程序代替硬接线；

(3) 输入/输出电平可与外部设备直接相连；

(4) 结构易于扩展。

同时也为未来工业控制的发展方向提出了一个思路，即用计算机的软件编程来代替传统的低压电器的硬接线。世界上第一台 PLC 是 1969 年美国数字设备公司(DEC)根据上述要求研制出来，并在通用汽车公司的汽车生产线上首次应用成功。人们称为可编程序逻辑控制器(Programmable Logic Controller)，简称 PLC，它主要用来取代传统的低压电器控制，系统功能仅限于执行继电器逻辑、计时、计数等功能。

随着微电子技术的发展，20 世纪 70 年代中期出现了微处理器和微型计算机，将微机技术应用到 PLC 中，使得它能更多地发挥计算机的优点，编程取代硬连线，并增加了运算、数据传送和处理等功能，使其成为电子计算机工业控制设备。

20 世纪 80 年代，随着大规模和超大规模集成电路等微电子技术的快速发展，以 16 位和 32 位微处理器构成的微机化 PLC 得到了飞速的发展，使 PLC 在概念、设计、性价比以及应用等方面都有较大的突破。不仅控制功能增强，功耗、体积减小，成本下降，可靠性提高，编程和故障检测更为灵活方便，而且远程 I/O 和通信网络、数据处理以及图像显示也有了发展，且在编程方面主要是面向生产、面向用户的语言，比计算机语言更方便，从而不再受计算机编程语言的限制，方便用户使用。这些优点都为 PLC 的迅速发展提供了广阔的空间，使之成为今天自动化技术的三大支柱之一。可见，在现代的工业控制系统中 PLC 将占有十分重要的地位。

PLC 在工业控制中起着举足轻重的作用，如日本、德国、法国等相继研制成各自的 PLC。PLC 由最初的 1 位机发展为 8 位机，现在的 PLC 产品已使用了 16 位、32 位高性能微处理器，而且实现了多处理器的多通道处理。

目前，世界上有 200 多个厂家生产可编程序控制器产品，比较著名的有美国的 ABB、通用、莫迪康(MODICON)，日本的三菱(MITSUBISHI)、欧姆龙(OMRON)、富士电机(FUJI)、松下电工、德国的西门子(SIEMENS)，法国的 TE、施耐德(SCHNEIDER)，韩国的三星(SAMSUNG)、LG 等(其中 MODICON 和 TE 已归到 SCHNEIDER 旗下)。

6.1.2 PLC 的概念

1987 年 2 月国际电工委员会(IEC)颁布了草案，对可编程序控制器有了明确的概念："可编程序控制器是一种数字运算操作的电子系统，专为工业环境下应用而设计。它采用了可编程序的存储器，用来在其内部存储执行逻辑运算、顺序控制、定时、计数和算术运算等操作的指令，并通过数字量和模拟量的输入和输出，控制各种类型机械的生产过程。而外围设备，都应按易于与工业系统联成一个整体、易于扩充其功能的原则设计。"

上述定义明确强调了 PLC 直接应用于工业环境，必须具有较强的抗干扰能力、广泛的适应能力和应用范围，是区别于一般微机控制系统的一个重要特征。

应该强调的是,PLC 与以往所讲的鼓式、机械式的顺序控制器在“可编程”方面有本质的区别。PLC 采用了微处理机及半导体存储器等新一代电子器件,并用规定的指令进行编程,能灵活地修改程序,即它是用软件方式来实现“可编程”的目的。

定义还强调了 PLC 是“数字运算操作的电子系统”,也是一种计算机。“专为在工业环境下应用而设计的”工业计算机。这种工业计算机采用“面向用户的指令”,编程方便。它能完成逻辑运算、顺序控制、定时、计数和算术运算等操作,它还具有“数字量和模拟量输入和输出”的能力,并且非常容易与“工业控制系统联成一体”,易于“扩充”。

6.1.3 PLC 的特点及与低压电器控制的区别

1. PLC 的特点

PLC 的特点如下。

1）可靠性高,抗干扰能力强

计算机具有很强的功能,但抗干扰能力差,工业现场的电磁干扰、电源波动、机械振动、温度和湿度的变化,均能使微机工作异常。PLC 是专为工业控制而设计的,能适用于恶劣环境。在电子线路、机械结构及软件结构上都吸取了生产厂家长期积累的生产控制经验,主要模块采用大规模与超大规模集成电路,I/O 电路设计有完善的保护与信号调理电路;在结构上对耐热、防潮、防尘、抗震等都有周到的考虑;在硬件上采用隔离、屏蔽、滤波、接地等抗干扰措施;在软件上采用数字滤波等抗干扰和故障诊断措施,使 PLC 具有较高的抗干扰能力。PLC 的平均无故障时间通常在几万小时以上,这是一般微机做不到的。

传统的低压电器控制电路虽有抗干扰能力,但使用了大量的机械触点,设备连线复杂,且触点在动作时易受电弧的损害,寿命短。PLC 采用微电子技术,大量的开关动作由无触点的电子存储器件来完成,大部分继电器复杂的连线被软件程序所取代,寿命长,可靠性强。

2）控制系统结构简单,通用性强

PLC 及外围模块品种多,各种组件灵活组合成各种大小和不同要求的控制系统。由 PLC 构成的控制系统,在 PLC 的端子上接入相应的输入/输出信号线即可,不需要低压电器之类的器件和大量繁杂的硬接线线路。需要变更控制系统的功能时,可用编程器在线或离线修改,同一个 PLC 用于控制不同的对象,只是输入/输出组件和应用软件的不同。PLC 的输入/输出可直接与市电 220V、直流 24V 等相连,带负载能力强。

3）编程方便,易于使用

PLC 编写程序时,可采用梯形图、指令表等编程语言。梯形图与低压电器控制原理图类似,这种编程语言形象直观,易掌握,只要具有一定的电工和工艺知识即可。

4）功能完善

PLC 的输入/输出系统功能完善,性能可靠,具有各种开关量和模拟量的输入/输出。PLC 具备许多控制功能,如时序、计算器、主控继电器以及移位寄存器、中间寄存器等。可以很方便地实现延时、锁存、比较、跳转和强制 I/O 等,不仅具有逻辑运算、算术运算、数制转换以及顺序控制功能,而且还具备模拟运算、显示、监控、打印及报表生成功能。它还可以和其他微机系统、控制设备共同组成分布式或分散式控制系统,还能实现数据块传送、矩阵运算、闭环控制、排序与查表、函数运算及快速中断等功能。

5）设计、施工、调试的周期短

用低压电器控制完成一项工程，首先按要求画出电气原理图，再画出低压电器屏（柜）的布置和接线图等，进行安装调试，修改十分不便。而采用PLC控制，由于其硬件齐全，为模块化积木式结构，且已商品化，故仅需按性能、容量（输入/输出点数、内存大小）等选用组装，缩短了设计周期，使设计和施工同时进行，用软件编程取代了硬接线实现控制功能，大大减轻了繁重的安装接线工作，缩短了施工周期。PLC是通过程序完成控制任务的，使用了方便用户的工业编程语言，且都具有强制和仿真的功能，故程序的设计、修改和调试都很方便，这样可大大缩短设计和投运周期。

6）体积小，维护操作方便

PLC体积小，质量小，便于安装。PLC的输入/输出系统可直观地反映现场情况的变化状态，还能通过各种方式直观地反映控制系统的运行状态，如内部工作状态、通信状态、I/O点状态、异常状态和电源状态等，非常有利于运行和维护人员对系统进行监视。

2. 与低压电器控制的区别

PLC的梯形图与低压电器控制线路图基本相同，主要是PLC梯形图沿用了低压电器控制的电路元件符号和术语，仅个别之处有些不同。但PLC的控制与低压电器的控制又有本质的不同之处，主要表现在以下几个方面。

1）控制逻辑

低压电器控制逻辑采用硬接线逻辑，利用低压电器机械触点的串联或并联、延时继电器的滞后动作等组合成控制逻辑，接线多而复杂、体积大、功耗大、故障率高、噪声大，修改或增加功能不易实现。另外，继电器触点数目有限，每个只有4对~8对触点，灵活性和扩展性很差。而PLC采用存储器逻辑，控制逻辑以程序方式存储在内存中，修改、增加功能只需改变程序，称为“软接线”，故灵活性和扩展性都很好。

2）可维护性和可靠性

低压电器控制逻辑采用大量的机械触点，连线多。触点动作时受到电弧的损坏，机械磨损严重，寿命短，故可靠性和维护性差。而PLC采用微电子技术，开关动作由电子电路来完成，体积小、寿命长、可靠性高。PLC还能检查出自身的故障，并及时显示给操作人员，还可动态地监控程序的运行情况，为现场调试和维护提供了方便。

3）工作方式

接通电源时，低压电器控制电路中各继电器都处于受控状态，属于并行工作方式；而在PLC的控制逻辑中，各内部器件都处于周期性循环扫描过程中，属于串行工作方式。

4）定时控制

低压电器控制调整时间由时间继电器完成。一般来讲，时间继电器定时精度不准，可调时间短，范围窄，易受环境影响，调整时间困难；PLC使用半导体集成电路做定时器，时基脉冲由晶体振荡器产生，精度高，可调范围一般从0.001s到若干天不等。

5）控制速度

低压电器控制是靠触点的机械动作实现，频率低，触点动作时间长，一般在几十毫秒数量级，并存在机械触点抖动。而PLC是由指令控制电子电路不断实现控制的，属无触点控制，速度快，一条指令的执行时间在微秒数量级，且不会出现抖动。

6）设计和施工

使用低压电器完成一项工程,设计、施工、调试必须依次进行,周期长,且修改调试困难,不易实现大工程。PLC 完成一项工程,设计、施工、调试可同时进行,比低压电器的周期短,且调试和修改都很方便。

综上所述,PLC 在性能上与低压电器控制相比,具有可靠性高、通用性强、设计施工周期短、调试修改方便,而且体积小、功耗低、使用维护方便的优点。由于 PLC 的众多优点是传统低压电器所不具备的。所以在实现控制任务取代低压电器电路,已成为一种必然的趋势。但在很小的系统中使用时,PLC 的价格要高于继电器系统。

6.1.4 PLC 的应用领域与种类

1. PLC 的应用领域

PLC 的应用范围通常可分为 5 种类型。

1）顺序逻辑控制

顺序逻辑控制是 PLC 应用最广泛的领域,也是最适合 PLC 使用的领域。它可取代传统的低压电器顺序控制。PLC 应用于单机控制、多机群控、生产自动线控制等,如:注塑机、印刷机、订书机、包装机、切纸机、组合机床、磨床、装配生产线、电镀流水线及电梯控制等。

2）数据处理

PLC 具有数据传送、转换、数学运算及查表等功能。这为 PLC 采集、分析和处理数据打下了良好的硬件基础。在机械加工中,PLC 作为主要的控制和管理系统用于 CNC(计算机控制)和 NC(控制器)系统中,可以完成大量的数据处理工作。

3）运动控制

PLC 可实现驱动步进电动机或伺服电动机控制模块,PLC 把描述目标位置的数据送给模块,其输出移动一轴或数轴到目标位置,每个轴移动时,位置控制模块保持适当的速度和加速度,确保运动平滑。相对来说,位置控制模块比 CNC 装置体积更小,价格更低,速度更快,操作更方便。

4）PID(比例—积分—微分)闭环过程控制

PID 主要是对速度、温度、流量、液位、压力等连续变化的模拟量参数的闭环控制,通过模拟量模块,实现模拟量和数字量之间的转换。PID 指令提供了使 PLC 具有闭环控制的功能,即一个具有 PID 控制能力的 PLC 可用于过程控制。当过程控制中某个变量出现偏差时,PID 控制算法会计算出正确的输出,把变量保持在设定值上。该功能在过程控制中已得到了广泛的应用。

5）通信

PLC 的通信包括 PLC 与上级计算机的远程通信,PLC 与 PLC 之间的通信,PLC 与变频器、数控装置之间的通信。PLC 组成通信网络能实现更为复杂的控制,可以实现“集中管理,分散控制”的分布式控制。

2. PLC 的种类

PLC 发展到今天,种类很多,且功能也有区别,一般按以下原则来分类。

1）按 I/O 点数分

一般来讲,I/O 点数越多,相应的控制关系越复杂,要求的程序存储器容量越大,要求

PLC 指令及其他功能越多,指令执行速度也越快等。按 PLC 的输入、输出点数的数目可将 PLC 分为以下几类。

(1) 小型机。小型 PLC 的 I/O 总点数一般在 256 点以下,用户程序存储器容量在 4K 字左右。主要以开关量控制为主,高性能小型 PLC 还具有一定的通信和部分的模拟量处理能力。这类 PLC 的特点是价格低、体积小,适于控制单台设备和开发机电一体化产品。

代表机型: SIEMENS 公司的 S7－200 系列、OMRON 公司的 CPM2A 系列、MITSUBISHI 公司的 FX 系列和 ABB 公司的 SLC500 系列等整体式 PLC 产品。

(2) 中型机。中型 PLC 的 I/O 总点数在 256～2048 点之间,用户程序存储器容量达到 8K 字左右。中型 PLC 有开关量和模拟量的控制功能,还有更强的数字计算能力,通信功能和模拟量处理能力更强大,指令更丰富,用于复杂的逻辑控制系统以及连续生产线的过程控制。

代表机型: SIEMENS 公司的 S7－300 系列,OMRON 公司的 C200H 系列、ABB 公司的 SLC500 系列等模块式 PLC 产品。

(3) 大型机。大型 PLC 的 I/O 总点数在 2048 点以上,用户程序存储器容量在 16K 字以上。大型 PLC 的性能与工业计算机相同,具有计算、控制和调节的功能,还具有强大的网络结构和通信联网能力,监视系统采用 CRT 显示,能显示过程变量的动态流程,记录变量曲线,PID 调节等;还可以与其他型号的控制器互联和上位机相连,组成一个集中分散的生产过程和产品质量控制系统。大型机适用于自动化控制、过程化控制和过程监控系统。

代表机型: SIEMENS 公司的 S7－400、OMRON 公司的 CVM1 和 CS1 系列、ABB 公司的 SLC5/05 等系列产品。

随着科技的发展,一些小型 PLC 也具有了中型或大型 PLC 的功能,这是 PLC 的必然发展。

2) 按结构形式分

按 PLC 结构形式的不同,分为整体式和模块式两类。

(1) 整体式结构。整体式又叫单元式或箱体式。整体式结构的特点是将 PLC 的基本部件,如 CPU 模块、输入/输出板、电源板等紧凑地安装在一个标准机壳内,构成一个整体,组成 PLC 的一个基本单元(主机)或扩展单元。基本单元上设有扩展端口,通过扩展电缆与扩展单元相连,配有许多专用的特殊功能模块,如模拟量输入/输出模块、热电偶、热电阻模块、通信模块等,以构成 PLC 不同的配置。整体式结构的 PLC 体积小,成本低,安装方便。

微型和小型 PLC 一般为整体式结构,如西门子的 S7－200 系列。

(2) 模块式结构。模块式结构的 PLC 是由一些模块单元构成,这些标准模块如 CPU 模块、输入模块、输出模块、电源模块和各种功能模块等,将这些模块插在框架上或基板上即可,各模块功能是独立的,外形尺寸是统一的,可根据需要灵活配置。

目前,中、大型 PLC 多采用这种结构形式,如西门子的 S7－300 和 S7－400 系列。

整体式 PLC 每一个 I/O 点的平均价格比模块式的便宜,在小型控制系统中一般采用整体式结构。但是模块式 PLC 的硬件组态方便灵活,I/O 点数的多少、输入点数与输出点数的比例、I/O 模块的使用等方面的选择余地都比整体式 PLC 大得多,维修时更换模块、判断故障范围也很方便,因此较复杂的、要求较高的系统一般选用模块式 PLC。

6.1.5 PLC 的基本组成

PLC 种类多,但其组成结构和工作原理基本一样。它主要是由中央处理器 CPU、存储器(ROM、RAM)和专门设计的输入/输出单元(I/O)电路、电源等组成。PLC 的内部框图如图 6-1 所示。

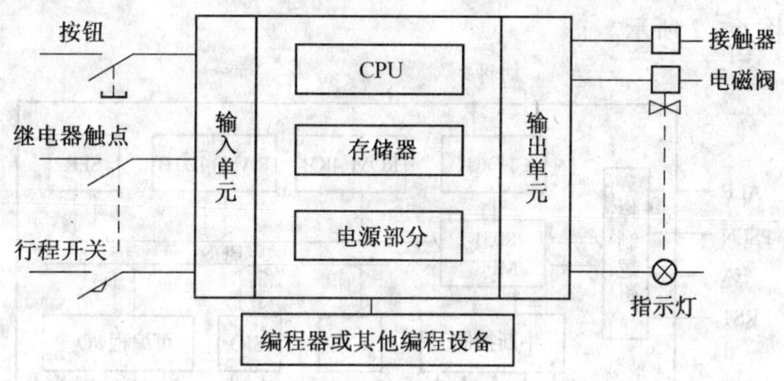

图 6-1 PLC 结构框图

1. 中央处理单元(CPU)

中央处理单元(CPU)是具有运算和控制功能的大规模集成电路,由控制器、运算器和寄存器组成,是控制其他部件操作的核心,相当于人的大脑,起指挥协调作用。CPU 通过数据总线、地址总线和控制总线与存储单元、输入/输出接口电路相连。

CPU 的主要功能是控制用户程序和数据的接收与存储;诊断 PLC 内部电路的故障和编程中的语法错误等;扫描 I/O 口接收现场信号的状态或数据,并存入输入映像寄存器或数据存储器中; PLC 进入运行状态后,从存储器逐条读出用户指令,经编译后按指令的功能进行算术运算、逻辑或数据传送等;再根据运算结果,更新输出映像寄存器和有关标志位的状态,实现对输出的控制和其他的功能。

CPU 主要采用微处理器、单片机和位片式微处理器,分为 8 位和 16 位微处理器。CPU 的位数越多,运算处理速度越快,功能越强大,同时 PLC 的档次也越高,价格也越贵。

PLC 的 CPU 一般采用通用微处理器、单片机或双极型位片式微处理器。

1) 用通用微处理器做 CPU

在通用微处理器中多选用 Z80(A)做 PLC 的 CPU,主要用于低档 PLC。这是因为用 Z80(A)做 CPU 有以下几个优点:

(1) Z80(A)CPU 及其配套芯片价廉、普及、通用,可降低成本、方便维修。

(2) Z80(A)有独立的 I/O 指令,且指令格式简单,执行速度快,有利于提高 PLC 的速度,缩短扫描周期。

(3) I/O 与存储器分别寻址,指令代码短,减少了 I/O 设备的编码,简化了译码硬件电路。

使用通用微处理器做 CPU 有两点不足:

(1) 通用微处理器都是 MOS 型集成电路芯片,工作频率低,速度慢。

(2) 指令系统有局限性,因为指令已由微处理器厂家定死,用户不能增加或修改,缺少一套面向工业过程、易于进行软件编制的指令系统。

2）用单片机做 CPU

单片机是1974年诞生的，它是在一块芯片上集成了 CPU、ROM、RAM、I/O 接口电路、时钟电路等微机的全部部件，只一块芯片就具有 TP801 单板机的基本功能。比较具有代表性的产品是 Intel 公司的 MCS－48 系列低档8位单片机、MCS－51 系列高档8位单片机和 MCS－96 系列16位单片机。目前应用最广泛的是 MCS－51 系列8位单片机，其基本结构组成如图6－2所示。

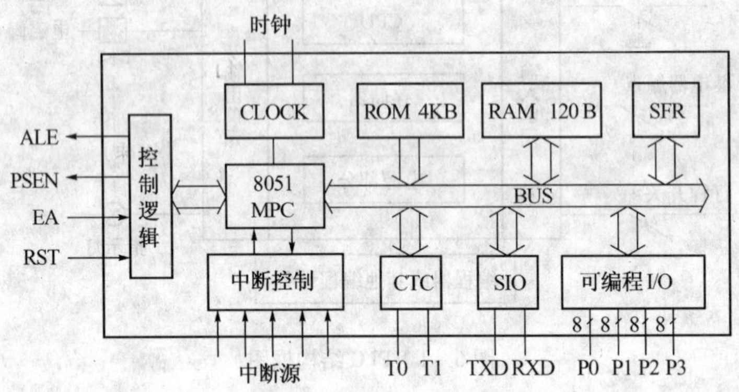

图6－2 单片机的组成框图

与通用微处理器相比，单片机具有如下特点：

（1）集成度高，片内资源丰富，功能强。除 CPU、存储器外，还提供定时器、计数器、编程 I/O 接口、中断处理、UART 等功能。

（2）可靠性高。由于所有部件被集成在一块芯片中，减少了相互间的连线，不易受干扰，而且由于体积小，容易采取屏蔽等抗干扰措施，能适应各种工作环境，具有很高的可靠性。

（3）指令系统完善。有数据传送指令、算术运算指令、逻辑运算指令、控制转移指令、布尔变量操作指令等，方便各种程序的编制。

（4）速度快。单片机内部 RAM 可直接寻址且具有按位操作功能，使处理速度加快，另外，单片机 CPU 的时钟高达12MHz，指令执行时缩短，可提高运行速度。

采用单片机做 CPU 的 PLC 有以下特点：

（1）体积小，扩大了应用场合。如日本三菱公司用8039/8049单片机做 CPU 生产的 F－20MR 型整体式小型 PLC，尺寸为255mm×100mm×80mm，只有饭盒般大小，方便用于各种小型被控设备。

（2）发挥单片机“布尔变量操作”功能，充分体现 PLC 长于逻辑处理功能的特点。

（3）在不增加硬件的条件下利用单片机的内部 UART 功能可很方便地实现 PLC 的通信功能。

小型 PLC 系列产品中，用单片机做 CPU 已经很普及。MCS－96 系列16位单片机比 MCS－51 系列运行速度高、功能更强，这亦将为高档 PLC 的开发和应用带来更美好的前景。

3）用位片式微处理器做 CPU

位片式微处理器是以几位算术逻辑单元 ALU 为核心的位片，不包括控制器，所以它不是一个完全的处理器，它的控制要由外部微程序控制逻辑实现。但因为它是构成 CPU

的主要部件,亦习惯地称之为"位片式微处理器",它具有如下特点:

(1) 速度快。由于位片微处理器采用双极型工艺,所以比一般的 MOS 型微处理器在速度上要快一个数量级。但它的集成度不很高,需要外加较多芯片才能构成一个完整的微处理器,功耗也较大。

(2) 灵活性强。位片有1位、4位、8位等多种形式,用几个位片进行"级联"可以组成任意字长的处理器。另外,位片式微处理器采用微程序存储逻辑控制,通过改变微程序存储器的内容即可改变机器的指令系统,对用户是开放的。

(3) 指令时间短。指令的内部执行处理过程是并行的、重叠操作,执行时间短,进一步提高了速度。

使用位片式微处理器做 PLC 的 CPU,非常灵活方便,而且速度快,可以实现高性能、高速度的运算处理,一般用于高档的大 PLC,还可以根据用户要求自行定义指令,从而大大简化了系统软件的编制设计工作。

2. 存储器

存储器由具有记忆功能的半导体集成电路构成,用于存放系统程序、用户程序、逻辑变量和其他信息。

PLC 的存储器分系统程序存储器和用户程序存储器两部分。

系统程序存储器用来存放厂家系统程序,并固化在 ROM 内,用户不能修改,是控制和完成 PLC 多种功能的程序,使 PLC 具有基本的功能,以完成 PLC 设计者的各项任务。系统程序内容包括3部分。

(1) 系统管理程序。使 PLC 按部就班地工作。

(2) 用户指令解释程序。通过用户指令解释程序,将 PLC 的编程语言变为机器语言指令。再由 CPU 执行这些指令。

(3) 标准程序模块与系统调用。包括功能不同的子程序及调用管理程序。

用户程序存储器包括用户程序存储器(程序区)和数据存储器(数据区)两部分。程序存储器用来存放 PLC 编程语言编写的各种用户程序。用户程序存储器可以是 RAM、EPROM 或 EEPROM 存储器,其内容可以由用户任意修改或增删。用户数据存储器可以用来存放(记忆)用户程序中所使用器件的 ON/OFF 状态和数值、数据等。用户程序容量的大小,是反映 PLC 性能的重要标志之一。

存储器的种类很多,体积小、容量大、速度快、使用方便的半导体存储器应用最为广泛。

半导体存储器可分为只读存储器(ROM)和随机存储器(RAM)两大类,如图 6-3 所示。

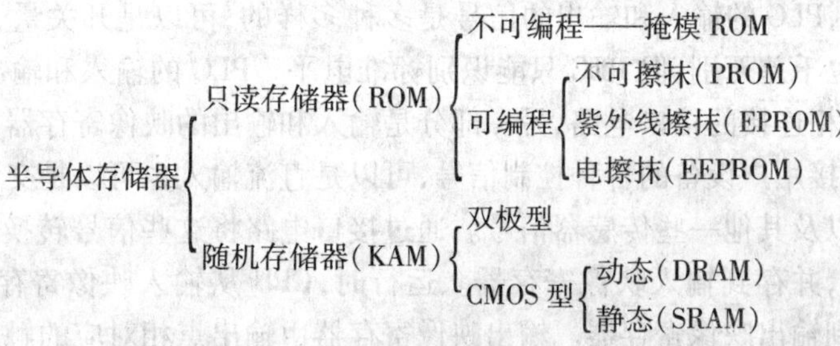

图 6-3 半导体存储器分类

1）只读存储器（ROM）

ROM一般用来存放PLC的系统程序。系统程序关系到PLC的性能，由厂家编程，其内容只能读出，不能写入。它的写入需使用特殊的方法和专用设备，而且一经写入即使掉电也不消失，称为固化。

用户程序是PLC使用者编制针对某一具体控制任务的应用程序，为便于调试、修改、扩充和完善，用户程序存储器使用随机存储器RAM。

2）电可擦除可编程的只读存储器（EEPROM或E^2PROM）

具有RAM和ROM优点，但是写入时所需的时间比RAM长。EEPROM用来存放用户程序和需长期保存的重要数据。

变量存储器存放PLC的内部逻辑变量，如内部继电器、I/O内存映像、定时器/计数器现行值等，这在CPU解算逻辑过程中需随时读出，更新有关内容，所以变量存储器也采用随机存储器RAM。

3）随机存储器（RAM）

又称可读可写存储器，用户既可以读出RAM中的内容，也可以将用户程序写入RAM。它是易失性的存储器，断电后，储存的信息将会全部丢失。读出时其内容不变，写入时新的信息取替了原有的信息。因此RAM用来存放需经常修改的内容。

RAM的工作速度高，成本低，改写方便。在PLC断电后，可用锂电池保存RAM中的用户程序和某些数据。随机存储器掉电后其内容将丢失，这对于用户程序存储器来说就意味着每次上电都要重新输入一次用户程序并从头开始执行。对变量存储器来说问题更加严重，例如用PLC控制传送带往车上装500t粮食，而装到300t时突然停电，则当前工作状态信息丢失，来电后也只能从0开始重新计量。为克服其不足，各PLC厂家都采用了掉电保持技术，对用户程序存储器、变量存储器掉电时的信息保存。为此，PLC中的用户程序存储器和变量存储器都是CMOS型静态随机存储器即CMOS SRAM，这种存储功耗小，工作过程中不用关闭。采用后备电池掉电信息保持技术之后，即使在工作中偶然发生掉电，那么恢复上电后工作程序和当前工作状态也不丢失，可以继续掉电前的工作而不必由0重新开始。在掉电保护技术中存储器由工作状态到保持状态、及由保持状态恢复到工作状态的切换是非常关键的，其要求是必须在电源下降到维持电压之前切换到后备电池进入保持状态，恢复上电时要在电源电压上升到工作电压之后再由保持状态恢复到正常工作状态。这些动作时序都是由掉电检测与切换电路自动完成的。

3. 输入/输出单元

实际生产中，PLC的输入和输出的信号是多种多样的，可以是开关量、模拟量和数字量，信号的电平也千差万别，但PLC只能识别标准电平。PLC的输入和输出包含两部分：一是与被控设备相连接的接口电路，另一部分是输入和输出的映像寄存器。

输入单元连接用户设备的各种控制信号，可以是直流输入也可以是交流输入，如限位开关、操作按钮以及其他一些传感器信号。通过接口电路将这些信号转换成CPU能够识别和处理的信号，并存到输入映像寄存器。运行时，CPU从输入映像寄存器读取信息并处理，将结果送到输出映像寄存器。输出映像寄存器由输出点相对应的触发器组成，输出接口电路将其由弱电控制信号转换成现场需要的强电信号输出，以驱动电磁阀、接触器、指示灯等被控设备的执行元件。下面简单介绍开关量输入/输出接口电路。

1) PLC 的 I/O 模块

I/O 接口模块是 PLC 与工业生产现场的界面,是 PLC 的重要组成部分。其作用为:

(1) 获取生产现场各种开关接点的状态信号,并把这些信号转换成内部逻辑电平信号后送给 PLC 的 CPU。如果输入的是电压、电流等模拟量信号,还要进行相应的模/数转换,把模拟量变成数字量后再送给 CPU。

(2) 对输入信号进行整形、滤波,滤除信号中夹杂的各种噪声。

(3) 把 CPU 输出的弱电控制信号变换成能驱动指示灯、继电器、电磁阀等现场执行机构的强电信号输出,在需要输出模拟量时,把相应的数字量变换成电压、电流等模拟量后再输出。

(4) 使 I/O 信号与 PLC 内部逻辑电路隔离,防止外界干扰信号及事故电压经 I/O 信号电路串入主机。

(5) 完成各种输入的预处理和预期的输出控制功能。

能够直接与生产现场设备相连,输入现场信号和输出强电信号驱动执行机械是 PLC 输入、输出 I/O 模块的重要特点。而工业控制对象千变万化,不同的用户需要控制不同的对象,所需要的 I/O 模块规格和功能也不相同。所以 PLC 厂家为适应不同用户的需要,生产了各种不同规格型号的系列 I/O 模块。下面就介绍最常用的几种 I/O 模块。

(1) 直流输入单元电路。直流开关量信号的输入单元电路如图 6-4 所示。它是由二极管 V、光电耦合器 B0、反相器 N1 和发光二极管指示灯 LED 等主要元件组成。现场开关信号经电阻 R1、R2 分压后与光耦输入匹配,光耦输出经反相器送入内部数据总线,CPU 可随时读取其状态。现场开关闭合时,光电耦合器中的发光二极管有电流而发光,光敏三极管导通,*A* 点为高电平,*F* 点为低电平,指示灯 LED 点亮,表示该点为导通状态。

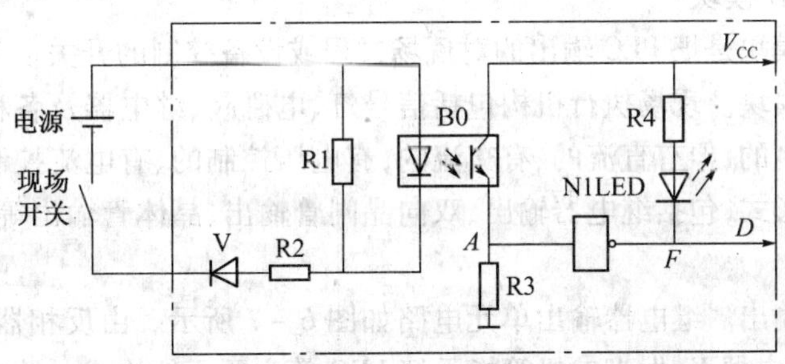

图 6-4 直流输入单元电路原理图

为把现场开关的通(逻辑 1)、断(逻辑 0)状态信号准确地送入主机,开关接通时,应使流过发光二极管的电流大于使光敏三极管导通的最小电流(即上门限电流),保证光敏三极管可靠地饱和导通;而当现场开关断开时,流过发光二极管的电流应小于使光敏三极管截止的最大允许电流(即下门限电流),保证光敏三极管可靠地截止,这亦是模块设计时选择电路参数的基本依据。

由于光电耦合器件的初级和次级之间没有电路直接联系,绝缘电阻大且可耐高压,一般能承受 1500V 以上的高压而不致击穿,所以用光电耦合器把生产现场信号转换成 PLC 的内部逻辑信号,使生产现场的线路与 PLC 的内部有效地隔离,可避免外电路的故障损坏 PLC,同时又能抑制外部干扰噪声的侵入,从而提高了 PLC 工作的可靠性。

二极管 V 禁止反极性信号输入,反相器 N1 对信号进行整形并驱 LED 指示灯。

(2) 交流输入单元电路。交流开关量信号的输入单元电路如图 6-5 所示。与图 6-4电路相比,只是取消了二极管并把直充光电耦合器换成交充光电耦合器,工作原理相同。电阻 R1、R2 构成分压器,电容 C 的作用是对输入信号滤波,提高抗干扰能力,避免外来干扰造成误动作,光电耦合器起整流、换能、隔离等多种作用。

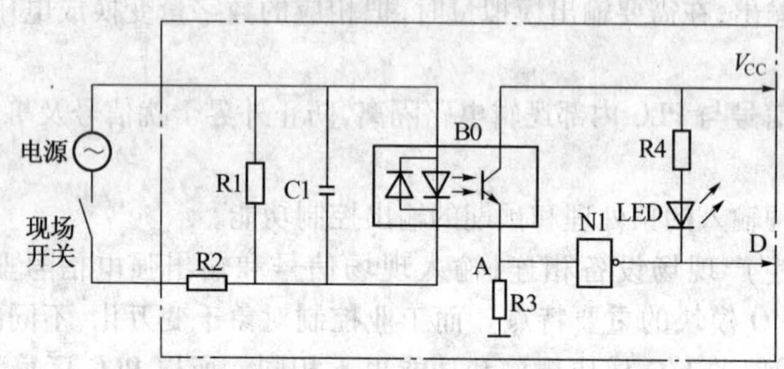

图 6-5 交流输入单元电路原理图

(3) 模块输入的连接方式。通常一个模块容纳 8 点、16 点或 32 点输入,即在一个模块上有 8 个、16 个或 32 个单元电路经译码选通控制逻辑与内部总线相连,如图 6-7 所示。在模块外部端子板上与每个单元电路相对应的输入端子有两种连接方式,一种称为汇点输入方式,多个输入点(通常 8 个为一组)的输入回路使用一个公共端(COM),如图 6-6(a)所示;另一种称为独立输入方式,各输入点的输入回路之间没有公共点,相互分隔独立,如图 6-6(b)所示。

2) 开关量输出模块

开关量输出模块是把 PLC 输出的对现场过程或设备控制的开关信号,送到现场执行机构的输出接口模块。现场执行机构包括信号灯、电磁阀、继电器及各种变换驱动装置,虽然都是开关控制的,但有直流的、有交流的,有电压控制的、有电流控制的,所以开关量输出模块有多种形式,包括继电器输出、双向晶闸管输出、晶体管输出等。其输出单元电路如下:

(1) 继电器输出。继电器输出单元电路如图 6-7 所示。由反相器 N1、光电耦合器 B0、三极管 VT、继电器 K、发光二极管指示灯 LED 等主要元件构成。输出信号经锁存、反相后送到光电耦合器一次侧,其二次侧输出放大后驱动板内继电器,当输出信号为“1”时,三极管导通,继电器吸合,触点接通(ON);输出信号为“0”时,三极管截止,继电器释放,触点断开(OFF),通过端子连线把触点串入负载回路控制其工作状态。LED 指示继电器的状态,吸合时点亮,释放时熄灭,触点并联了浪涌电压吸收电路,可保护触点,延长其使用寿命。

由于继电器是触点开关,负载回路可以是直流也可以是交流,可以是电阻性负载也可以是电感性负载。

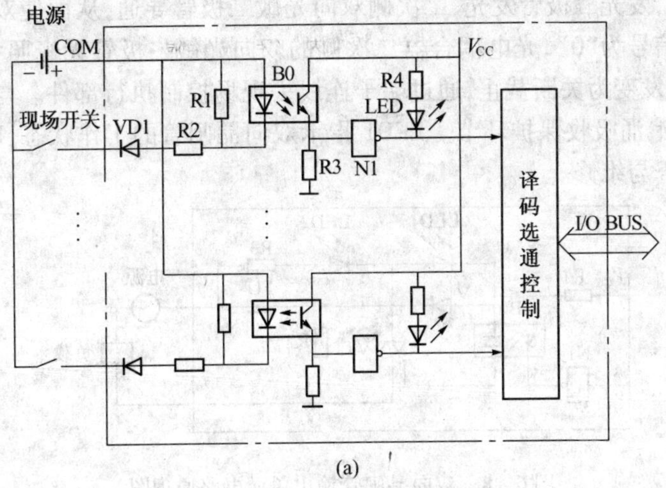

(a)

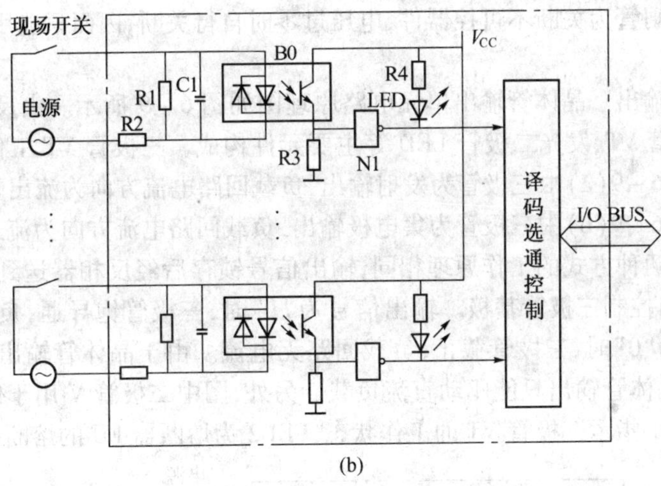

(b)

图 6-6　输入模块与接线原理图

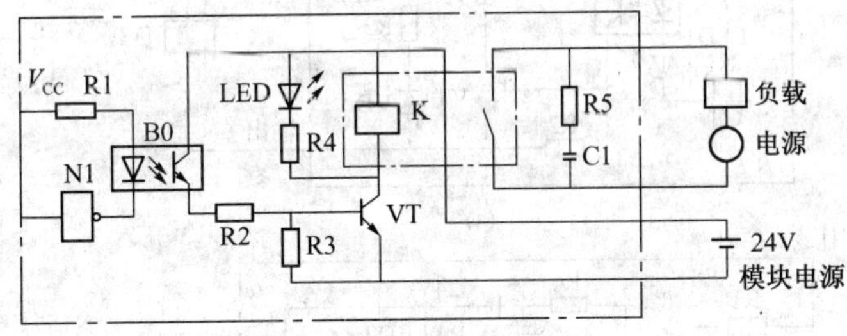

图 6-7　继电器输出单元电路原理图

(2) 双向晶闸和输出。双向晶闸管是交流大功率半导体开关器件,受控于门极触发信号,有导通和关断两种工作状态,加触发信号时导通并保持半个周期,不加触发信号时不导通,但若已导通则当电源过零后自行关断并不再导通。采用双向晶闸管的输出单元电路原理图如图 6-9 所示。由反相器 N1、光电耦合器 B0、双向晶闸管 VT、发光二极管 LED 等主要电耦合器隔离后,去控制双向晶闸管的门极,当输出信号为"1"时,光电耦合器一次侧有电流,发光二极管发光,二次侧双向光敏二极管导通,从而使双向晶闸管受触发导通;当输出信号为"0",光电耦合器二次侧的双向光敏二极管无光照截止,从而使双向晶闸管不受触发变为关断截止,通过端子连线去现场控制执行部件。与双向晶闸管并联的 RC 支路为浪涌吸收保护环节。LED1 指示双向晶闸管的工作状态,LED2 为熔断指示,方便故障检查与维修。

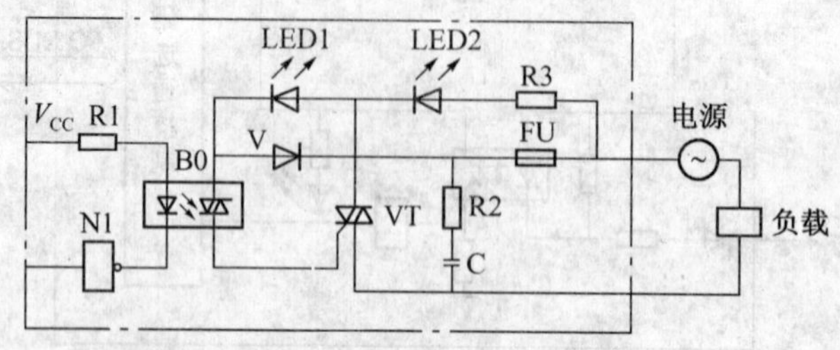

图 6-8　双向晶闸管输出单元电路原理图

由于双向晶闸管为关断不可控器件,电压过零时自行关断,因而只能用于控制交流负载回路。

(3) 晶体管输出。晶体管输出单元电路原理图如图 6-9 所示。由反相器 N1、光电耦合器 B0、三极管 VT、发光二极管 LED 等主要元件构成。三极管 VT 工作在开关状态,起开关作用。图 6-9(a) 中三极管为发射输出,负载回路电流方向为流出输出端子,称为源输出方式。图 6-9(b) 中三极管为集电极输出,负载回路电流方向为流入输出端子,称为灌输出方式。两种方式的工作原理相同,输出信号锁存后经反相器送到光电耦合器一次侧,二次侧输出控制三极管基极。输出信号为"1"时,三极管饱导通,负载回路有电流流过;输出信号为"0"时,三极管截止,负载回路无电流。由于晶体管输出电流只能一个方向,所以采用晶体管输出只能驱动直流负载。另外,图中二极管 V 用于保护三极管,防止反向击穿,LED1 指示三极管 VT 的工作状态,LED2 为熔断器 FU 的熔断指示。

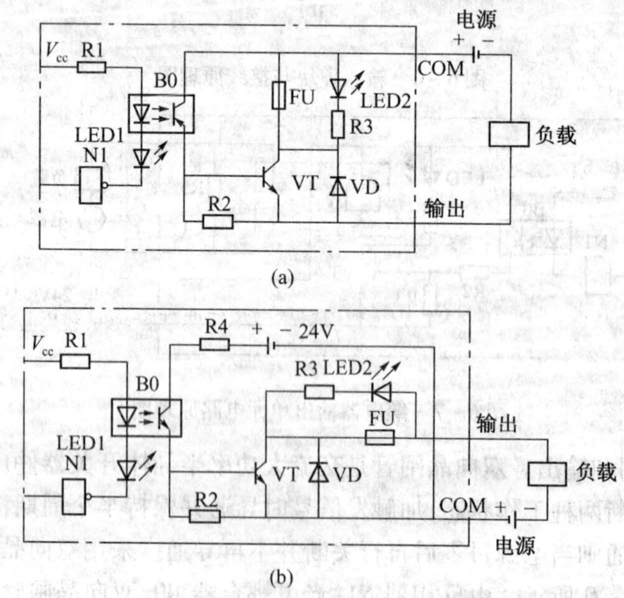

图 6-9　晶体管输出单元电路原理图

(4) 模块输出的连接方式。通常每个输出模块容纳 8 个、16 个或 32 个单元电路，相应地构成 8 点、16 点和 32 点输出，由译码选通逻辑控制，如图 6-10 所示。在模块外部端子板上与输出单元相对应的输出端子有两种连接形式，一种称为汇点输出方式，如图 6-10(a)所示，通常 8 点为一组，各点的输出回路使用一个公共端子(COM)，即每一组输出的各个负载回路有一个公共点 COM；另一种称为独立输出方式，如图 6-10(b)所示，每个输出点都有自己独立的负载回路，各点之间没有联系，相互独立。

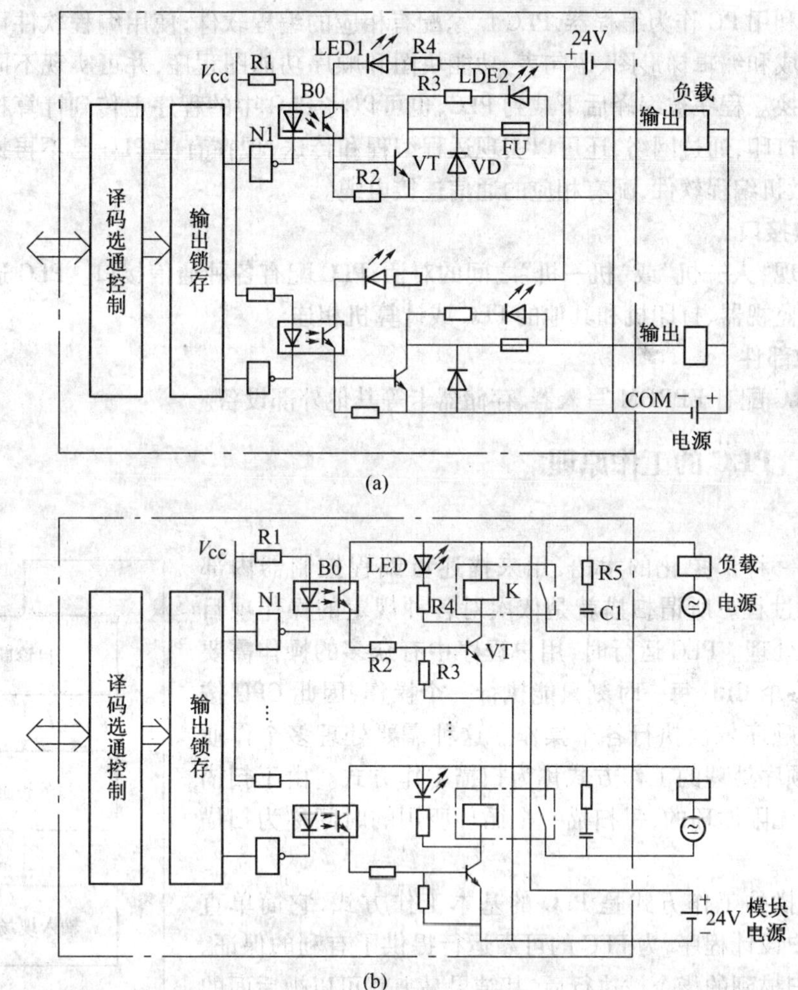

图 6-10 输出模块与接线原理图

4. 电源部分

电源单元将交流电压转换成微处理器、存储器及输入/输出部件正常工作必备的直流电源。PLC 一般采用市电 220V 供电，内部开关电源可以为中央处理器、存储器等电路提供 5V、±12V、24V 电压，使 PLC 能正常工作。电源电压常见的等级有 AC 100V、200V，DC 100V、48V、24V。

5. 扩展接口

扩展接口用于将扩展单元以及功能模块与基本单元相连，使 PLC 的配置更加灵活，以满足不同控制系统的需要。

6. 编程器

编程器供用户进行程序的编制、编辑、调试和监视，是 PLC 最重要的外围设备。

编程器有简易型和智能型两类。简易型的编程器只能联机编程，且往往需要将梯形图转化为机器语言助记符（语句表）后，才能输入。智能型的编程器又称图形编程器，它可以联机编程，也可脱机编程，具有 PLC 或 CRT 图形显示功能，可以直接输入梯形图和通过屏幕对话。

还可以利用 PC 作为编程器，PLC 厂家配有相应的编程软件，使用编程软件可以在屏幕上直接生成和编辑梯形图、语句表、功能块图和顺序功能图程序，并可实现不同编程语言的相互转换。程序被编译后下载到 PLC，也可以将 PLC 中的程序上传到计算机。程序可以存盘或打印，通过网络，还可以实现远程编程和传送，现在有些 PLC 已不再提供编程器，只提供微机编程软件，配有相应的通信连接电缆。

7. 通信接口

为了实现“人—机”或“机—机”之间的对话，PLC 配有各种通信接口。PLC 通过通信接口可以与监视器、打印机和其他的 PLC 或计算机相连。

8. 其他部件

有些 PLC 配有 EPROM 写入器、存储器卡等其他外部设备。

6.1.6 PLC 的工作原理

1. 扫描

扫描是一种形象化的术语，用来描述可编程控制器内部 CPU 的工作过程。所谓扫描就是依次对各种规定的操作项目进行访问和处理。PLC 运行时，用户程序中有众多的操作需要去执行，但一个 CPU 每一时刻只能执行一个操作，因此 CPU 按程序规定的顺序依次执行各个操作。这种需要处理多个作业时，依次按顺序处理的工作方式称为扫描工作方式。由于扫描是周而复始无限循环的，每扫描一个循环所用的时间称为扫描周期。

顺序扫描的工作方式是 PLC 的基本工作方式，它简单直观、方便用户设计程序，为 PLC 的可靠运行提供了有利的保证。一方面，所扫描到的指令被执行后，其结果马上就可以被后面的指令利用，另一方面，还可以通过 PLC 设置定时器，来监视每次扫描是否超时，避免由于 CPU 内部故障使程序进入死循环。

2. PLC 的工作过程

PLC 的工作过程基本上就是用户程序的执行过程，是在系统软件的控制下顺次扫描各输入点的状态，按用户程序解算控制逻辑，然后顺序向各输出点发出相应的控制信号。除此之外，为提高工作的可靠性并及时接收外来的控制命令，在每个扫描周期内还要进行故障自诊断，并处理与编程器、计算机的通信请求，整个扫描过程如图 6 – 11 所示。

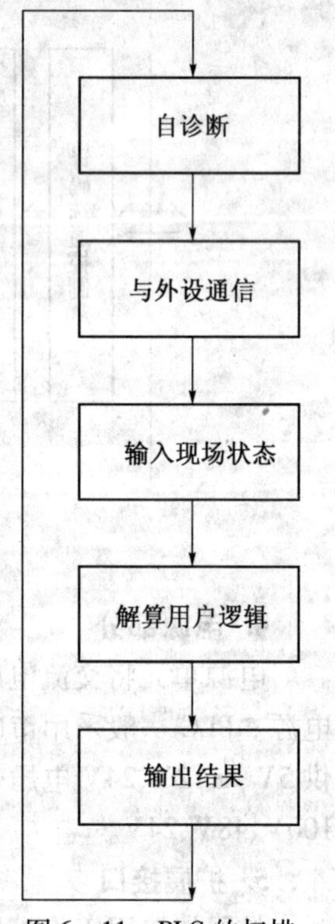

图 6 – 11　PLC 的扫描工作过程

1）自诊断

自诊断功能可使 PLC 系统做到防患于未然，而在发生故障时也能尽快修复。为此，PLC 每次扫描用户程序前，都对 CPU、存储器、输入/输出模块等进行故障诊断，若自诊断正常便继续扫描，而一旦发现故障或异常现象则转入处理程序，保留现行工作状态、关闭全部输出、然后停机并显示出错信息。

2）与外设通信

自诊断正常后，PLC 即扫描编程器、上位机等通信接口，如有通信请求便响应处理。在与编程器通信过程中，编程器把编程指令和修改参数发送给主机，主机把要显示的状态、数据、错误码等返回给编程器进行相应显示，编程器把还可以向主机发送运行、停止、清内存等监控命令。在与上位机通信过程中，PLC 将接收上位机发来的指令进行相应操作，如把现场的 I/O 状态、PLC 的内部工作状态、各种数据参数发送给上位机，以及执行启动、停机、修改参数等命令。

3）输入现场状态

完成前两步工作后，PLC 便扫描各输入点，读入各点的状态和数据，如开关的通/断状态、A/D 转换值、BCD 码数据等，并把这些状态值和数据送入已定义为输入状态表和数据存储器暂存单元中，形成现场输入的“内存映像”，这一过程也称为输入采样或输入刷新。在一个扫描周期内，“内存映像”的内容不变，即使外部实际开关状态已发生了变化，也只能在下一个扫描过程中的输入采样时刷新。解算用户逻辑时所用的输入值是该输入的“内存映像”值，而不是当时现场的实际值。

4）解算用户逻辑

即执行用户程序。一般是从用户程序存储器的最低地址(0000H)存放的第一条程序开始，在无跳转情况下按存储器地址递增的方向顺序扫描用户程序，按用户程序进行逻辑判断和算术运算，因此称之为解算用户逻辑。解算过程中所用的计数器、定时器、内部继电器、特殊功能继电器等编程元件为相应存储单元的即时值，而输入继电器、输出继电器则用其内存映像值。在一个扫描周期内，某个输入信号的状态不管外部实际情况是否已经变化，对整个用户程序是一致的，不会造成运算结果的混乱。

5）输出结果

将本次扫描过程中解算逻辑的最新结果送到输出模块，取代前一次扫描解算的结果，也称为输出刷新。解算用户逻辑程序结束为止，每次所得到的输出信号被存入输出状态寄存表并送到输出模块，相当于输出信号被输出门阻隔，待全部解算完后打开输出门一并输出，所有输出信号由输出状态表送到输出模块，其相应开关动作，驱动用户输出设备即 PLC 的实际输出。

在依次完成上述五步操作后，PLC 又从自诊断开始进行下一次扫描。如此不断反复循环扫描，实现对生产过程及设备的连续控制，直至接收到停止运行命令、停电、出现故障时才停止工作。

PLC 的扫描时间为 5 步操作时间之和，即扫描时间 T 为

$$T = T_1 + T_2 + T_3 + T_4 + T_5$$

式中：T_1 为自诊断时间；T_2 为与外设通信时间；T_3 为输入服务时间；T_4 为程序执行时间；

T_5 为输出服务时间。

PLC 的型号不同,各部分工作时间也不同,根据其使用说明书提供的数据和具体的应用程序可计算出扫描时间。

6.2 PLC 的软件

PLC 的软件包括系统软件和应用软件。系统软件由 PLC 厂家编写并已固化在 ROM 中,与 CPU 模块一起交付用户使用,在前面已有相应的介绍。本节主要介绍应用软件程序的编程语言和编程方法。

6.2.1 PLC 的编程语言

PLC 是专为工业生产过程的自动控制开发的通用控制器,编程简单是它的一个突出特点。它没有采用 FORTRAN、COBOL 等计算机高级程序语言,而开发了面向控制过程、面向问题、简单直观的 PLC 编程语言,有梯形图、语句表、控制系统流程图、逻辑表达式等几种。

1. 梯形图

梯形图在形式上类似于继电器控制电路图,简单、直观、易读、好懂,是 PLC 中普通采用、应用最多的一种编程方式。梯形图中动用了继电器线路的一些图形符号,这些图形符号被称为编程元件,每一个编程元件对应地有一个编号。不同厂家的 PLC 其编程元件的多少及编号方法不尽相同,但基本的元件及功能相差不大。图 6-12 为某一继电器控制电路,如果 PLC 完成其控制动作,则梯形图如图 6-13 所示。

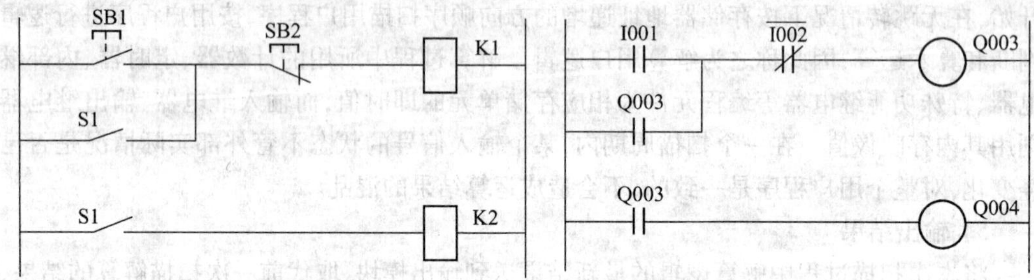

图 6-12 继电器控制电路　　　　图 6-13 梯形图

梯形图有如下特点:

(1) 梯形图按自上而下、从左到右的顺序排列。每一个继电器线圈为一个逻辑行,称为一个梯形。每一个逻辑行起始于左母线,然后是触点的各种连接,最后是线圈与右母线相连,整个图形呈阶梯形。

(2) 梯形图中的继电器不是继电器控制线路中的物理继电器,它实质上是变量存储器中的位触发器,因此称为"软继电器",相应某位触发器为"1",表示该继电器线圈通电,其动合触点闭合,动断触点打开。

梯形图中继电器的线圈又是广义的,除了输出继电器、内部继电器线圈还包括定时器、计数器、移位寄存器以及各种比较运算的结果。

(3) 梯形图中,一般情况下(除有跳转指令和步进指令的程序段外),某个编号的继电器线圈只能出现一次,而继电器触点则可无限引用,既可是动合触点又可是动断触点。

(4) 梯形图是 PLC 形象化的编程方式,其左右两侧母线并不接任何电源,因而图中各支路也没有真实的电流流过。但为了方便,常用“有电流”或“得电”等来形象地描述用户程序解算中满足输出线圈的动作条件,所以仅仅是概念上的电流,而且认为它只能由左向右流动,层次的改变也只能先上后下。

(5) 输入继电器用于接收 PLC 的外部输入信号,而不能由内部其他继电器的触点驱动。因此,梯形图中只出现输入继电器的触点而不出现输入继电器的线圈。输入继电器的触点表示相应的外电路输入信号的状态。

(6) 输出继电器供 PLC 作输出控制,但它只是输出状态寄存表的相应位,不能直接驱动现场执行部件,而是通过开关量输出模块相应的功率开关去驱动现场执行部件。当梯形图中的输出继电器得电接通,则相应模块上的功率开关闭合。

(7) PLC 的内部继电器不能作输出控制用,它们只是一些逻辑运算用中间存储单元的状态,其触点可供 PLC 内部使用。

(8) PLC 在解算用户逻辑时就是按梯形图从上到下、从左到右的先后顺序逐行进行处理,即按扫描方式顺序执行程序。因此存在几条并列支路的同时动作,这在设计梯形图时可以减少许多有约束关系的联锁电路,从而使电路设计大大简化。

2. 语句表

语句表类似于计算机的汇编语言,用指令的助记符进行编程。但 PLC 的语句表比计算机汇编语言更通俗易懂,对于有计算机基础知识的使用者来说,语句表编程语言是很方便的。特别是一般的 PLC 可以使用梯形编程,也可以使用语句表编程,并且梯形图和语句表可以相互转化,因此也是一种应用较多的编程语言。

例如图 6－12 所示的继电器控制电路,用 PLC 完成其控制动作则语句表程序如图 6－14所示。可见,语句表由若干条指令语句组成,每条语句表示给 CPU 的一个操作指令。PLC 的每一个功能由一条或几条指令语句来实现。指令语句相当于梯形图中的编程元件,是语句表程序的最小编程元素。

```
LD      I001
OR      Q003
ANDN    I002
OUT     Q003
LD      Q003
OUT     Q004
END
```

图 6－14　语句表

与计算机汇编语言的表达形式类似,指令语句由操作码和操作数两部分组成。其格式为:

操作码　操作数

操作码用助记符表示，指示 CPU 要完成的某种操作功能，又称为编程指令，包括逻辑运算、算术运算、定时、计数、移位、传送等操作。

操作数给了操作码指定的某种操作的对象或执行操作所需的数据，通常为编程元件的编号或常数，如输入继电器、输出继电器、内部继电器、定时器、计数器、数据寄存器以及定时器、计数器设定值等。

3. 控制系统流程图

一个控制系统的整体功能可以分解成许多相对独立的功能块，每一块又是由几个条件、几个动作按照相应的逻辑关系、动作顺序连接组合而成，块与块之间可以顺序执行，也可以按条件判断分别执行或者循环转移执行。把一个系统的各个动作功能按动作顺序以及逻辑关系用一个图来描述出来，就是系统的流程图。

图 6－12 为继电器控制电路，其 PLC 控制的流程图如图 6－15 所示。它类似“与”、“或”、“非”等逻辑图，也比较直观易懂。

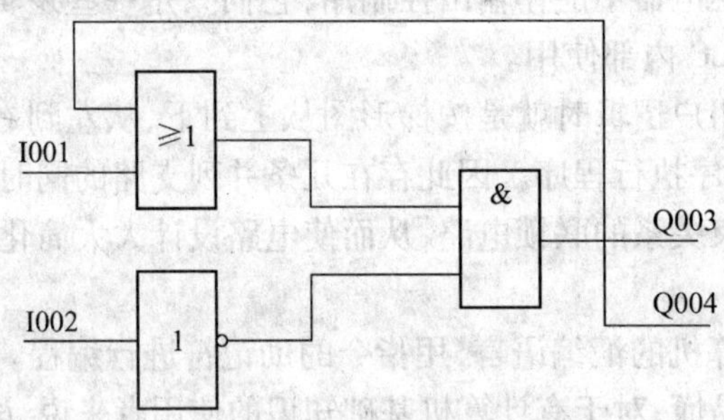

图 6－15　控制系统流程图

4. 逻辑表达式

逻辑表达式亦称为布尔表达式，是用数学的方法来描述电路的逻辑关系，对于图 6－12 的继电器控制电路，其逻辑表达式为

$$Y_1 = (X_1 + Y_1)X_2$$

$$Y_2 = Y_1$$

式中：X 为表示输入量；Y 为表示输出量；下标表示相应继电器的编号。

各厂家的 PLC 都使用不同的编程语言，最多的是梯形图和语句表。即使同一种编程语言在不同类型 PLC 上的表示方法也不尽相同，不能完全通用，在具体使用中应根据厂家提供的指令系统进行编程。这是 PLC 编程语言的一个不足，但由于其简单直观且仅是大同小异，并没有影响它的应用与发展。

6.2.2　基本编程指令

逻辑运算、定时器、计数器、移位寄存器、主控、输出等指令是 PLC 的基本编程指令，也是编程中应用最频繁的指令，表 6－1 给出了这些指令的梯形图符号、语句表指令及其功能。

表 6-1　PLC 常用指令数

序号	名称与功能	图形符号	语句表	编程元件
1	逻辑开始动合触点		LD	I、Q、M、T、C
2	逻辑开始动断触点		LDN	I、Q、M、T、C
3	逻辑"与"动合触点		AND	I、Q、M、T、C
4	逻辑"与"动断触点		ANDN	I、Q、M、T、C
5	逻辑"或"动合触点		OR	I、Q、M、T、C
6	逻辑"或"动断触点		ORN	I、Q、M、T、C
7	输出指令		OUT	Q、M
8	线圈设定接通保持	S	SET	Q、M
9	线圈设定断开保持	R	RST	Q、M
10	定时器	T	TMR	T
11	计数器	C	CNT	C
12	可逆计数器	U UDC D R	UDCNT	C
13	移位寄存器	IN SR CP R	SR	M
14	主控开始	MLS	MLS	
15	主控结束	MLR	MLR	

（续）

序号	名称与功能	图形符号	语句表	编程元件
16	逻辑“与”块	—[块]—[块]—	ANDLD	
17	逻辑“或”块	[块] [块]（并联）	ORLD	

1. 逻辑操作开始指令

在梯形图中与左侧母线相连的触点及与分支母线相连的触点是逻辑行、逻辑块操作的开始触点，表示一个逻辑行或逻辑块的逻辑运算从该触点开始，可以是动合触点、动断触点以及定时器、计数器触点。在6－16(a)梯形图中，I401为逻辑开始动合触点，I402为逻辑开始动断触点。在图6－16(b)语句表中，动合触点开始指令为LD，动断触点开始指令为LDN。

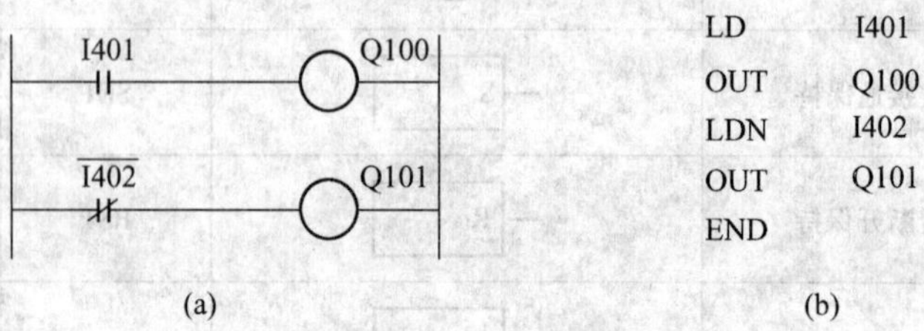

图6－16　逻辑操作开始指令

2. 逻辑“与”指令

梯形图中触点的串联连接，表示该触点与其左侧触点为逻辑“与”操作，该指令可以连续使用，即多个触点串联进行逻辑“与”操作。在图6－17(a)梯形图中，第一条支路为动合触点I401“与”动合触点I402，再“与”动合触点M403；第二条支路为动合触点I404“或”动合触点I406后，再“与”动断触点I405。在图6－17(b)语句表中，“与”动合触点指令为AND，“与”动断触点指令为ANDN。

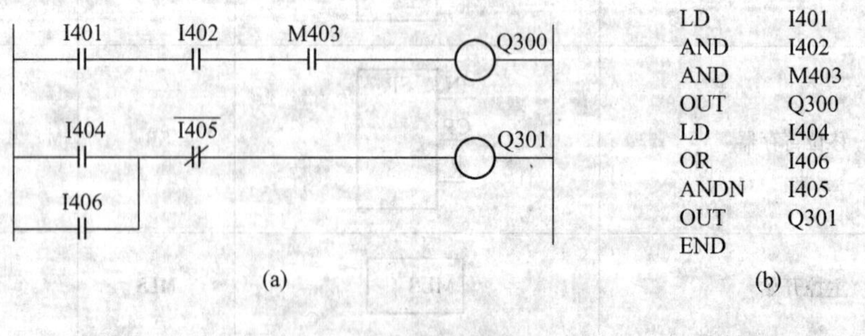

图6－17　逻辑“与”指令

3. 逻辑“或”指令

梯形图中触点的并联连接，表示该触点与前面的触点为逻辑“或”操作，该指令可以连续使用,即多个触点并联连接。在图 6 - 18(a)梯形图中,第一条支路为动合触点 I401 "或"动合触点 M402,再"或"动合触点 Q300;第二条支路为动合触点 I403"与"动断触点 M404 后,再"或"M405。在图 6 - 18(b)语句表中,"或"动合触点指令为 OR,"或"动断触点指令为 ORN。

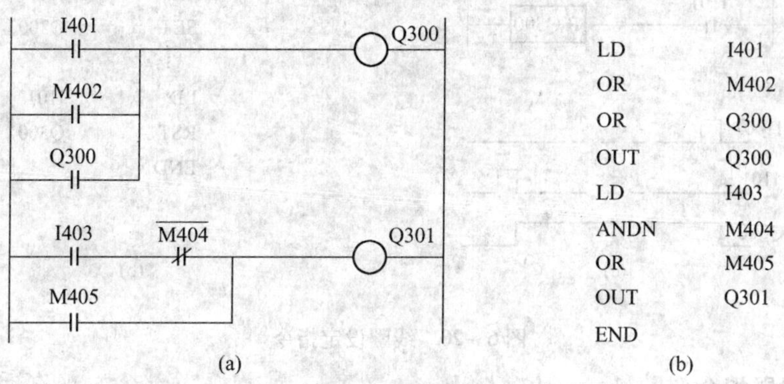

图 6 - 18 逻辑"或"指令

4. 输出指令

梯形图中,位于逻辑行末尾的线圈表示该逻辑行结束,并用逻辑运算的结果驱动该线圈,可以是输出继电器、内部继电器、定时器、计数器以及功能寄存器,但不能驱动输入继电器,输出指令并联可以同时驱动多个继电器。在图 6 - 19(a)梯形图中,动合触点 I400 直接驱动输出继电器 Q300,动合触点 I401"与"I402 的结果驱动内部继电器 M204 和输出继电器 Q301,动合触点 I403"或"M204 的结果驱动输出继电器 Q302。在图 6 - 19(b)语句中表,输出指令为 OUT。

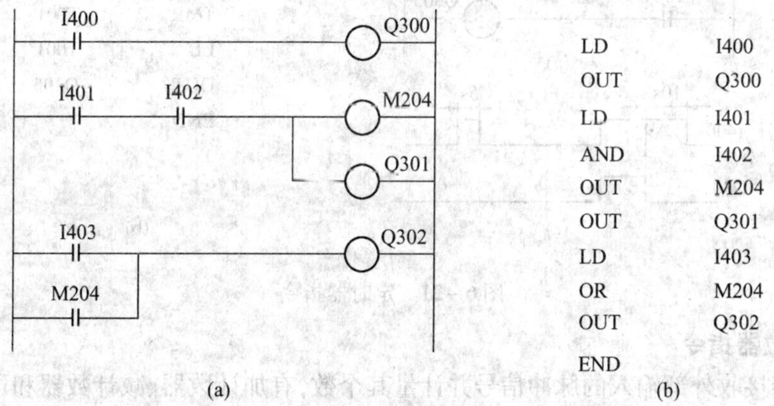

图 6 - 19 输出指令

5. 线圈设定指令

线圈设定指令用于对线圈的置位(使其接通)或复位(使其断开)。一旦设定,即使条件已变化,其状态亦保持不变,即具有保持作用,只能用于输出继电器、内部继电器、移位寄存器。在图 6 - 20(a)梯形图中,动合触点 I100 闭合时,将输出继电器 Q300 置位使其接通,之后即使 I100 断开,Q300 仍保持接通,直到动合触点 I101 闭合时对 Q300 复位,才使其断开并保持到下一次被置位。在图 6－20(b)语句表中,置位命令为 SET,复位命令为 RST。动作时序如图 6－20(c)。

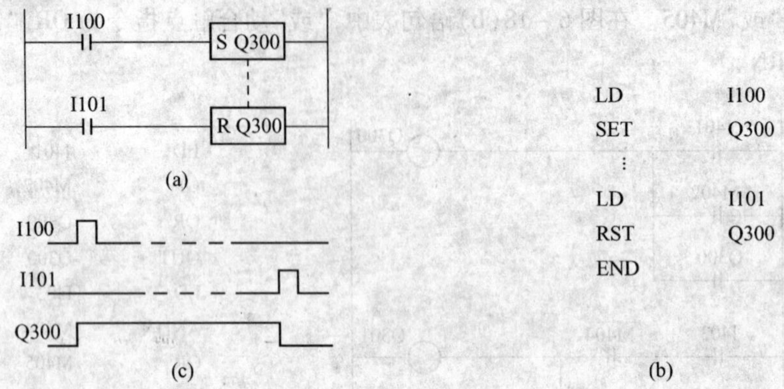

图 6－20 线圈设定指令

6. 定时器指令

PLC 内部定时器相当于通电延时动作的时间继电器。编程时指定某一个定时器,并设定时间常数,则当定时条件满足时开始计时,到达设定时间其触点动作,定时条件不满足时自行复位,也可由复位指令对定时器进行复位操作。在图 6－21(a)梯形图中,动合触点 I400 闭合时,定时器 T001 开始计时,到达设定值 10s 后,其动合触点闭合,输出继电器 Q305 接通,在图 6－21(b)语句表中,定时器指令为 TMR,动作时序如图 6－21(c)所示。

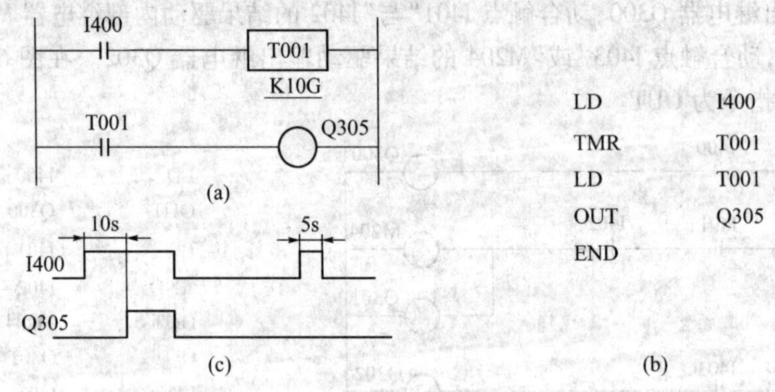

图 6－21 定时器指令

7. 计数器指令

计数器接收外部输入的脉冲信号并计量其个数,有加计数器、减计数器和可逆计数器 3 种。

加计数器有两个输入端,一个是计数输入,一个是复位输入,加在计数输入端的每一个脉冲使计数值加 1,到达设定值以后其触点动作,复位输入端任何时候的一个脉冲都使计数器复位。在图 6－22(a)梯形图中,动合触点 I400 每闭合一次,计数器 C100 的计数值加 1,当到达设定值 4 之后其触点动作,但对输入脉冲继续计数直到最大值 9999 才停止,动合触点 I401 闭合使计数器复位,计数值变为 0。在图 6－22(b)语句表中,计数器指令为 CNT,动作时序如图 6－22(c)所示。

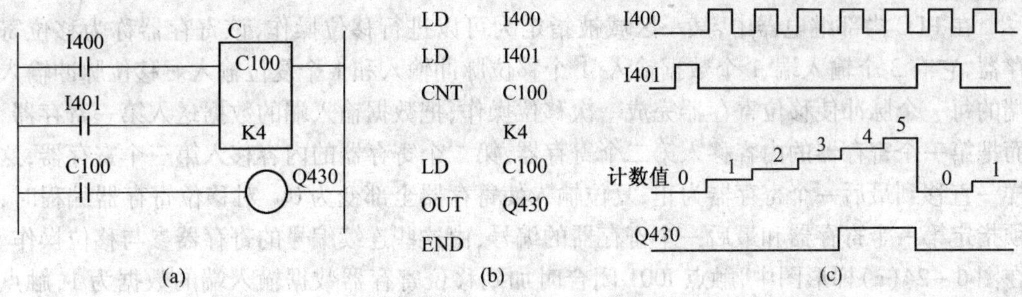

图 6-22 加计数器

减计数器的编程和工作过程都与加计数器相同，只是每一个输入脉冲使计数值减 1，复位后计数值变为设定值。

可逆计数器有 3 个输入端，加计数输入、减计数输入和复位输入。加计数输入的每一个脉冲使计数值加 1，增加到最大值 9999 则保持不变，减计数输入的每一个脉冲使计数值减 1，减到最小值 0000 则保持不变，计数值大于等于设定值时，动合触点闭合，动断触点打开，值变为 0。在图 6-23(a)梯形图中，动合触点 I001 闭合一次，计数器 C100 的计数值加 1，动合触点 I002 闭合一次，使 C100 的计数值减 1，其计数值大于等于 3 时，输出继电器 Q100 接通，计数值小于 3 时，Q100 断开，动合触点 I003 闭合，计数器 C100 复位。在图 6-23(b)语句表中，可逆计数器指令为 UDCNT，动作时序如图 6-23(c)所示。

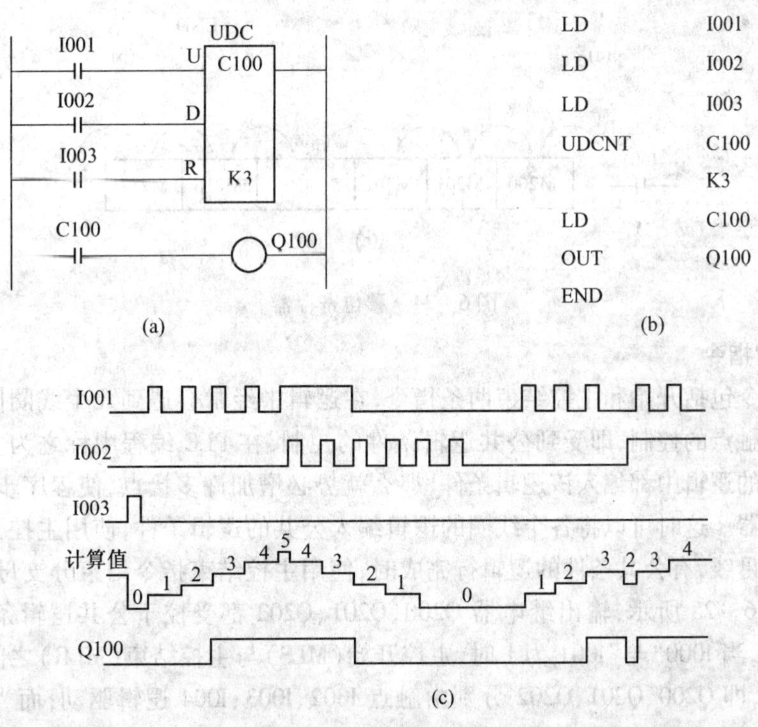

图 6-23 可逆计数器

8. 移位寄存器指令

在 PLC 内部继电器中，某一区域被指定为可以进行移位操作，该寄存器称为移位寄存器，它有 3 个输入端、1 个数据输入、1 个移位脉冲输入和 1 个复位输入。移位脉冲输入端的每一个脉冲使移位寄存器完成一次移位操作，把数据输入端的数据送入第一寄存器，而把第一个寄存器的内容移入第二个寄存器，第二个寄存器的内容移入第三个寄存器，这样一直移到最后一个寄存器为止，复位输入使寄存器全部变为 0。对移位寄存器编程时，须指定第一个寄存器和最后一个寄存器的编号，由这些连续编号的寄存器参与移位操作。在图 6－24(a)梯形图中，触点 I001 闭合时加到移位寄存器数据输入端的数据为 1，触点 I001 打开时数据为 0，触点 I002 每闭合一次产生一个移位脉冲，使寄存器内容移位一次，即输入数据进入 M200，M200 原来的内容移到 M201，M201 原来的内容移到 M202，这样顺序移下去，直到 M216 原来的内容移到 M217，M217 原来的内容移出丢失，完成一次移位。触点 I003 闭合时，寄存器复位，全部变为 0。移位方向取决于起始寄存器号和末尾寄存器号的相对大小，如果起始寄存器号小于末尾寄存器号，则移位是从小号向大号；如果起始寄存器号大于末尾寄存器号，则移位是从大号向小号。在图 6－24(b)语句表中，移位寄存器指令为 SR，图 6－24(c)示意了从小号向大号的移位过程。

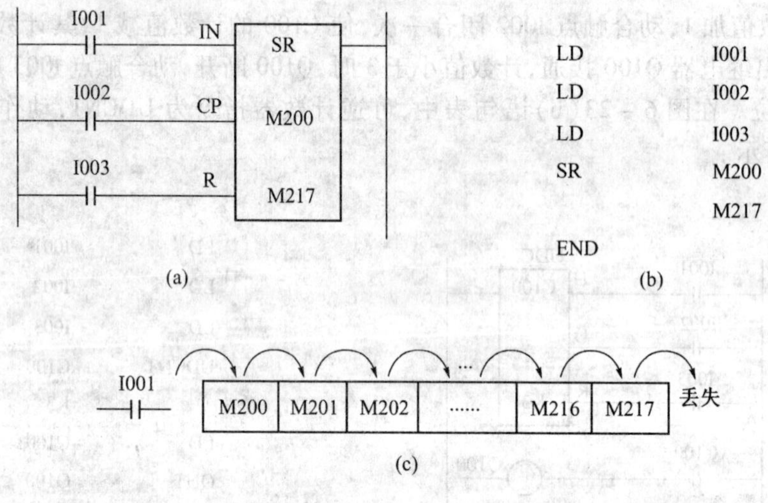

图 6－24　移位寄存器

9. 主控指令

主控指令包括开始和主控结束两条指令，在逻辑中经常会遇到几个线圈同时受一个触点或一组触点的控制，即受到公共逻辑条件的控制，在 PLC 编程中称之为主控。如果在每个线圈的逻辑中都编入该逻辑条件，那么就势必增加许多接点，使程序步数增多，浪费用户存储器。这时可以将各个线圈的逻辑编入公共的逻辑条件，使用主控开始指令设置一条分支母线，有公共条件的逻辑行完成时，使用主控结束指令结束分支母线，返回原母线。如图 6－25 所示，输出继电器 Q200、Q201、Q202 都受控于公共逻辑条件 I000 与 I001 的串联，当 I000"与"I001 为 1 时，主控开始(MLS)与主控结束(MLR)之间各行的逻辑操作正常，即 Q200、Q201、Q202 分别由触点 I002、I003、I004 逻辑驱动；而当 I000"与"I001 为 0 时，则不论 I002、I003、I004 状态如何，Q200、Q201、Q202 均不能接 Q203，在主控之外,其状态与 I000、I001 触点的状态无关。在图 6－25(b)语句表中,主控开始指令为 MLS,主控结束指令为 MLR。主控开始指令后的每一个逻辑行开始于分支母线,同样使用 LD/LDN 指令,主控结束指令使其返回原母线。使用 LD/LDN 指令,主控结束指令使其返回原母线,即主控结束后的逻辑行开始于原母线。

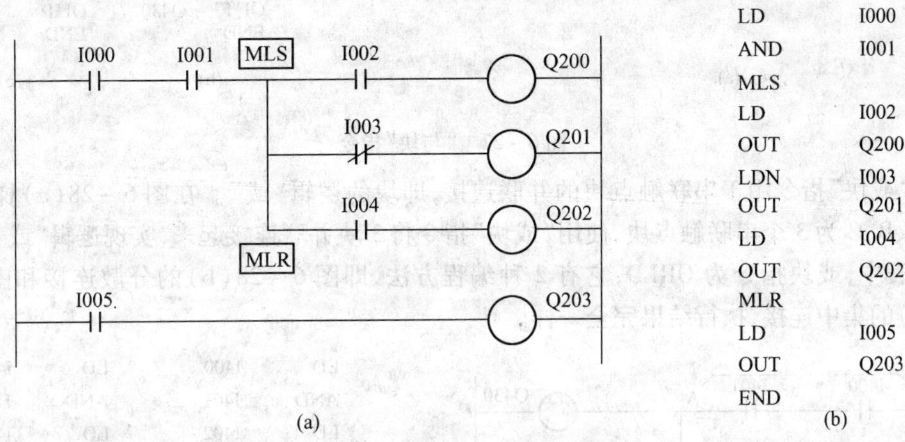

图 6－25　主控指令

主控指令须成对出现,并可嵌套使用,最多允许嵌套 8 级。主控指令的嵌套如图 6－26 所示。

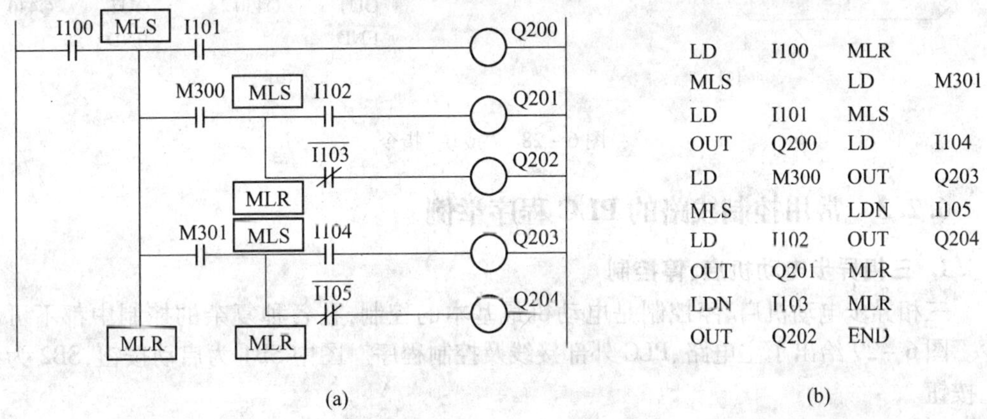

图 6－26　主控指令的嵌套

10. 块连接指令

块是指两个以上触点的逻辑连接,每个块的开始使用 LD/LDN 指令。两个以上触点的串联连接称为串联触点块,两个以上触点的并联连接称为并联触点块。块连接指令有两个,"与块"指令和"或块"指令。

"与块"指令用于并联触点块的串联连接,即块的逻辑"与"。在图 6－27(a)梯形图中,A、B、C 为 3 个并联触点块,使用"与块"指令将 3 块串联连接起来,实现逻辑"与"。在语句表中,与块指令为 ANDLD,它有 2 种编程方法,即图 6－27(b)的分散连接和图 6－27(c)的集中连接,执行结果完全一样。

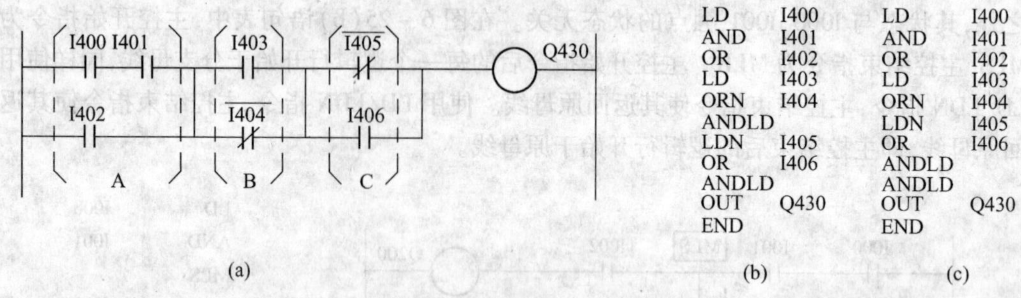

图 6－27 “与块”指令

“或块”指令用于串联触点块的并联连接，即块的逻辑“或”。在图 6－28(a)梯形图中，A、B、C 为 3 个串联触点块，使用“或块”指令将 3 块并联连接起来，实现逻辑“或”。在语句表中，或块指令为 ORLD，它有 2 种编程方法，即图 6－28(b)的分散连接和图 6－28(c)的集中连接，执行结果完全一样。

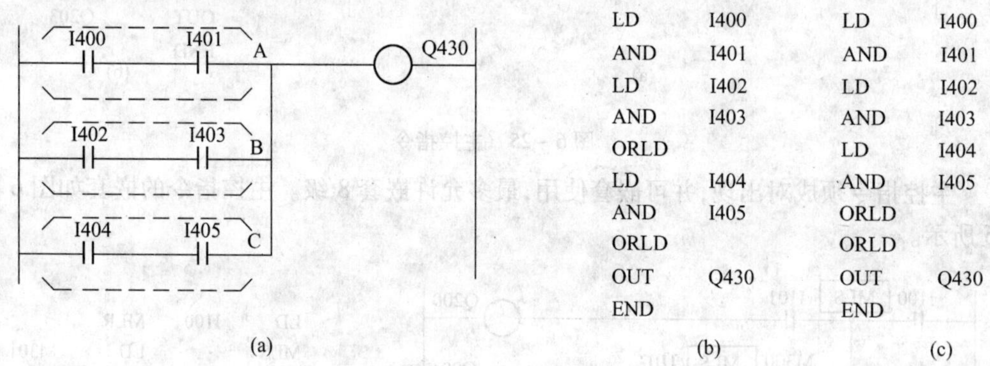

图 6－28 “或块”指令

6.2.3 常用控制线路的 PLC 程序举例

1. 三相异步电动机启、停控制

三相异步电动机启、停控制是电动机最基本的控制，在各种复杂的控制中都不可缺少。图 6－29 给出了主电路、PLC 外部接线及控制程序。图中 SB1 为启动按钮，SB2 为停止按钮。

在继电器控制电路中，停止按钮都是串联在回路中使用其动断触点，但在 PLC 控制中，停止按钮有两种处理方法，可以使用动合触点也可以使用动断触点，相应梯形图及语句表程序中亦作不同处理。在本例图 6－29(b)中，停止按钮 SB2 用的是动合触点，图 6－29(c)的梯形图中使用输入继电器的动断触点 I401，这种处理方法的接线图与继电器控制不同，但梯形图与继电器控制电路一致，读图方便。图 6－29(b)中的停止按钮 SB2 可以改用动断触点，相应梯形图中则应使用输入继电器的动合触点 I401，这种处理方法的接线图和施工与继电器控制一样，但梯形图与继电器控制电路图不一致，读图困难。

2. 三相异步电动机正、反转控制

三相异步电动机正、反转控制的主电路，PLC 外部接线及控制程序如图 6－30 所示，

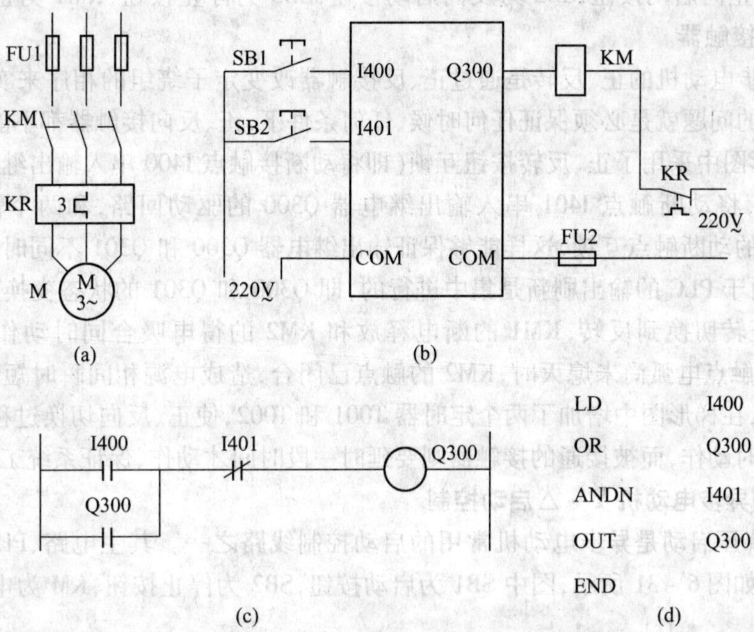

图 6－29　三相异步电动机启、停控制

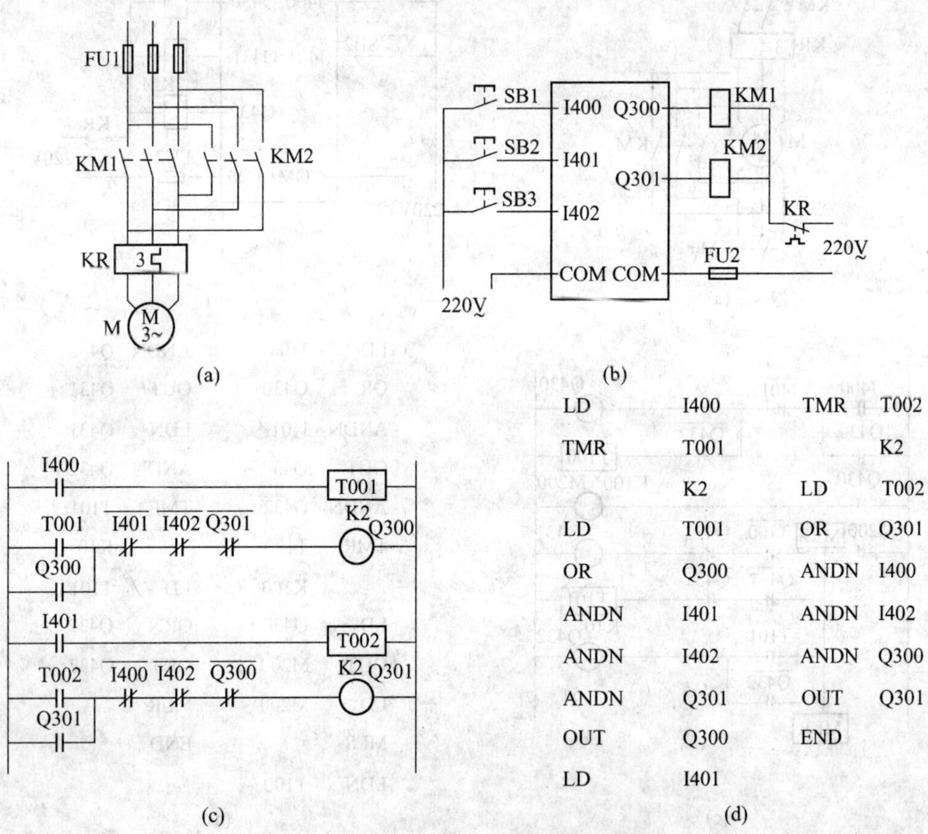

图 6－30　三相异步电动机正、反转控制

图中,SB1 为正向启动按钮,SB2 为反向启动按钮,SB3 为停止按钮,KM1 为正向接触器,KM2 为反向接触器。

三相异步电动机的正、反转是通过正、反接触器改变定子绕组的相序来实现的,其中一个很重要的问题就是必须保证任何时候、任何条件下,正、反向接触器都不能同时接通。为此,在梯形图中采用了正、反转按钮互锁(即将动断接触点 I400 串入输出继电器 Q301)的驱动回路,将动断触点 I401 串入输出继电器 Q300 的驱动回路,和两个输出继电器 Q300、Q301 的动断触点互锁,这样能够保证输出继电器 Q300 和 Q301 不同时接通。但实际运行中,由于 PLC 的输出刷新是集中进行的,即 Q300 和 Q301 的状态变换是同时完成的,例如由正转切换到反转,KM1 的断电释放和 KM2 的得电吸合同时动作,有可能在 KM1 断开其触点电弧尚未熄灭时,KM2 的触点已闭合,造成电源相间瞬时短路。为了避免这种情况,在梯形图中增加了两个定时器 T001 和 T002,使正、反向切换过程中,被切断的接触器瞬时动作,而被接通的接触器则要延时一段时间才动作,保证系统工作可靠。

3. 三相异步电动机 Y－△启动控制

Y－△降压启动是异步电动机常用的启动控制线路之一。其主电路、PLC 外部接线和控制程序如图 6－31 所示,图中 SB1 为启动按钮,SB2 为停止按钮,KM 为电源接触器,

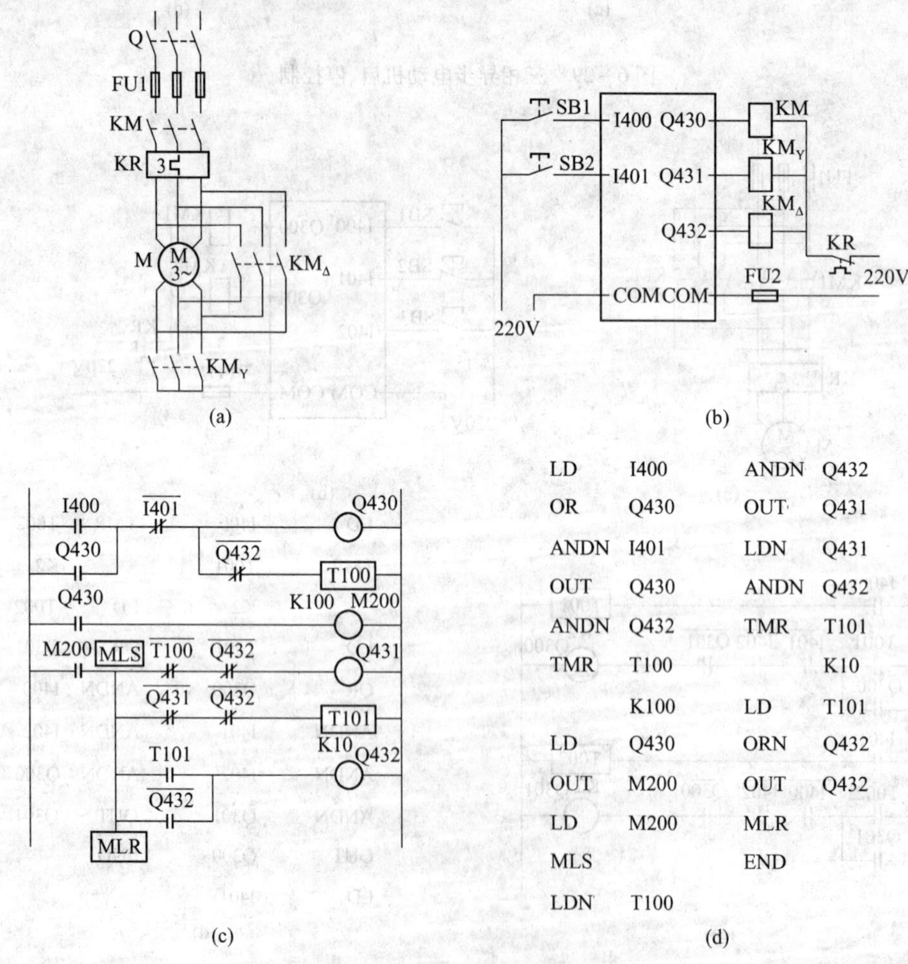

图 6－31 三相异步电动机 Y－△启动控制

KM Y 为 Y 形连接接触器,KM△为△形连接接触器。其启动过程如下:按下启动按钮 SB1,动合触点 I400 闭合,输出继电器 Q430 接通并自保,电源接触器 KM 闭合给电动机供电,定时器 T100 开始计时,同时中间继电器 M200 接通,主控条件满足且触点 T100、Q432 闭合,输出继电器 Q431 接通。Y 形连接接触器 KMY 闭合,电动机被接成 Y 形开始启动。当定时器 T100 延时 10s 时间到,其动断触点打开使 Q431 断开,切断 Y 形连接接触器 KMY 电动机断电(此时电动机已启动到某一转速,并由于惯性继续转动)。同时,Q431 闭合,定时器 T101 开始计时,经 1s 延时后,动合触点 T101 闭合,接通输出继电器 Q432,使△形连接接触器 KM△闭合,电动机接△形继续启动到额定转速后进入正常运行。动断触点 Q432 使定时器 T100 和 T101 复位,定时器 T100 和 T101 只在启动过程中提供 Y－△变换所需的延时时间,正常工作后才起作用,按下停止按钮 SB2,动断触点 I401 打开,使输出继电器 Q430 断开,切断电源接触器 KM,电动机断电停止,同时中间继电器 M200 断开,主控条件不满足,切断△形连接接触器 KM△,恢复断电常态。

6.3 PLC 在机床上的应用实例

可编程序控制器 PLC 已广泛应用于各行各业的自动控制。在机床的控制上,PLC 更显示出独特的优点。由于机床在加工过程中动作多、控制逻辑复杂、相互联锁繁多,采用传统的继电器控制时需要的继电器多、接线复杂,因此故障多、维修困难、费工费时,不仅加大了维修成本而且影响设备的工效。采用 PLC 控制可使接线大为简化,不但安装十分方便,而且工作可靠、降低了故障率、减小了维修量、提高了工效。特别是工艺改变灵活,不用更改任何硬件,只需对原程序做些修改或者重新编入一个新的程序就可以实现新的加工工艺,省时省力、灵活方便,效率高。本节主要介绍 PLC 在机床自动控制中的应用实例。

6.3.1 多工步机床的 PLC 控制

本例介绍某厂对转塔车床的改造,使之专门用于加工棉纺锭子锭脚的多工步机床的 PLC 控制。

转塔车床有 3 台拖动电动机、1 台主轴电动机、2 台进给电动机,主电路如图 6－32 所示。主轴电动机 M1 带动主轴旋转作主运动。进给电动机拖动大拖板带着转塔回转工位台作纵向进给运动,其进给速度由电磁阀 YV2 控制离合器,切换为工进电动机 M2 驱动的工作进给或快进电动机 M3 驱动的快速进给。转塔回转工位台最多可安装 6 把刀,一把刀加工完毕,转换一个工位,由下一把刀进行下一工步的加工,主要完成钻、扩、铰等工艺。另外还有一个横刀架在小滑板拖动下,可以作横向进给运动。由电磁阀 YVl 控制汽缸驱动,完成车端面、车外圆、切削等工艺。

棉纺锭子锭脚的加工工艺比较复杂,零件加工前为实心坯料,整个加工过程分为 7 个工步,由转塔角工位台完成 6 个工步,横刀架完成 1 个工步,工步如表 6－2 所列。可以看出加工过程中关键是对刀具进给运动的控制,这是机床自动控制的主要任务,也是 PLC 控制的主要内容。加工时,工件在主轴夹头上夹紧后被主轴带动旋转,操作启动按钮 SB 开始刀具自动进给,进行各工步的加工。刀具进给中,由行程开关发指令进行动作转换,

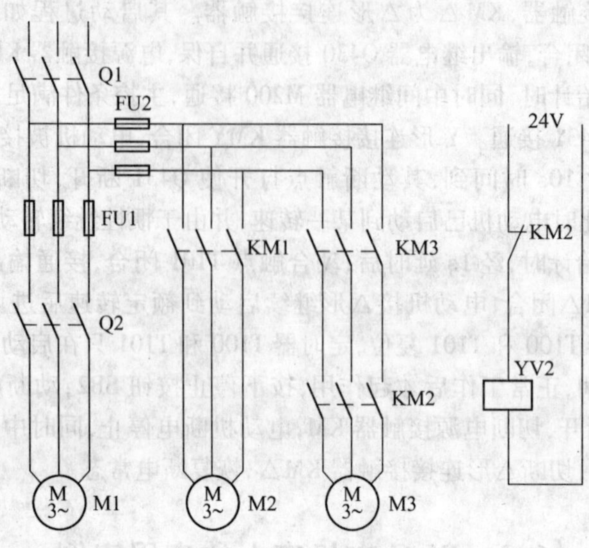

图6-32　主电路图

纵向快进到位压合行程开关 ST1 发出工进指令，工进结束时，压合行程开关 ST2 发出延时指令，延时 1s 时间到开始纵向后退，纵向后退到位，压合行程开关 ST3 发出横向进给指令（仅在第 1 工步转入第 2 工步）或发出下一工步快进指令（第 3 工步以后），横向进给结束时，压合行程开关 ST4 发出横向后退指令及第 3 工步快进指令，以后各工步的动作与第 1 工步动作相同。行程开关安装在床身上，压合行程开关的碰块安装在大拖板的转塔回转工位台上。各动作之间都有互锁，某一动作进行时封锁另外的动作，如快进与工进、进给与后退、横向进给与纵向进给之间都应互锁刀具进给运动控制的 PLC 输入，输出元件与 I/O 分配表如表 6-3 所列。其外部接线如图 6-33 所示。根据工步图及加工过程中各步的执行动作编写的梯形图和语句表程序如图 6-34 所示。

表6-2　工　步　表

工　步	工　步　名　称	工　步　内　容	工步动作分解
1	钻孔	30　φ15.5	ST1 快进 SB ST2 工进 延时 1s　快退 ST3
2	车平面	104　13　φ15.5	纵进　纵退 ST4
3	钻深孔		ST1 快进 ST2 工进 延时 1s　快退 ST3
4	车外圆 及钻孔	φ14　$\phi46^{0}_{-0.34}$　$115.5^{0}_{-0.8}$	ST1 快进 ST2 工进 延时 1s　工退　快退 ST3

（续）

工步	工步名称	工步内容	工步动作分解
5	粗铰双节孔及倒角	ϕ15.58　ϕ16　105.5	ST1 快进　ST2 工进　延时 1s　快退　ST3
6	精铰双节孔	ϕ16.55　106±0.2	ST1 快进　ST2 工进　延时 1s　快退　ST3
7	铰锥孔	0.06 A　ϕ16.675　A　◁0.025　22	ST1 快进　ST2 工进　延时 1s　快退　ST3

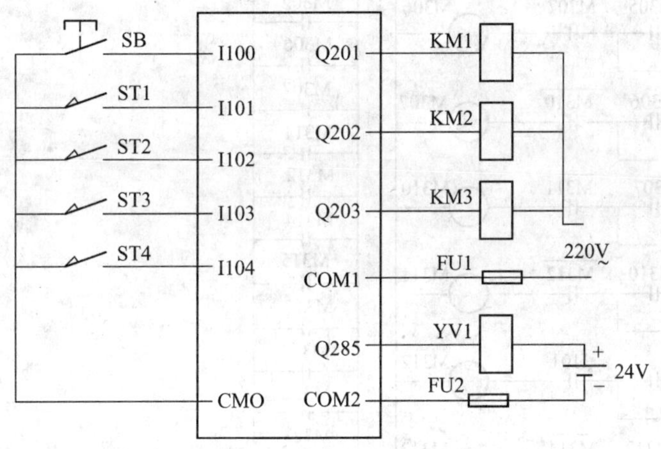

图 6－33　外部接线图

第 1 工步：按下 SB，I100 闭合，中间继电器 M301 接通并自保，输出继电器 Q201、Q202 同时接通，工位台快进，到达加工位置压合行程开关 ST1，I101 闭合，M302 接通并自保，使 Q202 断开，而 Q201 保持接通，工位台转为工作进给，由第 1 工位的钻头进行钻孔，到位后压合行程开关 ST2，I102 闭合，使 M303、T50 接通，断开 Q201，工进停止，经过 1s 延时，M304 接通并自保，断开 M302，而接通 Q203、Q202，工位台快速后退。

第 2 工步：当后退到位，压合行程开关 ST3，I103 闭合，M305 接通并自保，切断 M304 及 Q202；快退停止，同时 M305 闭合接通 Q211，电磁阀 YV1 得电汽缸前进，驱动横刀架向前进给切削端面，切削完毕压合行程开关 ST4，I104 闭合，M306 接通并自保，断开 M305，使 Q211 断开，电磁阀 YV1 断电，汽缸后退，横刀架进给停止后退。

第 3 工步：M306 接通，横刀架后退，同时也使 Q201、Q202 接通，工位台快速进给，到达加工位置压合行程开关 ST1，I101 闭合，使 M307 接通并自保，断开 Q202，继续接通 Q201，使工位台转为工作进给，由第 2 工位的钻头钻深孔，钻孔到位压合行程开关 ST2，I102 闭合，接通 M303、T50，断开 Q201，工进停止，经过 1s 延时，M310 接通并自保，断开 M307，使 Q203、Q202 接通，工位台快速后退。

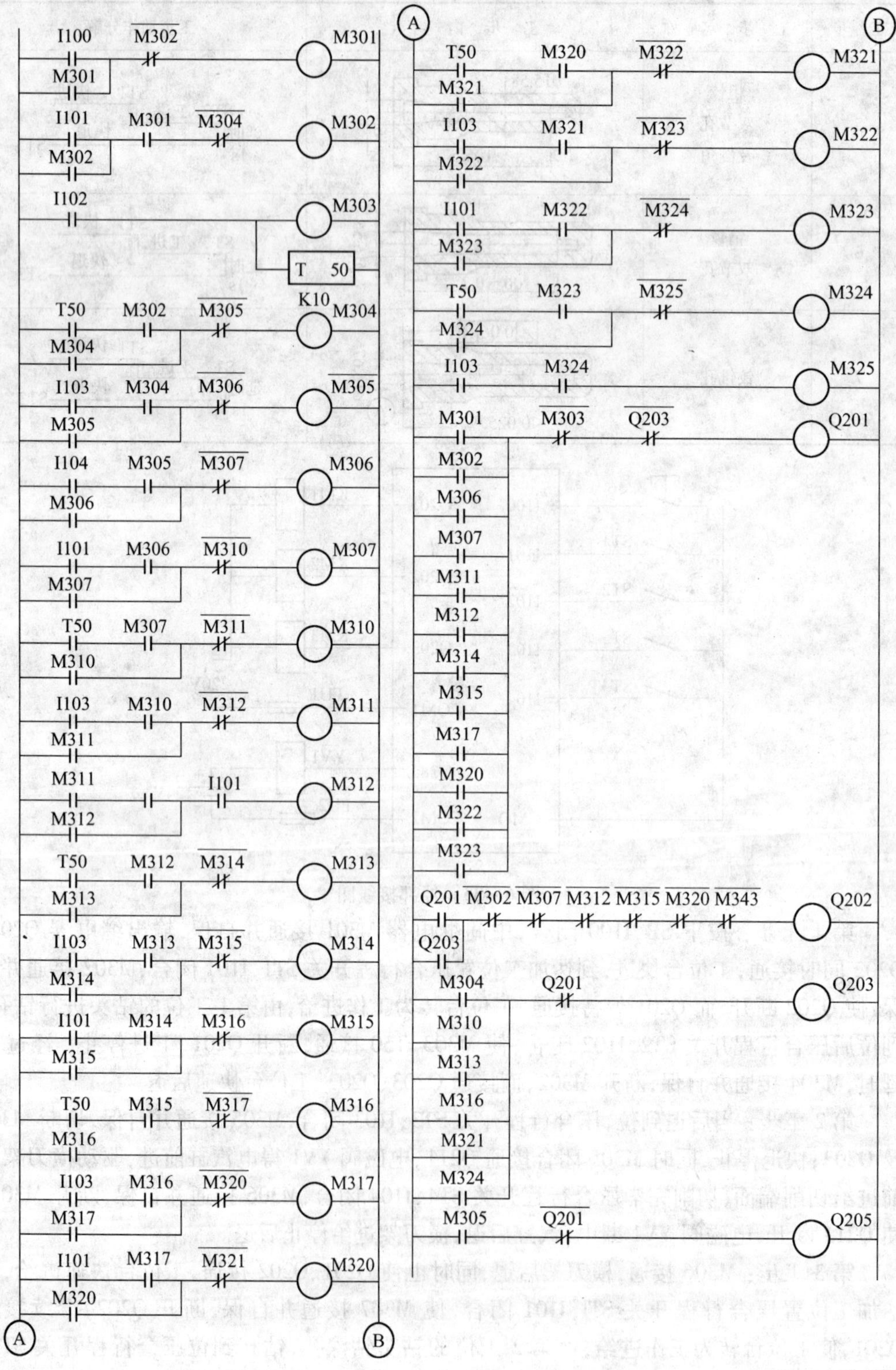

(a)

```
LD   I100
OR   M301
ANDN M302
OUT  M301
LD   I101
OR   M302
AND  M301
ANDN M304
OUT  M302
LD   I102
OUT  M303
TMR  T50
     K10
LD   T50
AND  M302
OR   M304
ANDN M305
OUT  M304
LD   I103
AND  M304
OR   M305
ANDN M306
OUT  M305
LD   I104
AND  M305
OR   M306
ANDN M307
OUT  M306
LD   I101
AND  M306
OR   M307
ANDN M310
OUT  M307
LD   T60
AND  M307
OR   M310
ANDN M311
OUT  M310
LD   I103
AND  M310
OR   M311
ANDN M312
OUT  M311
LD   M311
OR   M312
AND  I101
OUT  M312
LD   T50
AND  M312
OR   M313
ANDN M314
OUT  M313
LD   I103
AND  M313
OR   M314
ANDN M315
OUT  M314
LD   I101
AND  M314
OR   M315
ANDN M316
OUT  M315
LD   T50
AND  M315
OR   M316
ANDN M317
OUT  M316
LD   I103
AND  M316
OR   M317
ANDN M320
OUT  M317
LD   I101
AND  M317
OR   M320
ANDN M321
OUT  M320
LD   T50
AND  M320
OR   M321
ANDN M322
OUT  M321
LD   I103
AND  M321
OR   M322
ANDN M323
OUT  M322
LD   I101
AND  M322
OR   M323
ANDN M324
OUT  M323
LD   T50
AND  M323
OR   M324
ANDN M325
OUT  M324
LD   I103
AND  M324
OUT  M314
LD   M301
OR   M302
OR   M308
OR   M307
OR   M311
OR   M312
OR   M314
OR   M315
OR   M317
OR   M320
OR   M322
OR   M323
ANDN M303
ANDN Q303
OUT  Q201
LD   Q201
OR   Q203
ANDN M302
ANDN M307
ANDN M312
ANDN M315
ANDN M320
ANDN M323
OUT  Q202
LD   M304
OR   M310
OR   M313
OR   M316
OR   M321
OR   M324
ANDN Q201
OUT  Q203
LD   M305
ANDN Q201
OUT  Q205
END
```

(b)

图 6－34　梯形图和语句表程序

(a) 梯形图；(b) 语句表。

第 4 工步：s 当快退到位，压合行程开关 ST3，I103 闭合，接通 M311，切断 M310，而使 Q203、Q202 断开，快退停止。但同时接通 Q201 及 Q202，使工位台快速进给，到达加工位置压合行程开关 ST1，I101 闭合，M312 接通，断开 M311、Q202，而保持接通 Q201，工位台转为工进，由第 3 工位刀具进行车外圆及钻孔（与其他工步不同，在第 4 工步的工进过程中，行程刀开关 ST1 一直被压合，使 M312 保持接通），工进结束压合 ST2，I102 闭合，接通 M303、T50，断开 Q201 使工进停止，经延时后接通 M313，使 Q203 接通开始工退，退到 ST1 释放后 I101 打开，使 M312 断开，接通 Q202，工位台由工退转为快退，回到原位压合行程开关 ST3，I103 闭合，M314 接通并自锁，断开 M213，断开 Q203、Q202，快退停止，同时接通

Q201、Q202，转入第 5 工步快进。

第 5 工步及后面的第 6、7 工步的工作过程与第 1 工步相同，只是内部程序中使用不同的中间继电器，在此不再赘述。当第 7 工步最后一个快退动作结束时，压合 ST3，I103 闭合，接通 M325，使 M324 断开，继而断开 Q203、Q202，快退停止，并断开 M325，全部继电器复位，完成一个加工周期动作。

6.3.2 组合机床的 PLC 控制

本例介绍弯头端面加工组合机床的 PLC 控制。

弯头端面加工组合机床主要用于无缝钢管弯头的端面加工，它有两个动力头，按位置分别称为右动力头和后动力头。动力头主轴由电动机拖动旋转，动力头滑台及其横刀架由液压缸驱动前进或者后退，其主电路如图 6－35 所示，电气控制原理图如图 6－36 所示。

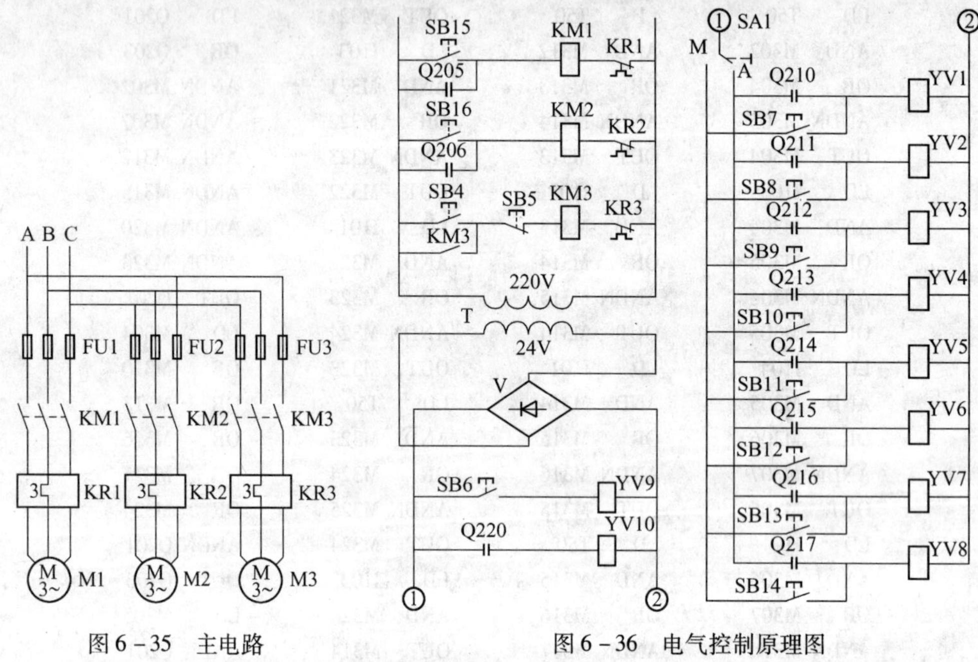

图 6－35 主电路　　　　图 6－36 电气控制原理图

机床的加工过程分手动和自动两种工作方式。手动时，控制电动机的接触器、控制液压缸的电磁阀均由按钮操作，与 PLC 无关；自动时，全部动作由 PLC 控制，各动作按钮操作无效。自动工作又分为 3 种加工方式。

1）右动力头和后动力头同时加工

机床工作时，首先启动液压泵电动机，压力稳定后把工件放到夹具上，按夹紧按钮，工件被夹紧。然后右动力头滑台、后动力头滑台自动前进，动力头也同时运转，滑台前进到位，压合行程开关后停止，接着横刀架向前进给进行端面加工，加工完毕横刀架压合行程开关，记忆环节记忆已加工完毕，滑台和刀架同时后退回到原位，主轴停止。待两个动力头都加工完毕，滑台和横刀架退回到原位后，自动放松夹具并使记忆环节复位，取下工件，完成一个工作循环。

2）右动力头和后动力头轮流加工

对于较小尺寸的工件，两个动力头同时加工时可能发生会碰撞，则采用轮流加工方式。工件夹紧后，先由右动力头进行加工，加工完毕退回原位并记忆，再通知后动力头进行加工，当后动力头也加工完毕退回到原位后，夹具自动放松，忆环节复位，取下工件，完成一个工作循环。

3）右动力头或后动力头单独加工

某些情况只需一个动力头进行加工，则选择单独加工方式。这时在工件夹紧后，需再按一下进行加工的那个动力头的按钮，则该动力头自动进行加工，加工完毕退回原位，夹具自动放松。

机床自动加工过程工作循环示意图如图 6－37 所示。PLC 控制的输入/输出信号连接如图 6－38 所示，其 I/O 分配如表 6－3 所列。

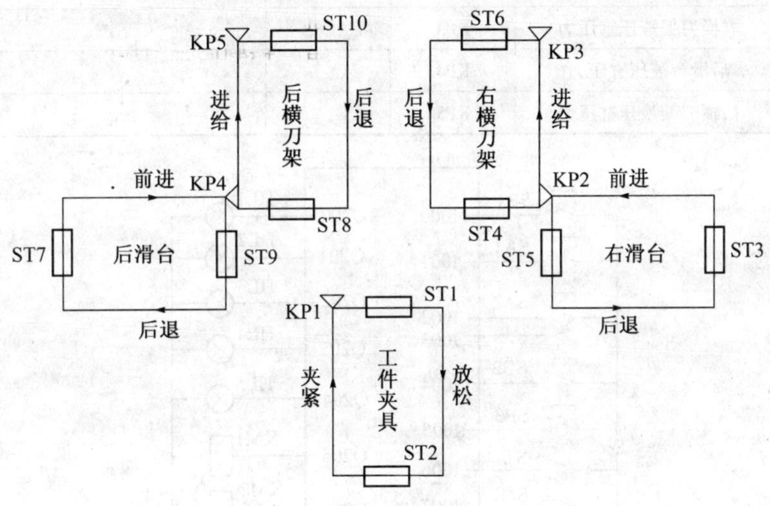

图 6－37　工作循环示意图

表 6－3　组合机床控制 PC、I/O 分配表

输入信号			输出信号		
I/O 号	信号定义	元件	I/O 号	信号定义	元件
I000	事故停机	SB1	Q200	右滑台原位指示	HL1
I001	自动工作方式	SA1	Q201	后滑台原位指示	HL2
I002	单独加工	SA2	Q202	工件夹紧指示	HL3
I003	轮流加工	SA2	Q203	右动力头加工记忆	HL4
I004	右动力头加工	SB2	Q204	后动力头加工记忆	HL5
I005	启动力头加工	SB3	Q205	右动力头主轴旋转	KM1
I006	工件夹紧	ST1	Q206	后动力头主轴旋转	KM2
I007	工件放松	ST2	Q210	右滑台前进	YV1
I010	右滑台原位	ST3	Q211	右横刀架前进	YV2
I011	右横刀架原位	ST4	Q212	右滑台后退	YV3
I012	右滑台加工位置	ST5	Q213	右横刀架后退	YV4
I013	右动力头加工完	ST6	Q214	后滑台前进	YV5
I014	后附台原位	ST7	Q215	后横刀架前进	YV6

（续）

输入信号			输出信号		
I/O 号	信号定义	元件	I/O 号	信号定义	元件
I015	后横刀架原位	ST8	Q216	后滑台后退	YV7
I016	后滑台加工位置	ST9	Q217	后横刀后退	YV8
I017	后动力头加工完	ST10	Q220	工件放松	YV10
I020	液压泵电动机启动	KM3			
I021	夹紧液压缸压力	KP1			
I022	右滑台液压缸压力	KP2			
I023	右横刀架液压缸压力	KP3			
I024	后滑台液压缸压力	KP4			
I025	后横刀架液压缸压力	KP5			

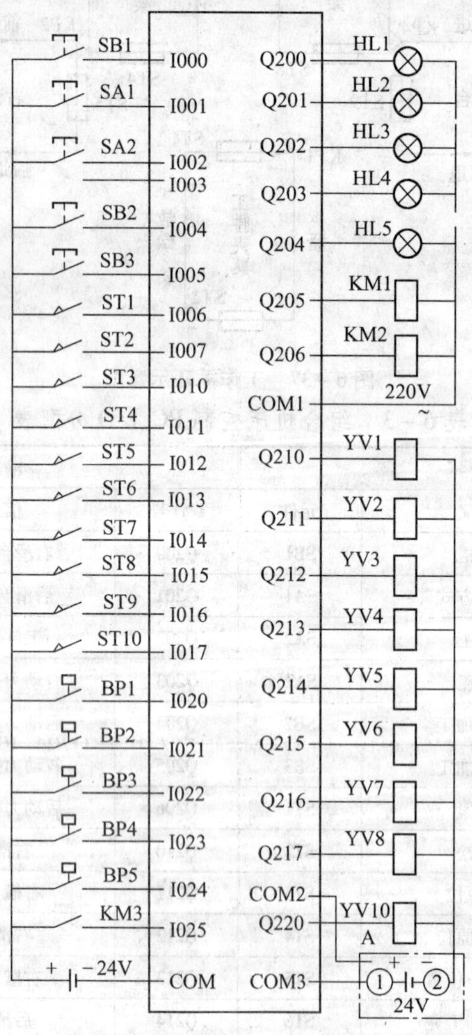

图 6－38　输入/输出信号连接图

根据前述不同的加工方式及其加工动作过程,编写弯头端面加工的 PLC 控制程序如图 6-39 所示。下面以同时加工为例,介绍程序的执行过程:将切换开关 SA1 接通自动工作方式,选择开关 SA2 置于同时加工位置后,启动液压泵电动机,加工准备就绪,因为 I001、I020 闭合,主控条件满足,而 I002、I003 打开,M101 和 M102 不接通,$\overline{M101}$、$\overline{M102}$触点闭合使 M100 接通,程序工作在同时加工状态。将工件放到夹具上,按下夹紧按钮 SB6,电磁阀 YV9 得电,夹紧液压缸前进,当行程开关 ST1 被压合且达到压力,KP1 动作,工件即被夹紧,I006、I201 闭合,接通 Q202,点亮指示灯 HL3,这时,由于 I011、Q202、M100、$\overline{M103}$、$\overline{Q203}$均闭合,接通 Q210 并自保,电磁阀 YV1 得电,其液压缸驱动右动力头滑台前进。同时,由于 I011、Q202、M100、$\overline{M103}$、$\overline{Q204}$均闭合,接通 Q214 并自保,电磁阀 YV5 得电,其液压缸驱动后动力头滑台同时前进。

右滑台在原位时,压合行程开关 ST3,I010 闭合,接通 Q200,点亮指示灯 HL1,离开原位后断开 Q200,指示灯 HL1 熄灭。而由于 Q210、$\overline{Q200}$闭合,接通 Q205 并自保,KM1 闭合,右动力头主轴开始旋转。当右滑台到达加工位置,压合行程开关 ST5,I012 打开 Q210 的自保回路而断开 Q210,电磁阀 YV1 断电,右滑台停止前进。当滑台液压缸压力达到,KP2 动作,则由于 I022、I012、Q205、$\underline{M103}$、$\underline{Q203}$均闭合,接通 Q211 并自保压力,电磁阀 YV2 得电,其液压缸驱动右横刀架向前进给,加工右端面。

后滑台在原位时,压合行程开关 ST7,I014 闭合,接通 Q201,点亮指示灯 HL2,离开原位后断开 Q201,指示灯 HL2 熄灭。而由于$\overline{Q214}$、$\overline{Q201}$闭合,接通 Q206 并自保,KM2 闭合,后动力头主轴开始旋转。当后滑台到达加工位置,压合行程开关 ST9,I016 打开 Q214 的自保回路而断开 Q214,电磁阀 YV2 断电,后滑台停止前进。当滑台液压缸压力达到,KP 动作,则由于 I024、$\overline{I016}$、Q206、M103、Q204 均闭合,接通 Q215 并自保压力,电磁阀 YV6 得电,其液压缸驱动后横刀架向前进给,加工后端面。

右动力头加工完毕,压合行程开关 ST6 且达到压力,KP3 动作,才认为完成右端面加工。I013、I023、$\overline{M104}$闭合,接通 Q203 并自保,记忆右动力头加工完毕,点亮右加工记忆指示灯 HL4,切断 Q211,电磁阀 YV2 断电,右横刀架进给停止。而由于 Q203、$\overline{Q200}$闭合,接通 Q212 并自保,电磁阀 YV3 得电,右滑台后退,又由于 Q203、$\overline{I011}$闭合,接通 Q213 并自保,电磁阀 YV4 得电,右横刀架同时后退。

后动力头加工完毕,压合行程开关 ST10 且达到压力 KP5 动作,才认为完成后端面加工。I017、I025、$\overline{M104}$闭合,接通 Q204 并自保,记忆后动力头加工完毕,点亮后加工记忆指示灯 HL5,切断 Q215,电磁阀 YV6 断电,后横刀架进给停止。而由于 Q204、$\overline{Q201}$闭合,接通 Q216 并自保,电磁阀 YV7 得电,后滑台后退,又由于 Q204、$\overline{I015}$闭合,接通 Q217 并自保,电磁阀 YV8 得电,后横刀架同时后退。

右滑台退回到原位,压合行程开关 ST3,使 I010 闭合,接通 Q200,点亮右滑台原位指示灯 HL1,同时切断 Q205 和 Q212,使 KM1 打开、右动力头主轴停止,电磁阀 YV3 断电,右滑台停止后退。右横刀架回到原位,压合行程开关 ST4,使$\overline{I011}$打开,切断 Q213,电磁阀 YV4 断电,右横刀架停止后退。后滑台退回到原位,压合行程开关 ST7,使 I014 闭合,接通 Q201,点亮后滑台原位指示灯 HL2,同时切断 Q206 和 Q216,使 KM2 打开、后动力头主轴停止,电磁阀 YV7 断电,后滑台停止后退。后横刀架回到原位,压合行程开关 ST8,使$\overline{I015}$打开,切断 Q217,电磁阀 YV8 断电,后横刀架停止后退。

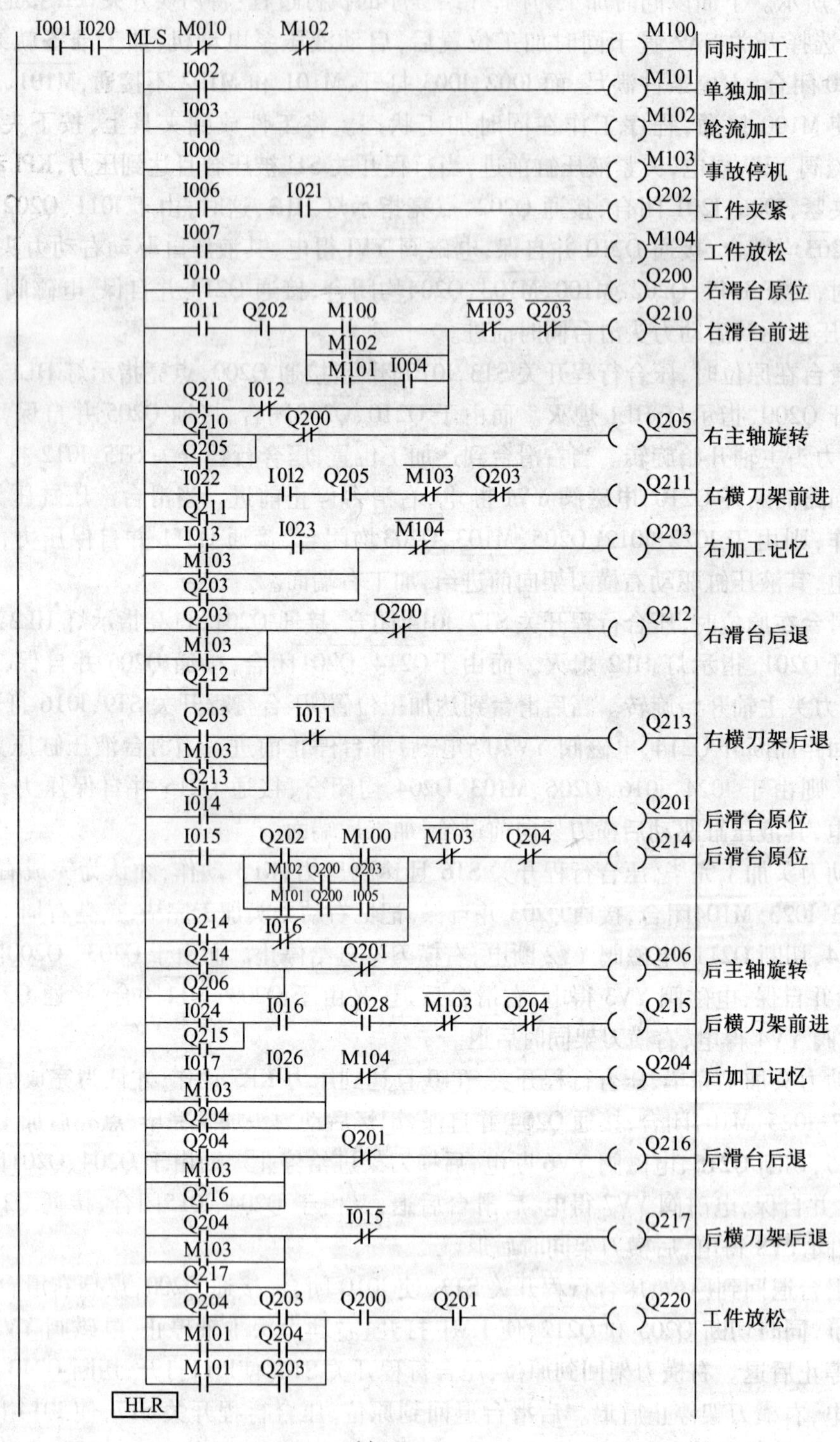

(a)

```
LD     I001
AND    I020
MLS
LDN    M101
ANDN   M102
OUT    M100;
LD     I002
OUT    M101;
LD     I003
OUT    M102
LD     I000
OUT    M103;
LD     I006
AND    I021
OUT    Q202;
LD     I007
OUT    M104;
LD     I010
OUT    Q200;
LD     I011
AND    Q202
LD     M101
AND    I004
OR     M100
OR     M102
ANDLD
LD     Q210
ANDN   I102
ORLD
ANDN   M103
ANDN   Q203
OUT    Q210;
LD     Q210
OR     Q205
ANDN   Q202
OUT    Q205
LD     I022
OR     Q211
AND    I012
AND    Q205
ANDN   M103
ANDN   Q203
OUT    Q211;
LD     I013
AND    I023
OR     M103
OR     Q203
ANDN   M104
OUT    Q203;
LD     Q203
OR     M103
OR     Q212
ANDN   Q200
OUT    Q212;
LD     Q203
OR     M103
OR     Q213
ANDN   I011
OUT    Q213;
LD     I104
OUT    Q201;
LD     I015
LD     Q202
AND    M100
LD     M102
AND    Q200
AND    Q203
ORLD
LD     M101
AND    Q202
AND    I005
ORLD
ANDLD
LD     Q214
ANDN   I016
ORLD
ANDN   M103
ANDN   Q204
OUT    Q214;
LD     Q214
OR     Q206
ANDN   Q201
OUT    Q206;
LD     I024
OR     Q215
AND    I016
AND    Q206
ANDN   M103
ANDN   Q204
OUT    Q215;
LD     I017
AND    I025
OR     M103
OR     Q204
ANDN   M104
OUT    Q204;
LD     Q204
OR     M103
OR     Q216
ANDN   Q201
OUT    Q216
LD     Q204
OR     M103
OR     Q217
ANDN   I015
OUT    Q217;
LD     Q204
AND    Q203
LD     M101
AND    Q204
ORLD
LD     M101
AND    Q203
ORLD
AND    Q200
AND    Q201
OUT    Q220
MLR
END
```

（b）

图 6－39　弯头端面加工程序图

（a）梯形图；（b）语句表。

当两个动力头都加工完毕退回到原位，即 Q203、Q204、Q200、Q201 闭合，接通 Q220，电磁阀 YV10 得电，使夹紧液压缸后退，夹具放松，行程开关 ST1 复位，I006 断开，切断 Q202，夹紧指示灯 HL3 熄灭。放松到位压合行程开关 ST2，I007 闭合，接通 M104，断开 Q203 和 Q204，右加工记忆和后加工记忆复位，指示灯 HL4 和 HL5 熄灭，同时切断 Q220，电磁阀 YV10 断电，放松停止。本次加工结束，等下一次的工作循环。

附 录

电气图常用图形符号和文字符号新旧标准对照表

编号	名称	新国标		旧国标	
		图形符号（GB4728—84）	文字符号（GB7159—87）	图形符号（GB312—64）	文字符号（GB315—64）
1	直流	或			
	交流				
	交直流				
2	导线的连接	或			
	导线的多线连接	或		或	
	导线的不连接				
3	接地一般符号				
4	电阻的一般符号	优选形 其他形	R		R
5	电容器一般符号	优选形 其他形	C		C
	极性电容器	优选形 其他形			

（续）

编号	名 称	新国标		旧国标	
		图形符号（GB4728—84）	文字符号（GB7159—87）	图形符号（GB312—64）	文字符号（GB315—64）
6	半导体二极管		V		D
7	熔断器		FU		RB
8	换向绕组	B_1 B_2		H_1 H_2	HQ
	补偿绕组	C_1 C_2		BC_1 BC_2	BCQ
	串励绕组	D_1 D_2		C_1 C_2	CQ
	并励或他励绕组	E_1 并励 E_2 F_1 他励 F_2		B_1 B_2 并励	BQ
				T_1 T_2 他励	TQ
	电枢绕组				SQ
9	发电机	G	G	F	F
	直流发电机	G	GD	F	ZF
	交流发电机	G ~	GA	F ~	JF
10	电动机	M	M	D	D
	直流电动机	M	MD	D	ZD
	交流电动机	M ~	MA	D ~	JD
	三相笼型异步电动机	M 3~	M		D
	三相绕线型异步电动机	M 3~	M		D

（续）

编号	名 称	新国标		旧国标	
		图形符号（GB4728—84）	文字符号（GB7159—87）	图形符号（GB312—64）	文字符号（GB315—64）
10	串励直流电动机		MD		ZD
	他励直流电动机				
	并励直流电动机				
	复励直流电动机				
11	单相变压器	或	T		B
	控制电路电源用变压器		TC		
	照明变压器		T		ZB
	整流变压器				ZLB
	三相自耦变压器		T		ZDB
12	单极开关	或	QS	或	K
	三极开关				
	刀开关				
	组合开关				
	手动三极开关一般符号				
	三极隔离开关				

（续）

编号	名 称	新国标		旧国标	
		图形符号（GB4728—84）	文字符号（GB7159—87）	图形符号（GB312—64）	文字符号（GB315—64）
限 位 开 关					
13	动合触点		SQ		XWK
	动断触点				
	双向机械操作				
按 钮					
14	带动合触点的按钮		SB		QA
	带动断触点的按钮				TA
	带动合和动断触点的按钮				AN
接 触 器					
15	线圈		KM		C
	动合（常开）触点				
	动断（常闭）触点				

（续）

编号	名称	新国标		旧国标	
		图形符号（GB4728—84）	文字符号（GB7159—87）	图形符号（GB312—64）	文字符号（GB315—64）
	继电器				
16	动合（常开）触点		符号同操作元件		符号同操作元件
	动断（常闭）触点				
	延时闭合的动合触点触点	或	KT	或	SJ
	延时断开的动合触点	或		或	
	延时闭合的动断触点	或		或	
	延时断开的动断触点	或		或	
	延时闭合和延时断开的动合触点				
	延时闭合和延时断开的动断触点				

（续）

编号	名称	新国标 图形符号（GB4728—84）	新国标 文字符号（GB7159—87）	旧国标 图形符号（GB312—64）	旧国标 文字符号（GB315—64）
16	时间继电器线圈（一般符号）	或	KT		ST
	中间继电器线圈		KA		ZJ
	欠电压继电器线圈	$U<$	KV	$V<$	QYJ
	过电流继电器的线圈	$I>$	KI	$I>$	QLJ
17	热继电器热元件		FR		RJ
	热继电器的常闭触点			或	
18	电磁铁		YA		DCT
	电磁吸盘		YH		DX
	接插器件		X		CZ
	照明灯		EL		ZD
	信号灯		HL		XD
	电抗器	或	L		DK

（续）

编号	名　称	新国标 图形符号（GB4728—84）	新国标 文字符号（GB7159—87）	旧国标 图形符号（GB312—64）	旧国标 文字符号（GB315—64）
限定符号					
19		——接触器功能 ——位置开关功能		——隔离开关功能 ——负荷开关功能	
操作件和操作方法					
20		——一般情况下的手动操作 ——旋转操作 ——推动操作			